半导体科学与技术丛书

Ⅲ族氮化物的 X 射线衍射分析

王文樑 著

科学出版社

北京

内 容 简 介

本书以Ⅲ族氮化物的X射线衍射分析为核心，系统地阐述了该技术在薄膜表征中的多方面应用。全书共7章，各章节内容既相互独立又有机联系。第1章概述了Ⅲ族氮化物薄膜的研究现状、X射线衍射的基本原理及其在该材料体系中的应用背景；第2章深入探讨了X射线衍射在薄膜面内外取向关系分析中的具体应用；第3章重点介绍了原位X射线衍射技术及其在薄膜外延生长实时监测中的应用；第4章详细论述了X射线衍射测定薄膜晶格常数的技术要点，并对测量误差来源进行了系统分析；第5章全面阐述了X射线衍射在薄膜应力分析中的应用，包括应力来源、影响因素及优化策略；第6章着重探讨了X射线衍射技术在薄膜缺陷表征中的应用及其误差控制方法；第7章则从单层和多层结构两个维度系统介绍了X射线衍射在薄膜厚度及层数分析中的具体应用。

本书主要面向从事半导体材料研究、开发与生产的工程技术人员；同时适用于高等院校和科研院所材料科学、集成电路、应用物理等相关专业的师生；此外，对于关注或从事Ⅲ族氮化物相关研究的读者，本书亦可作为系统了解X射线衍射分析方法及其在氮化物材料研究中应用的专业读物。

图书在版编目（CIP）数据

Ⅲ族氮化物的 X 射线衍射分析 / 王文樑著. —— 北京：科学出版社，2025.6. —— (半导体科学与技术丛书). —— ISBN 978-7-03-082649-7

Ⅰ. O657.39

中国国家版本馆 CIP 数据核字第 2025MD8920 号

责任编辑：周　涵　田轶静 / 责任校对：彭珍珍
责任印制：张　伟 / 封面设计：陈　敬

科学出版社 出版
北京东黄城根北街 16 号
邮政编码：100717
http://www.sciencep.com
北京建宏印刷有限公司印刷
科学出版社发行　各地新华书店经销

*

2025 年 6 月第　一　版　开本：720×1000　1/16
2025 年 6 月第一次印刷　印张：14 3/4
字数：240 000
定价：128.00 元
(如有印装质量问题，我社负责调换)

《半导体科学与技术丛书》编委会

名誉顾问：王守武　汤定元　王守觉

顾　　问：(按姓氏拼音排序)

陈良惠　陈星弼　雷啸霖　李志坚　梁骏吾　沈学础
王　圩　王启明　王阳元　王占国　吴德馨　郑厚植
郑有炓

主　　编：夏建白

副 主 编：陈弘达　褚君浩　罗　毅　张　兴

编　　委：(按姓氏拼音排序)

陈弘毅　陈诺夫　陈治明　杜国同　方祖捷　封松林
黄庆安　黄永箴　江风益　李国华　李晋闽　李树深
刘忠立　鲁华祥　马骁宇　钱　鹤　任晓敏　邵志标
申德振　沈光地　石　寅　王国宏　王建农　吴晓光
杨　辉　杨富华　余金中　俞育德　曾一平　张　荣
张国义　赵元富　祝宁华

《半导体科学与技术丛书》出版说明

半导体科学与技术在20世纪科学技术的突破性发展中起着关键的作用，它带动了新材料、新器件、新技术和新的交叉学科的发展创新，并在许多技术领域引起了革命性变革和进步，从而产生了现代的计算机产业、通信产业和IT技术。而目前发展迅速的半导体微/纳电子器件、光电子器件和量子信息又将推动21世纪的技术发展和产业革命。半导体科学技术已成为与国家经济发展、社会进步以及国防安全密切相关的重要的科学技术。

新中国成立以后，在国际上对中国禁运封锁的条件下，我国的科技工作者在老一辈科学家的带领下，自力更生，艰苦奋斗，从无到有，在我国半导体的发展历史上取得了许多"第一个"的成果，为我国半导体科学技术事业的发展，为国防建设和国民经济的发展做出过有重要历史影响的贡献。目前，在改革开放的大好形势下，我国新一代的半导体科技工作者继承老一辈科学家的优良传统，正在为发展我国的半导体事业、加快提高我国科技自主创新能力、推动我们国家在微电子和光电子产业中自主知识产权的发展而顽强拼搏。出版这套《半导体科学与技术丛书》的目的是总结我们自己的工作成果，发展我国的半导体事业，使我国成为世界上半导体科学技术的强国。

出版《半导体科学与技术丛书》是想请从事探索性和应用性研究的半导体工作者总结和介绍国际和中国科学家在半导体前沿领域，包括半导体物理、材料、器件、电路等方面的进展和所开展的工作，总结自己的研究经验，吸引更多的年轻人投入和献身到半导体研究的事业中来，为他们提供一套有用的参考书或教材，使他们尽快地进入这一领域中进行创新性的学习和研究，为发展我国的半导体事业做出自己的贡献。

《半导体科学与技术丛书》将致力于反映半导体学科各个领域的基本内容和最新进展，力求覆盖较广阔的前沿领域，展望该专题的发展前景。丛书中的每一册将尽可能讲清一个专题，而不求面面俱到。在写作风格上，希望作者们能做到以大学高年级学生的水平为出发点，深入浅出，图文并茂，文献丰富，突出物理内容，避免冗长公式推导。我们欢迎广大从事半导体科学技术研究的工作者加入到丛书的编写中来。

愿这套丛书的出版既能为国内半导体领域的学者提供一个机会，将他们的累累硕果奉献给广大读者，又能对半导体科学和技术的教学和研究起到促进和推动作用。

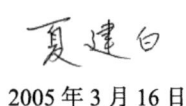

夏建白

2005年3月16日

前　言

在全球科技竞争日益加剧的背景下，半导体产业作为国家战略性基础产业的重要性日益凸显。半导体芯片不仅是消费电子产品的核心部件，更是工业制造和国防安全领域的关键支撑，其发展水平直接关系到国家经济命脉和科技竞争力。自 21 世纪初以来，以 GaN 为代表的 Ⅲ 族氮化物半导体材料凭借其优异的物理化学特性——宽禁带、高击穿场强和高电子饱和速度等优势，在射频功率芯片和光通信芯片等领域实现突破性应用，被公认为继硅 (Si) 之后最具发展潜力的新一代半导体材料。

随着 Ⅲ 族氮化物在高端芯片领域的广泛应用，相关材料研究不断深化，特别是在晶体生长、结构表征和缺陷控制等方面取得显著进展。其中，材料表征技术的创新突破为 Ⅲ 族氮化物研究提供了重要支撑。X 射线衍射技术因其无损、高效、精确的特点，已成为 Ⅲ 族氮化物材料表征的核心手段，不仅为材料科学研究提供了关键工具，更为其产业化应用奠定了技术基础。

尽管表征技术取得了显著进展，但 Ⅲ 族氮化物材料的高质量生长仍是制约其性能提升的主要瓶颈。传统高温外延生长过程中普遍存在的界面反应和晶格失配问题导致材料产生高密度位错缺陷，严重影响了载流子输运特性。针对这一挑战，研究团队创新性地提出了脉冲激光沉积 (PLD) 低温外延与金属有机物化学气相沉积 (MOCVD) 高温外延相结合的两步生长法。该方法通过 PLD 低温生长 AlN 缓冲层有效抑制了界面反应，再利用 MOCVD 高温生长降低位错密度，成功实现了高质量 Ⅲ 族氮化物材料的可控生长。在这一过程中，X 射线衍射技术发挥了关键作用，通过对外延取向、晶格常数、缺陷密度和薄膜厚度等参数的精确表征，深入揭示了工艺参数与晶体结构性能的构效关系，为材料生长工艺优化提供了重要的理论指导。

基于这些研究成果，作者将多年积累的经验和发现系统性地整理成书，以期为相关领域的研究者提供参考和借鉴。本书凝聚了作者多年的研究成果，系统性地阐述了 X 射线衍射技术在 Ⅲ 族氮化物表征中的应用。全书从基础物性和衍射原理入手，深入探讨了外延取向关系、晶格常数测定、生长过程监测、应力分析、缺陷密度评估和薄膜厚度测量等关键技术，并结合大量研究实例，为读者提供了理论联系实践的完整知识体系。

在本书编写过程中，课题组成员何奕汛、刘丞钰、赖全光、江弘胜、周润杰、王岩松、李佳熹、林廷钧等为资料收集和整理工作做出了重要贡献。同时，感谢华南理工大学李国强教授的悉心指导、各位专家同行的大力支持，以及国家自然科学基金、国家重点研发计划、广东省自然科学基金等项目课题的资助。特别感谢家人和朋友的理解与鼓励，因为他们，作者得以全身心投入到科研工作中。

本书的出版旨在为从事 Ⅲ 族氮化物及先进半导体材料研究的科研工作者提供系统的理论指导和实践参考，期待能为推动我国半导体材料研究领域的创新发展贡献绵薄之力。

Ⅲ 族氮化物薄膜的 X 射线衍射技术近年来发展迅速，但由于作者学识有限，本书可能存在疏漏和不足之处，敬请广大读者批评指正。

王文樑

2024 年 12 月

目　　录

《半导体科学与技术丛书》出版说明

前言

第1章　Ⅲ族氮化物薄膜与X射线衍射分析概述 ··············· 1
1.1　引言 ························· 1
1.2　Ⅲ族氮化物概述 ····················· 2
1.2.1　Ⅲ族氮化物薄膜晶体结构 ················ 2
1.2.2　Ⅲ族氮化物薄膜特性与应用 ··············· 5
1.3　Ⅲ族氮化物中的X射线衍射分析 ·············· 7
1.3.1　X射线衍射分析优势 ················· 7
1.3.2　X射线衍射分析技术原理 ················ 8
1.3.3　Ⅲ族氮化物薄膜的X射线衍射分析应用 ········· 18
1.4　本章小结 ························ 21
参考文献 ·························· 21

第2章　Ⅲ族氮化物外延取向的X射线衍射分析 ············ 23
2.1　引言 ························· 23
2.2　面内取向关系与面外取向关系 ············· 24
2.3　Ⅲ族氮化物薄膜外延取向关系分析方法 ·········· 26
2.3.1　φ扫描 ···················· 27
2.3.2　$2\theta\text{-}\varphi$扫描 ··················· 28
2.3.3　ω扫描 ···················· 29
2.3.4　$2\theta\text{-}\omega$扫描 ··················· 30
2.3.5　倒易空间图谱 ··················· 32
2.3.6　二维X射线衍射 ·················· 32

2.4 Ⅲ族氮化物外延取向关系分析示例·····35
2.4.1 面内取向关系分析示例·····35
2.4.2 面外取向关系分析示例·····39
2.5 本章小结·····45
参考文献·····45

第3章 Ⅲ族氮化物外延生长监测的X射线衍射分析·····49
3.1 引言·····49
3.2 原位X射线衍射原理与技术·····50
3.2.1 原位X射线衍射原理·····50
3.2.2 原位X射线衍射系统配置·····54
3.3 Ⅲ族氮化物薄膜外延生长监测·····55
3.3.1 Ⅲ族氮化物外延生长机制监测·····55
3.3.2 原位X射线衍射实时监测方法·····60
3.3.3 倒易空间中的X射线衍射分析·····63
3.3.4 晶体截断杆散射在生长监测中的应用·····65
3.4 Ⅲ族氮化物薄膜的生长动态与结构演变·····67
3.4.1 生长模式的变化及表面粗糙度监控·····68
3.4.2 核密度和岛尺寸测量·····72
3.5 本章小结·····74
参考文献·····75

第4章 Ⅲ族氮化物晶格常数的X射线衍射分析·····79
4.1 引言·····79
4.2 X射线表征晶格常数原理·····80
4.2.1 X射线衍射原理·····80
4.2.2 相对晶格常数与绝对晶格常数·····81
4.3 Ⅲ族氮化物薄膜晶格常数测量方法·····84
4.3.1 晶格常数粗略测量方法·····84
4.3.2 晶格常数精确测量方法·····88

4.4 Ⅲ族氮化物薄膜晶格常数测量的影响因素 ········· 96
4.4.1 变形潜势效应 ········· 97
4.4.2 掺杂剂尺寸效应 ········· 98
4.4.3 残余应变 ········· 100
4.4.4 热膨胀的影响 ········· 101
4.4.5 其他影响因素 ········· 103
4.5 本章小结 ········· 105
参考文献 ········· 105

第 5 章 Ⅲ族氮化物薄膜应力的 X 射线衍射分析 ········· 110
5.1 引言 ········· 110
5.2 Ⅲ族氮化物宏观应力分析 ········· 113
5.2.1 Ⅲ族氮化物宏观应力测定原理 ········· 116
5.2.2 X 射线衍射法 ········· 119
5.3 Ⅲ族氮化物微观应力分析 ········· 128
5.3.1 Ⅲ族氮化物微观应力测定原理 ········· 128
5.3.2 高能 X 射线衍射法 ········· 130
5.4 影响 Ⅲ族氮化物薄膜应力的因素 ········· 136
5.4.1 外延生长方法 ········· 137
5.4.2 衬底材料选择 ········· 139
5.4.3 温度工艺 ········· 143
5.5 影响 Ⅲ族氮化物薄膜应力分析的因素及优化方法 ········· 147
5.5.1 影响 Ⅲ族氮化物薄膜应力分析的因素 ········· 147
5.5.2 应力分析方法的优化 ········· 149
5.6 本章小结 ········· 153
参考文献 ········· 153

第 6 章 Ⅲ族氮化物缺陷的 X 射线衍射分析 ········· 157
6.1 引言 ········· 157
6.2 Ⅲ族氮化物薄膜缺陷概述 ········· 158

6.2.1　三维缺陷 (体缺陷) ································· 158

　　6.2.2　二维缺陷 (面缺陷) ································· 162

　　6.2.3　一维缺陷 (线缺陷) ································· 163

　　6.2.4　零维缺陷 (点缺陷) ································· 165

6.3　Ⅲ族氮化物薄膜中缺陷的 X 射线衍射分析 ························ 166

　　6.3.1　X 射线衍射缺陷表征原理 ···························· 166

　　6.3.2　X 射线衍射技术在缺陷表征中的应用 ···················· 169

6.4　X 射线衍射薄膜缺陷分析的误差与优化 ·························· 179

6.5　本章小结 ·· 182

参考文献 ·· 182

第 7 章　Ⅲ族氮化物薄膜厚度的 X 射线衍射分析 ······················· 187

7.1　引言 ··· 187

7.2　Ⅲ族氮化物薄膜厚度表征原理 ······································ 189

　　7.2.1　掠入射 X 射线衍射全反射 ····························· 189

　　7.2.2　薄膜性质对 X 射线反射率的影响 ······················· 192

　　7.2.3　多层薄膜对 X 射线衍射的全反射 ······················· 196

7.3　单层薄膜厚度分析 ·· 198

　　7.3.1　单层薄膜共面 X 射线衍射理论 ························· 199

　　7.3.2　单层薄膜的表面散射理论 ······························ 200

　　7.3.3　Ⅲ族氮化物单层薄膜厚度分析 ·························· 201

7.4　多层薄膜厚度分析 ·· 206

　　7.4.1　多层薄膜共面 X 射线衍射理论 ························· 206

　　7.4.2　多层薄膜的表面散射理论 ······························ 206

　　7.4.3　超晶格层数及成分分析 ································ 208

7.5　本章小结 ·· 218

参考文献 ·· 219

《半导体科学与技术丛书》已出版书目 ·································· 223

第 1 章 Ⅲ 族氮化物薄膜与 X 射线衍射分析概述

1.1 引　　言

近年来，世界经济增长动能不足，单边主义和保护主义加剧。美国等部分国家为了限制中国的发展，企图通过芯片技术封锁，制约我国关键产业发展，给中国的半导体行业造成了巨大的冲击和挑战，中国在高端芯片领域市场受限。为了解决这种困境，我国正加快半导体产业的自主创新和国产替代过程，并大力扶持发展以 GaN、SiC 为代表的第三代半导体产业，提高了研发投入和政策支持。《中华人民共和国国民经济和社会发展第十四个五年规划和 2035 年远景目标纲要》在科技前沿领域攻关部分中明确指出，要发展 SiC、GaN 等宽禁带半导体。

Ⅲ 族氮化物包括 GaN、AlN、InN 以及它们之间的三元和四元合金，如 AlGaN、InAlGaN 等，是第三代半导体的重要组成部分，其技术攻关有助于突破多项"卡脖子"问题。其中的 GaN 与前两代半导体材料相比，具有更大的禁带宽度、更高的击穿场强，以及更高的电子饱和速度 [1,2]，并且 InGaN、AlGaN 等合金通过组分调整可以相应地调节禁带宽度，能完全覆盖整个可见光到深紫外波段 [3]。这些优异的物理特性使得 Ⅲ 族氮化物材料可用于射频功率芯片、光通信芯片等，在电子和光电子领域都有重要的应用 [4-6]。

在 Ⅲ 族氮化物研发与生产过程中，材料的表征是最为重要的环节之一。X 射线衍射 (X-ray diffraction, XRD) 技术作为材料科学、物理学、化学、地质学、生命科学以及各种工程技术科学领域一种重要的实验手段和分析方法，应用范围广泛且功能强大，其应用在 Ⅲ 族氮化物表征中可以实现：① 晶体结构分析，包括晶面取向、合金成分等；② 薄膜厚度及多层异质结结构 (超晶格层数及成分) 分析；③ 应力分析，涉及微观与宏观应力；④ 缺陷分析，表征 Ⅲ 族氮化物中位错的类型与密度；⑤ 材料生长监测，如组织结构演变、外延生长速率[6-9]。本书将对 X 射线衍射分析实现上述功能的原理与具体分析过程进行详细的讨论。

接下来，本章将对 Ⅲ 族氮化物的 X 射线衍射分析作简单的介绍。

1.2 Ⅲ 族氮化物概述

1.2.1 Ⅲ 族氮化物薄膜晶体结构

Ⅲ 族氮化物作为一种晶体材料，其物理化学特性由晶体结构决定。同时，X 射线衍射在进行各种材料特性分析时，本质上是研究其晶体结构。为了便于读者更好地理解，本节将对晶体结构的基本概念作简单介绍，并描述 Ⅲ 族氮化物的晶体结构。

晶体中原子、分子或离子的排列方式称为晶体结构。为了更好地描绘和分析晶体结构，研究人员提出了空间点阵这一几何概念来对其进行分析。如图 1.1 所示，空间点阵是一组在三维空间中平行且等间距排列的结点，这些结点的分布规律代表了晶体中原子或离子在空间中分布的周期性。点阵中的每一个结点对应于实际晶格中的等同点，这些等同点具有完全相同的周围环境，在周期性无限延伸的理想晶体中是完全相同的点。晶胞是连接点阵中若干个相邻的结点形成的多面体。晶胞的选取是多样化的，图中红色和蓝色的部分分别展示了在点阵中选取晶胞的两种方式。选取时还必须满足以下条件：① 通过晶胞的复制和堆积，可以构成整个晶体的结构；② 晶胞包含了晶体中所有原子或离子的信息，且每个晶胞内包含的物质内容是完全相同的。

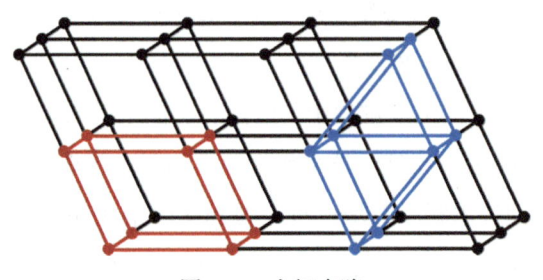

图 1.1 空间点阵

平行于晶胞棱线的三个轴被称为晶轴，定义为 a、b、c，同时也直接用 a、b、

c 来表示晶轴的长度。晶体按照其对称性可分为七种晶系，图 1.2(a) 展示了正交晶系的晶胞，其中 a 轴、b 轴与 c 轴相互垂直。通常在点阵中以任一结点为原点，沿晶胞的三个晶轴构建坐标系。晶胞各晶轴的长度即为各坐标轴的单位长度，a、b、c 轴端点的坐标分别为 (1, 0, 0)、(0, 1, 0)、(0, 0, 1)。在晶体几何学中，指向某一方向的矢量称为晶向。与矢量的表达方法相类似，用晶向上任意两点坐标的差值 $[rst]$ 的最小整数比 $[uvw]$ 作为晶向指数来表示晶向。为了区分正反，用 $[\bar{u}\bar{v}\bar{w}]$ 表示与 $[uvw]$ 相反的晶向。图 1.2(a) 展示了从坐标原点出发的若干个晶向以及对应的晶向指数。

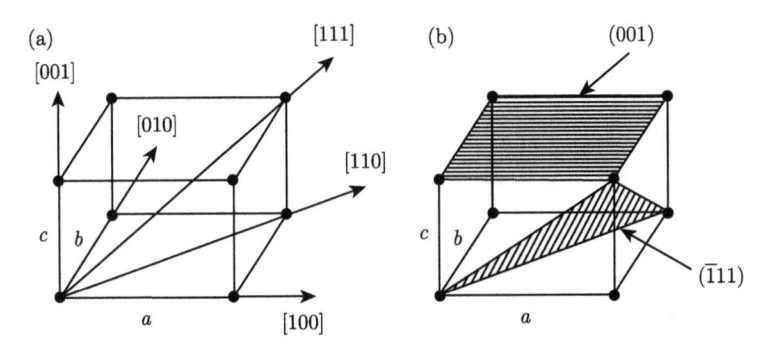

图 1.2 正交晶系晶胞的 (a) 晶向、晶向指数和 (b) 晶面、晶面指数

晶面是晶体学中对平面研究的对象。晶面是以组为单位存在的，一组晶面是一组互相平行且间距相等的平面，而且这组平面中的其中一个经过坐标原点。一组晶面有共同的晶面指数，其表示方法如下：选取与经过坐标原点的晶面相邻的晶面，记录其与三个坐标轴上交点的坐标分别为 $(1/h, 0, 0)$、$(0, 1/k, 0)$、$(0, 0, 1/l)$，则这组晶面的晶面指数为 (hkl)。图 1.2(b) 展示了正交晶系晶胞中的几组晶面与其对应的晶面指数。不难发现，在正交晶系中，晶面指数为 (hkl) 的晶面，其法线方向就是晶向 $[hkl]$。若一组晶面间距相等，则这个间距被定义为晶面间距，用 d_{hkl} 或 d 来表示。对属于六方晶系的 III 族氮化物而言，d_{hkl} 可以通过下式计算：

$$\frac{1}{d^2} = \frac{4(h^2 + hk + k^2)}{3a^2} + \frac{l^2}{c^2} \tag{1.1}$$

确定六方晶系中的晶面指数时，常采用与上述方式不同的米勒–布拉维 (Miller-

Bravais) 指数。图 1.3 (a) 给出了六方晶系晶胞，其中沿 c 轴方向存在 6 次对称轴。在用之前介绍的三指数方法标定这些棱柱面时，它们依次是 (100)、(010)、($\bar{1}$10)、($\bar{1}$00)、(0$\bar{1}$0) 和 (1$\bar{1}$0)。由此看出，它们的指数之间不存在数字的排列关系。为了改变这种情况，往往在六方晶系中采用四指数系统，即在原有三基矢 $\boldsymbol{a}_1$、$\boldsymbol{a}_2$、$\boldsymbol{c}$ 中加入另一个坐标轴 $\boldsymbol{a}_3$，让 $\boldsymbol{a}_3 = -(\boldsymbol{a}_1 + \boldsymbol{a}_2)$，见图 1.3 (a)。用此四坐标轴定出的晶面指数记为 ($hkil$)，称这种晶面指数为米勒–布拉维指数。由 $\boldsymbol{a}_1$、$\boldsymbol{a}_2$、$\boldsymbol{a}_3$ 及 $\boldsymbol{c}$ 为轴定出六棱柱面的米勒–布拉维指数为 (10$\bar{1}$0)、(01$\bar{1}$0)、($\bar{1}$100)、($\bar{1}$010)、(0$\bar{1}$10) 和 (1$\bar{1}$00)，它们之间呈现出相同数字正负值的排列关系。已知晶面的三指数，能够方便地确定晶面的米勒–布拉维指数。这是因为米勒–布拉维指数中的第三个指数 $i = -(h + k)$，所以只要由三指数计算出 i，加在三指数的第二个指数之后，就成了米勒–布拉维指数 ($hkil$)。作为范例，图 1.3 (b) 中阴影面的三指数和米勒–布拉维指数分别是 (102) 和 (10$\bar{1}$2)。

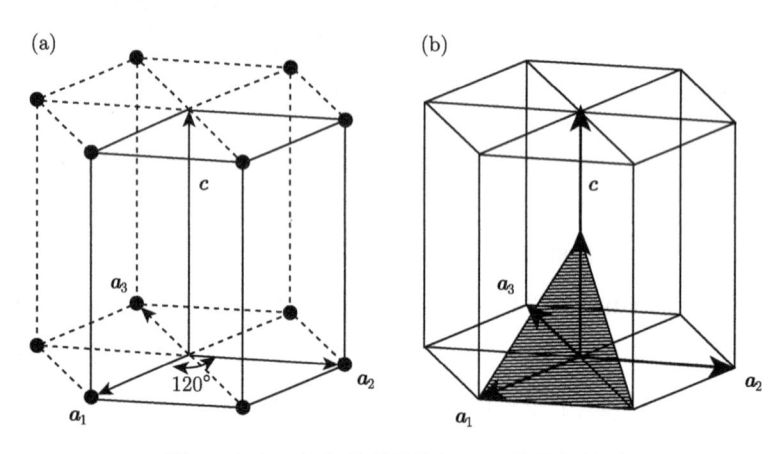

图 1.3 (a) 六方晶系晶胞与 (b) 其中的晶面

常见的 III 族氮化物晶体结构有纤锌矿和闪锌矿两种。图 1.4 给出了两种晶体结构的原子示意图。纤锌矿 III 族氮化物属于六方晶系，所属空间群为 $P6_3mc$。其中 III 族原子 (Ga、In、Al) 和 N 原子都以六方最密堆积的方式排列，密排面为 (0001) 面，并且六方最密堆积的 III 族原子和 N 原子在 a 轴和 b 轴上互相对齐，沿 c 轴错开 $3c/8$ 相互嵌套构成 GaN 晶体结构，III 族原子面和 N 原子面沿 c 轴交替排列。闪锌矿 III 族氮化物则属于立方晶系，所属空间群为 $F\bar{4}3m$。其中，III

族原子和 N 原子分别按照面心立方晶格排列，两套晶格沿体对角线 (即 (111) 方向) 偏移 1/4 套构形成闪锌矿结构。在这两种结构中，闪锌矿相在高温条件下难以维持其稳定性，通常会自发转化为较为稳定的纤锌矿结构。常温常压下，纤锌矿是 III 族氮化物最为常见的结构，本书所进行的讨论均围绕纤锌矿结构进行，因此前文才直接说明 III 族氮化物属于六方晶系。

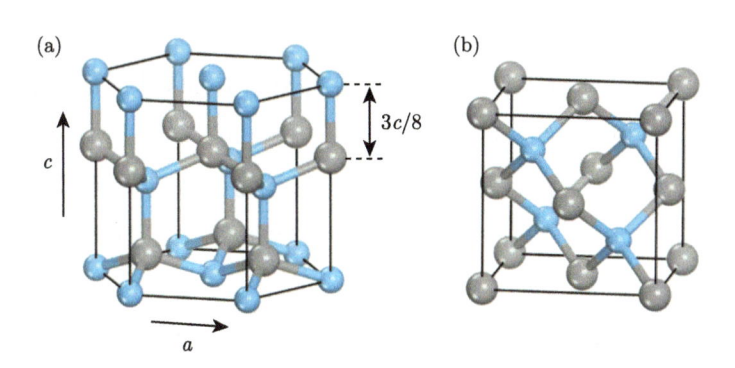

图 1.4　(a) 纤锌矿和 (b) 闪锌矿 GaN 的结构示意图

III 族氮化物的晶格常数如下：GaN 的晶格常数为 $a = 3.189$ Å，$c = 5.185$ Å[10]；InN 的晶格常数为 $a = 3.533$ Å，$c = 5.693$ Å；AlN 的晶格常数为 $a = 3.112$ Å，$c = 4.982$ Å[11]。它们之间形成的三元合金的晶格常数可以通过以下公式计算：

$$a(A_xB_{1-x}N) = x \cdot a(AN) + (1-x) \cdot a(BN) \tag{1.2}$$

$$c(A_xB_{1-x}N) = x \cdot c(AN) + (1-x) \cdot c(BN) \tag{1.3}$$

式中，AN 和 BN 代表两种 III 族氮化物材料；x 为三元合金中 AN 的组分。

1.2.2　III 族氮化物薄膜特性与应用

从 III 族氮化物的晶体结构图可见，每个 III 族原子与四个相邻的氮原子成键，构成四面体结构；每个氮原子也与四个 III 族原子配位，形成稳定的共价网络。该非中心对称的晶体结构赋予材料独特的物理和化学性质。这种非中心对称性导致 III 族原子和 N 原子的正负电荷中心无法重合，沿 c 轴产生极性，在晶体内部产生极化电场，这种现象称为自发极化效应。同时，当 III 族氮化物受到应力作用 (例如晶格失配所产生的应力) 时，晶体内部的正负电荷中心会发生相对位移，从而产生压电极化的现象。AlGaN/GaN、InAlN/GaN 等异质结结构通过自发极化与压电极化效应，在界面处形成高迁移率且高浓度的二维电子气（2DEG）。此外，Ⅲ族氮化物中的 GaN 和 AlN 还具有宽禁带及高击穿场强，利用上述特性制备的 GaN 高电子迁移率晶体管 (high electron mobility transistor, HEMT) 目前已在功率和射频电子芯片中得到广泛应用。GaN HEMT 具有优异的耐压性能、高速开关特性、低导通电阻和良好的高温稳定性，不仅在电动汽车、手机充电器等消费电子市场占据相当大的份额，还在航空航天和高温工业等极端工况条件下有着重要应用。与 GaN HEMT 具有相类似结构的 GaN 肖特基势垒二极管 (Schottky barrier diode, SBD) 同样展现出了耐高温、高压和低导通电阻等优点，是当前最有前景的大功率微波二极管实现方案，目前已应用于航空航天、新能源汽车、军用雷达和 5G 基站等领域。

除电子器件外，Ⅲ族氮化物优异的光电特性也使其在光电器件方面得到广泛的应用。Ⅲ族氮化物半导体材料的带隙范围广泛，从 InN 的 0.7 eV 到 AlN 的 6.2 eV，覆盖了传统半导体材料如 Ge、Si、GaAs、InP 等的带隙范围；并且Ⅲ族氮化物半导体材料具有全体系、全组分直接带隙的特点，这意味着它们在不同组分下都能保持直接带隙结构。这种特性使得电子在能带间的跃迁更为高效，从而提高了光电器件的发光效率和响应速度。1993 年，第一只 GaN 基 LED 的研发填补了蓝光 LED 的空缺。随着 GaN 基 LED 的发展，其已广泛应用于汽车照明、景观照明等高端照明领域。Ⅲ族氮化物较高的电子饱和漂移速度使其适用于制造高速光电子器件。Ⅲ族氮化物基光电探测器能在不需要滤光系统的情况下实现对紫外到深紫外波段的探测，并且具备低噪声、高速和高灵敏度的特点，其构建的光通信系统比传统的通信方式具有更低的延时和更好的安全性，同时也具备很强的抗干扰能力，可应用于军事通信、智能交通等领域。此外，Ⅲ族氮化物半导体材料还具有良好的光电转换效率，这使得它们在太阳能电池、光催化等能源转换领域也具有广泛的应用前景。Ⅲ族氮化物基光电解水电极凭借 InGaN 纳米柱的高电子迁移率、合适的能带边缘电势与大比表面积等优点，可实现稳定性良好、高效制氢的光电极，有望解决能源危机问题。

Ⅲ族氮化物半导体材料还具有良好的热学性能。它们具有较高的热导率和热稳定性，能够承受较高的工作温度而不发生性能退化。这种特性使得Ⅲ族氮化物半导体材料在高温环境下的应用具有独特的优势。良好的化学稳定性使Ⅲ族氮化物能够在恶劣的化学环境中保持稳定的性能，不易被氧化或腐蚀。因此，在集成电路领域，Ⅲ族氮化物材料体系在制造大摆幅和在严酷环境下工作的数字/模拟电路方面有着Si基材料无法比拟的优势。目前，GaN集成芯片已实现反相器、比较器、脉冲宽度调制 (pulse width modulation，PWM) 信号发生器、基准电压源及保护功能电路等多种应用。

综上所述，Ⅲ族氮化物半导体材料具有自发和压电极化效应、高击穿电压、宽带隙、全体系全组分直接带隙、优异的光电特性、良好的热学性能及化学稳定性等，这些优异的物理特性使其在半导体领域展现出巨大的应用潜力，在高温功率电子器件、光电子器件、能源转换等领域具有广泛的应用前景和重要的战略意义。

1.3 Ⅲ族氮化物中的X射线衍射分析

1.3.1 X射线衍射分析优势

X射线衍射是指基于X射线与物质中原子或离子相互作用时的衍射现象，通过分析衍射图来获取关于晶体结构的信息。在材料表征，尤其是Ⅲ族氮化物薄膜的表征中，X射线衍射显示出一系列独一无二的优势，包括可以实现无损检测、测试过程高度自动化等，并且X射线衍射分析还具有速度快、应用广泛等特点。

在Ⅲ族氮化物薄膜的X射线衍射分析中，其无损检测的特点可以体现在以下两个层面。首先，X射线衍射分析无须对Ⅲ族氮化物薄膜进行损坏性制样。许多材料表征手段都要求对样品进行制样的操作，这通常会是一个不可逆的损害性过程。例如，如果想通过透射电子显微镜 (transmission electron microscope，TEM) 对Ⅲ族氮化物薄膜进行观察，就必须要通过聚焦离子束 (focused ion beam，FIB) 切割等手段将其制成尺寸仅几微米的样品。而对于Ⅲ族氮化物薄膜的X射线衍射分析而言，不需要进行制样就可以直接测试。其次，X射线衍射分析的过程不会对Ⅲ族氮化物薄膜造成损害。在X射线衍射的测试过程中，X射线经样品原子衍射并被探测器收集即可获得样品的晶体结构等信息，而不会对样品造成物理或化学上的破坏。这意味着Ⅲ族氮化物薄膜在经过X射线衍射分析后仍能保持原始状态，可以继续用于器件/芯片制备或其他检测。

X射线衍射分析还具有测试过程高度自动化的优势。如前文在介绍X射线衍射分析技术发展现状时提到的，随着计算机技术的发展，目前的衍射仪已实现了高度自动化，配备的自动化系统可以实现测试过程的控制，且数据处理也能通过计算机完成，具体过程包括样品自动化、数据采集自动化及数据分析自动化。在样品自动化方面，目前X射线衍射仪配备的样品台可以自动移动和旋转，以便对样品的不同部位进行衍射测量。同时自动化的样品更换系统也使设备可以连续处理多个样品，提高测量效率。在采集数据时，先进的探测器技术能够实时、快速地采集衍射数据。自动化控制系统也可以根据预设的参数和程序自动调整衍射仪的工作状态，以确保数据采集的准确性和稳定性。在数据分析端，强大的数据处理和分析软件能够自动对采集到的数据进行处理和分析，如寻峰、平滑、去本底、归一化等处理。最新的软件还可以自动进行物相定性分析、晶体结构解析等复杂的分析。自动化水平的提升也大幅度提升了X射线衍射分析测试及分析样品的速度，使其具备速度快的优点。

除了上述特点，X射线衍射分析应用于Ⅲ族氮化物薄膜中的另一大优势是其具有广泛的应用。基于对Ⅲ族氮化物薄膜晶体结构的表征，X射线衍射分析可以实现Ⅲ族氮化物薄膜的外延取向关系分析，进行薄膜生长监测。除此之外，X射线衍射还能用于分析Ⅲ族氮化物薄膜的晶格常数、应力、缺陷及厚度。1.3.2节将对X射线衍射分析技术的基本原理进行介绍。

1.3.2 X射线衍射分析技术原理

1. 劳厄方程

1912年，劳厄发现，晶体内部相邻原子之间的距离为几埃（Å），这一尺寸与X射线的波长极为接近。此外，他还注意到，原子在晶体内部是按照一种特定的、周期性的模式排列的。基于这些观察结果，劳厄提出了一个创新性的假设：晶体

1.3 Ⅲ 族氮化物中的 X 射线衍射分析

有可能作为"光栅"来使用,以观察 X 射线的衍射现象。随后的实验证实了他的这一假设,即在 X 射线的照射下,晶体内部的原子会发生相干散射,产生次级 X 射线。这些次级 X 射线由于保持着稳定的相位差,会发生干涉作用,最终呈现出衍射图。

1) 一维原子列的衍射

图 1.5 描绘了一维原子排列在衍射作用下的情形。图中 S_0 标记了入射光线的路径方向,而 S 则指明了衍射光线的出射方向。若假设在入射光线垂直的方向上,所有 X 射线均具备一致的光程长度,则在散射光线垂直的方向上,相邻两原子在该方向上所造成的光程差为

$$\delta = AC - DB \tag{1.4}$$

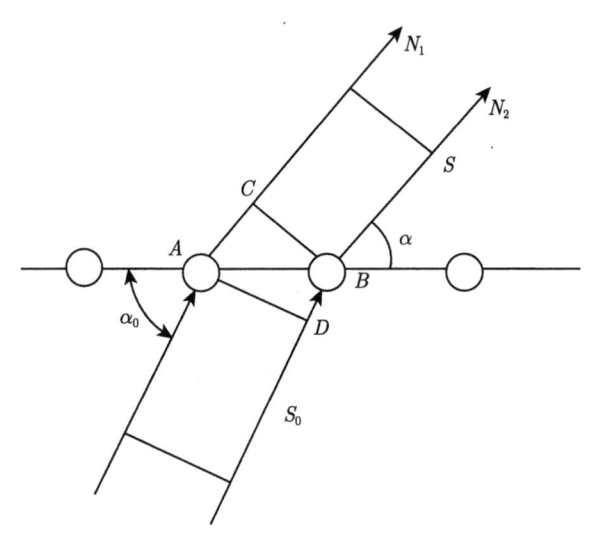

图 1.5 一维原子列的衍射

由图 1.5 可以得到

$$\delta = AC - DB = a(\cos\alpha - \cos\alpha_0) \tag{1.5}$$

式中,α_0 为入射 X 射线与原子列的夹角;α 为衍射线与原子列的夹角;a 为原子间距。

因此，在 N_1、N_2 方向上，散射线加强的条件是

$$a(\cos\alpha - \cos\alpha_0) = H\lambda \tag{1.6}$$

式中，H 称为劳厄第一干涉指数，可取整数 $0, \pm1, \pm2, \pm3, \cdots$；$\lambda$ 为 X 射线波长。这就是劳厄方程的第一式。

若 H 等于某个特定的整数，则表明在原子列中，相邻原子间的入射光与散射光所经历的光程差正好等于光波波长的整数个周期，这时就满足了衍射现象产生的条件。

2) 二维原子列的衍射

如果以一组平行的 X 射线去照射一个二维原子面 (图 1.6)，那么在 a 方向上将形成一个衍射圆锥，并且，在 b 方向上也会生成一个相应的衍射圆锥。

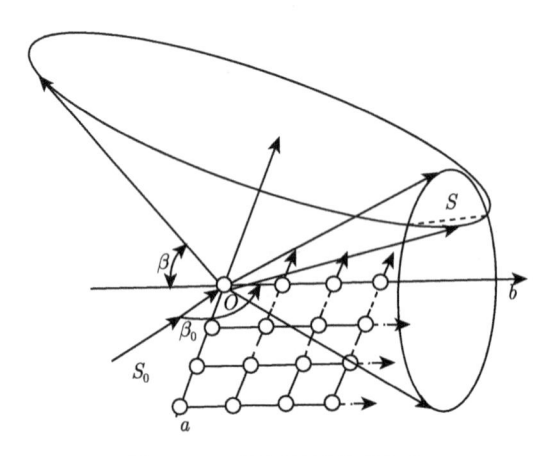

图 1.6　二维衍射圆锥的相交

在 b 方向上，有如下的衍射方程：

$$b(\cos\beta - \cos\beta_0) = K\lambda \tag{1.7}$$

式中，β_0 是入射 X 射线与原子列 b 的夹角；β 是射线与原子列 b 的夹角；K 称为第二干涉指数。这就是劳厄方程的第二式。

在二维原子点阵中，a 列与 b 列各自会产生具有一致顶角的圆锥衍射图样，而

1.3　Ⅲ族氮化物中的 X 射线衍射分析

满足特定条件的方向,恰好是这些衍射锥相交线所指向的:

$$\begin{cases} a\left(\cos\alpha - \cos\alpha_0\right) = H\lambda \\ b\left(\cos\beta - \cos\beta_0\right) = K\lambda \end{cases} \tag{1.8}$$

换言之,只有衍射锥相交线的方向才会发生衍射效应。在二维原子点阵中,衍射并不表现为连续的圆锥形状,而是由一系列间断的衍射线组成的,这些衍射线正是由两组共用原子的衍射锥相交而产生的。如图 1.6 所示,当 X 射线从 S_0 方向入射并投射到原子平面上时,横向和纵向的原子列分别形成的衍射圆锥会相交于线 S,这就是所观察到的衍射线。而图 1.7 则揭示了 a 列与 b 列原子的衍射圆锥相交后的景象,它们交汇成了一系列网格状的线条。

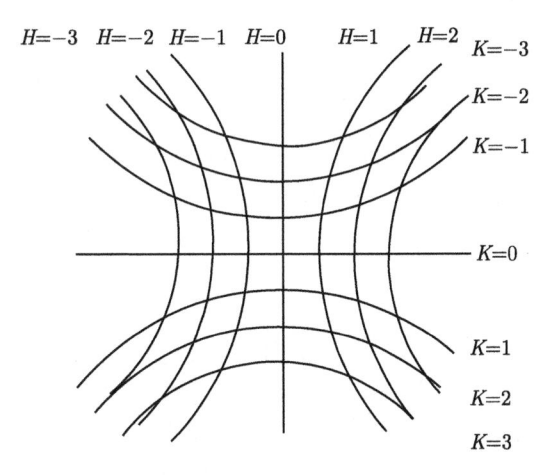

图 1.7　二维原子列的衍射线

3) 三维原子列的衍射

劳厄方程的完整式在三维原子阵中表示如下:

$$\begin{cases} a\left(\cos\alpha - \cos\alpha_0\right) = H\lambda \\ b\left(\cos\beta - \cos\beta_0\right) = K\lambda \\ c\left(\cos\gamma - \cos\gamma_0\right) = L\lambda \end{cases} \tag{1.9}$$

式中,γ_0 是入射 X 射线与原子列 c 的夹角;γ 是射线与原子列 c 的夹角;L 为第三干涉指数。这就是劳厄方程的第三式。

4) 劳厄方程的讨论

当一束固定的单色 X 射线照射到静态的三维点阵上时，α_0、β_0、γ_0 及波长 λ 均保持恒定。在劳厄方程组的三个方程中，除了 α、β、γ 这三个变量之外，其余参数均为已知常数，这看似预示着方程组有且仅有一个解。但实际上，α、β、γ 作为三维点阵中阵点的特性参数，其取值受到点阵类型的严格限制，并且这些参数之间还隐含着额外的约束关系。

对于直角坐标系，这个条件满足方程式：

$$\cos^2\alpha + \cos^2\beta + \cos^2\gamma = 1 \tag{1.10}$$

这表明，在常规情况下，通过四个方程来求解三个未知数是行不通的，所以，用单色射线去照射一个静止的单晶体往往难以观测到衍射效应。

如图 1.8 所示，当 X 射线沿 S_0 方向投射至三维晶体时，如果三个衍射圆锥恰好有一个共同的交点，那么这个交点与原点之间的连线方向 S 就是衍射线的具体方向。相反，如果这三个圆锥没有共同的交点，那就意味着衍射现象不会发生。

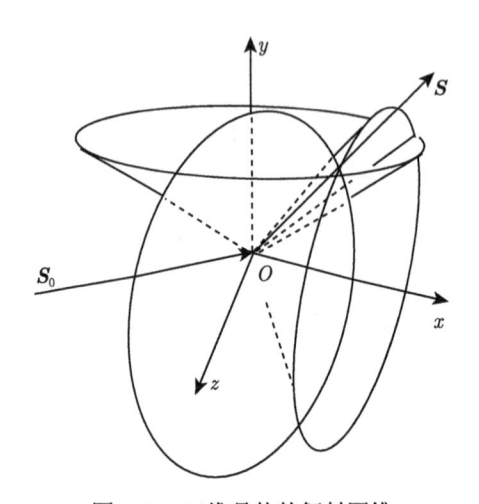

图 1.8 三维晶体的衍射圆锥

劳厄方程是一组依据衍射几何原理及晶体在三维空间中周期性排列特性推导出的方程组。尽管该方程组仅涉及三个未知量，但实际上包含不少于四个方程，因此一般难以求得解析解，这也说明了为何采用单色 X 射线照射静止单晶时通常难以观察到衍射现象。为了克服这一难题，在著名的劳厄实验中，劳厄创新性地采用了连续波长的 X 射线来照射固定晶体。由于波长的连续变化，波长成为一个变量，从而使衍射现象得以实现。

在此背景下，定义 $\boldsymbol{S}_0$ 为入射光的单位方向矢量，$\boldsymbol{S}$ 为衍射光的单位方向矢量。此外，劳厄方程还可以进一步表达为矢量形式：

$$\begin{cases} \boldsymbol{a}(\boldsymbol{S} - \boldsymbol{S}_0) = H\lambda \\ \boldsymbol{b}(\boldsymbol{S} - \boldsymbol{S}_0) = K\lambda \\ \boldsymbol{c}(\boldsymbol{S} - \boldsymbol{S}_0) = L\lambda \end{cases} \quad (1.11)$$

式中，H、K、L 为衍射指数或干涉指数。

式 (1.11) 称为劳厄方程，是用于确定衍射方向的基本公式。

2. 布拉格方程

布拉格定律是应用起来很方便的一种衍射几何规律的表达形式。它把晶体看作是许多平行的晶面的结构。晶体的衍射线实际上是晶面衍射叠加所产生的效应，也可以理解为晶面原子对 X 射线的反射过程，这是布拉格方程的基础。如图 1.9 所示，首先考虑 X 射线与一个晶面上的原子发生相互作用的情况。假设 X 射线源 E 产生了一束单色、平行的 X 射线，被晶体中 B 晶面中的 A_1、A_2 原子散射后到达探测器 D 的位置。入射角和反射角相等，均为 θ。因为路径 $E_1A_1D_1$ 和 $E_2A_2D_2$ 长度相等，所以图中的两条射线在 E 位置和 D 位置的相位差是相同的。如果射线源产生了同相位的 X 射线，那么它们在被探测器接收时依然是同相位的，振幅叠加导致散射线加强。这个现象类似于可见光的镜面反射效应。

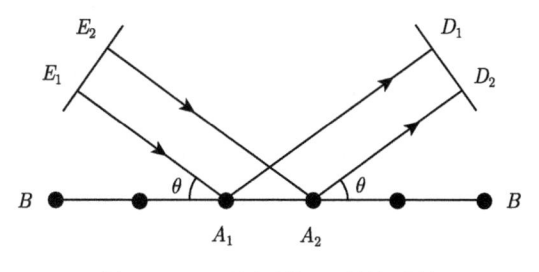

图 1.9　一层原子的 X 射线反射

在实验中，X 射线的穿透性会导致其与一组晶面的原子都产生作用。在上一段讨论的基础上，可以进一步考虑相邻两晶面原子对 X 射线的反射。如图 1.10 所示，这次假设波长为 λ 的 X 射线分别被 B、C 晶面中的 A_1、A_2 原子散射后到达探测器 D 的位置。根据几何关系可以发现，路径 $E_1A_1D_1$ 和 $E_2A_2D_2$ 之间的长度差为 $\Delta s = 2d\sin\theta$，其中 d 为 B、C 晶面的晶面间距。如果 Δs 是 λ 的正整数倍，则图中的两条射线在 E 位置和 D 位置的相位差依然不变。同相位时振幅叠加，可以推导出著名的布拉格方程：

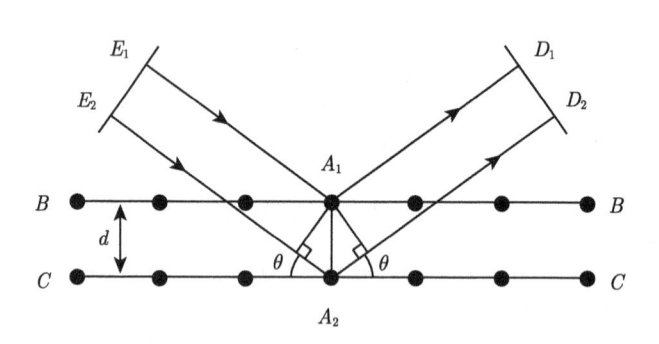

$$2d\sin\theta = n\lambda \tag{1.12}$$

图 1.10 两层原子的 X 射线反射

将衍射视为反射是布拉格方程的基础，但反射只是简化描述衍射的方式。X 射线的晶面反射与可见光的镜面反射不同：镜面能反射任意入射角的可见光，而 X 射线仅当波长 λ 满足布拉格方程时才能发生 "反射"，故称为选择反射。布拉格方程在确定衍射方向时极为简明。波长为 λ 的光照射晶面间距为 d 的一组晶面，若要在某反射方向产生反射线，其条件是相邻晶面反射线的光程差为波长的整数倍。

推导布拉格方程时，默认的假设包括：原子不做热振动，按理想空间方式排列；原子中的电子在原核中心简化为一个点；晶体中含有无穷多个晶面，即晶体尺寸为无限大；入射射线严格平行，有严格的单一波长。

基于劳厄方程，布拉格证明了晶体中一旦发生衍射，必然有一个实际的晶面位于入射束和反射束构成反射的位置；因此，晶体衍射问题可视为各原子面在反射方向的散射能否相干加强，由此他推导出了著名的布拉格方程。该方程表明，某一晶面要产生衍射，其晶面间距必须大于或等于 X 射线半波长，否则连一级衍射也无法产生；反之，若晶体最大晶面间距小于 X 射线半波长，则整个晶体将不发生衍射。此外，讨论劳厄方程时曾指出，单色 X 射线照射静止晶体时通常不产生衍射。布拉格方程则明确给出了产生衍射所需的条件。

3. 埃瓦尔德 (Ewald) 图解

倒易点阵是晶体学和固体物理学领域中的一个核心概念，它发挥着多重作用：不仅简化了晶体学中的部分计算过程，还以直观的方式解释了晶体的衍射行为。从数学的角度来审视，倒易点阵可以被视为正点阵的一种几何变形或衍生表示。正点阵是对晶体结构直接绘制的结果，而倒易点阵则是通过特定的数学运算从正点阵中推导出来的结果。从物理的角度来看，正点阵与晶体结构紧密相连，它详细描述了晶体中原子的空间排列规律，代表着实际物质所占据的空间，通常称之为正空间。相反，倒易点阵则与晶体的衍射现象有着密切的关系，它主要用于描述衍射的方向等关键特性，其所在的空间被命名为倒易空间。

对于一个基矢分别为 a、b 和 c 的正点阵，可以根据这些基矢定义一个与之相对应的倒易点阵。这个倒易点阵的基矢记为 a^*、b^* 和 c^*，这些倒易基矢与正基矢之间存在着一种特定的数学关系：

$$\begin{aligned} a^* &= \frac{b \times c}{v} \\ b^* &= \frac{c \times a}{v} \\ c^* &= \frac{a \times b}{v} \end{aligned} \quad (1.13)$$

其中，v 是正点阵晶胞的体积，$v = a \cdot (b \times c)$。将式 (1.13) 分别点乘 a、b、c 得到

$$\begin{cases} a^* \cdot a = b^* \cdot b = c^* \cdot c = 1 \\ a^* \cdot b = a^* \cdot c = b^* \cdot a = b^* \cdot c = c^* \cdot a = c^* \cdot b \end{cases} \quad (1.14)$$

式 (1.13) 与式 (1.14) 共同揭示了一个关键规律：在倒易点阵中，a^* 与正点阵中的 b、c 均呈垂直状态；相应地，b^* 与 a、c 也均保持垂直；c^* 则与 a、b

均垂直。至于 a^*、b^*、c^* 的精确大小，可以借助式 (1.13) 的标量表达式来进行求解。

$$a^* = \frac{bc\sin\alpha}{v}$$

$$b^* = \frac{ac\sin\beta}{v} \qquad (1.15)$$

$$c^* = \frac{ab\sin\gamma}{v}$$

由 $v = \boldsymbol{a}\cdot(\boldsymbol{b}\times\boldsymbol{c})$，利用矢量算法的多重积分公式可得

$$v = abc\left(1 - \cos^2\alpha - \cos^2\beta - \cos^2\gamma + 2\cos\alpha\cdot\cos\beta\cdot\cos\gamma\right)^{1/2} \qquad (1.16)$$

设 α^*、β^*、γ^* 分别为矢量 $\boldsymbol{b}^*$ 与 $\boldsymbol{c}^*$，$\boldsymbol{c}^*$ 与 $\boldsymbol{a}^*$，$\boldsymbol{a}^*$ 与 $\boldsymbol{b}^*$ 之间的夹角，故有

$$\cos\alpha^* = \frac{\boldsymbol{b}^*\cdot\boldsymbol{c}^*}{|\boldsymbol{b}^*||\boldsymbol{c}^*|}$$

$$\cos\beta^* = \frac{\boldsymbol{c}^*\cdot\boldsymbol{a}^*}{|\boldsymbol{c}^*||\boldsymbol{a}^*|} \qquad (1.17)$$

$$\cos\gamma^* = \frac{\boldsymbol{a}^*\cdot\boldsymbol{b}^*}{|\boldsymbol{a}^*||\boldsymbol{b}^*|}$$

将式 (1.13) 和式 (1.16) 代入式 (1.17)，可以求得

$$\cos\alpha^* = \frac{\cos\beta\cos\gamma - \cos\alpha}{\sin\beta\sin\gamma}$$

$$\cos\beta^* = \frac{\cos\alpha\cos\gamma - \cos\beta}{\sin\alpha\sin\gamma} \qquad (1.18)$$

$$\cos\gamma^* = \frac{\cos\alpha\cos\beta - \cos\gamma}{\sin\alpha\sin\beta}$$

依据正晶胞与倒易晶胞间三个基矢的相互关系，能够构造出与正点阵相匹配的倒易点阵。图 1.11 描绘了三斜晶系晶胞的基矢 $\boldsymbol{a}$、$\boldsymbol{b}$、$\boldsymbol{c}$ 及其对应的倒易晶胞基矢 $\boldsymbol{c}^*$ 的关联，其中 $\boldsymbol{c}^*$ 与 $\boldsymbol{a}$ 和 $\boldsymbol{b}$ 均保持垂直状态，故 $\boldsymbol{c}^*$ 亦垂直于 (001) 晶面。至于六方晶系，其倒易晶胞的基矢同样遵循特定的规律：$a^* = \dfrac{2}{a\sqrt{3}}$、$b^* = \dfrac{2}{a\sqrt{3}}$、$c^* = \dfrac{1}{c}$，且 $\alpha^* = \beta^* = 90°$、$\gamma^* = 60°$。

1.3 Ⅲ族氮化物中的 X 射线衍射分析

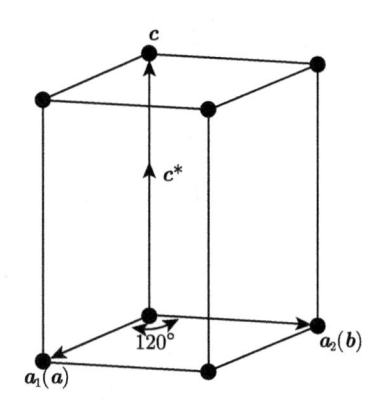

图 1.11 倒易晶胞的 c^* 与正晶胞的关系

埃瓦尔德图解是一种在倒易空间中应用的几何工具，其实质是对布拉格方程的直观表达，便于确定 X 射线衍射的晶面及其方向。将布拉格方程变形为 $1/d_{hkl} = 2(1/\lambda)\sin\theta_{hkl}$ 后，可以通过图 1.12 中的二维简化图示来阐述。在此图中，以 $1/\lambda$ 为半径绘制一个圆，并以该圆的直径为斜边构造一个内接三角形。假设 X 射线沿直径 AO 方向入射，并达到圆周上的 O' 点。若斜边 AO' 与直角边 AB 之间的夹角为 θ，则线段 $O'B$ 的长度即为 $1/d_{hkl}$。此时，三角形 $\triangle AO'B$ 恰好满足布拉格方程的条件。这意味着，从 O' 点出发的矢量 $\overrightarrow{O'B}$，只要其端点落在圆周上，就能引发衍射现象，该矢量的长度 $|\overrightarrow{O'B}| = 1/d_{hkl}$，实际上对应于倒易矢量 $\boldsymbol{g}_{hkl}$ 的模长。同时，从圆心出发的矢量 $\overrightarrow{OB}$ 则代表了 (hkl) 晶面的反射方向。进一步地，可以将上述二维概念扩展到三维空间。设想存在一个直径为 $1/\lambda$ 的球面，当 X 射线沿此球的直径方向入射时，球面上的所有点都将满足布拉格条件。这个特殊的球称为反射球。由于这一表示方法是由埃瓦尔德提出的，因此得名埃瓦尔德球，而相应的作图技巧称为埃瓦尔德图解。

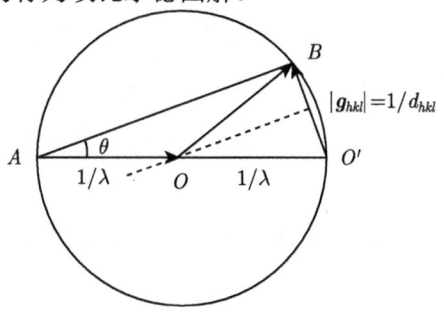

图 1.12 埃瓦尔德图解

在探讨衍射现象时，利用倒易空间中的衍射条件可以显著简化分析流程。这一条件可以表述为 $(S - S_0)/\lambda = g_{hkl}$，其中入射单位矢量 S_0 和衍射单位矢量 S 的长度均标准化为 1，而倒易矢量 g_{hkl} 的长度则对应于 $1/d_{hkl}$。在图 1.12 的示意中，入射矢量表示为 $\overrightarrow{OO'} = S/\lambda$，反射矢量表示为 $\overrightarrow{OB} = S/\lambda$，同时矢量 $\overrightarrow{O'B}$ 的长度恰好等于 $1/d_{hkl}$，也即与倒易矢量 g_{hkl} 的长度一致。审视这三个矢量之间的几何关系，可以直观地理解它们如何自然地满足衍射条件。由此，埃瓦尔德反射球的概念及其相关的作图技巧再次得到了有力的证实。

以下是对埃瓦尔德图解在倒易空间框架下的深入解读：在倒易空间的构想中，存在一个与倒易原点 O' 相切的反射球，其半径设定为 $1/\lambda$。当 X 射线精准地沿着这个反射球的直径入射，并穿透 O' 点时，球面上的每一个倒易点都将精准地满足衍射的严苛条件，这预示着这些点所对应的正点阵晶面将发生衍射。这些倒易矢量的倒数，即 $1/|g_{hkl}|$，精确地对应于衍射晶面的间距 d_{hkl}。同时，从反射球的中心 O 出发指向这些倒易点的方向正是衍射发生的方向。值得注意的是，由于反射球的半径与 X 射线的波长 λ 成反比 (即半径为 $1/\lambda$)，因此 X 射线的波长越短，反射球的半径及其所覆盖的球面面积就越大。这直接导致球面上可能出现的倒易点数量的显著增多，进而可能引发更多的晶面发生衍射。此外，随着反射球半径 $1/\lambda$ 的增大，球面上的最大倒易矢量也会增大。这意味着能够参与衍射的最小晶面间距会相应减小，从而揭示了使用短波长的 X 射线能够显著提升获得多级晶面衍射的可能性。

1.3.3 Ⅲ 族氮化物薄膜的 X 射线衍射分析应用

基于上述 X 射线衍射的基本原理，X 射线衍射分析应用于 Ⅲ 族氮化物薄膜表征，可以实现外延取向关系分析、薄膜生长监测，以及薄膜的晶格常数、应力、缺陷及厚度分析。本书将在后面的章节中详细地讨论上述 X 射线衍射分析在 Ⅲ 族氮化物薄膜中的应用。本节会对这些应用进行一个概括性的介绍，以便使读者有一个大体的认识。

X 射线衍射可以用于分析 Ⅲ 族氮化物薄膜外延层之间、薄膜与衬底之间的外延取向关系。而根据分析思路的不同，可以分为面内分析方法和面外分析方法。面内分析方法主要通过 X 射线衍射图中的特定衍射峰位置及强度变化，揭示外延层与衬底在二维平面内的晶体取向关系。这种方法能够精确测量外延层的晶格常数、应力状态以及晶体质量，对于理解外延生长机制、优化生长条件以及提升器件性能至关重要。面外分析方法则关注于外延层与衬底在三维空间中的晶体取向关系，特别是外延层的生长方向及其与衬底的夹角。通过 X 射线衍射图中的掠入射衍射或布拉格衍射等现象，外延层的生长方向及其与衬底的取向匹配度可以得到准确判断。本书的第 2 章将详细介绍 X 射线衍射分析 III 族氮化物薄膜的外延取向，并说明外延取向关系对 III 族氮化物薄膜的影响。

在 III 族氮化物晶体外延生长的过程中，由于衬底和外延层之间的晶格不匹配，异质外延薄膜上会不可避免地存在界面区域的晶格畸变和位错。另外，III 族氮化物外延生长过程中会发生许多非平衡事件，如成核、不稳定生长以及结构和形态的变化[12,13]。由于生长结束后的表征结果将错过动力学和瞬态结构，因此对于外延生长过程中不完美晶体的实时分析是研究外延生长机理的必要过程。使用原位同步 X 射线衍射是 III 族氮化物外延生长实时监测的最有效解决方案之一。原位分析是一种监测和分析反应过程中物质实时性质的技术，通过将分析设备的探头置于实时变化的环境当中，监测生长过程中应力和缺陷的变化，可以因此推断外延生长的速率、演变过程以及生长机理，从而可以更精确地调控结构参数与生长参数。本书第 3 章将介绍 X 射线衍射在 III 族氮化物晶体生长监测中的应用。

晶格常数测量也是 X 射线衍射的重要应用之一。X 射线衍射测量的精度极高，这也使其成为表征 III 族氮化物薄膜晶格常数的首选技术[14]。然而，在 III 族氮化物薄膜中，由于残余应变和缺陷等的存在，晶格常数测量结果会受到影响。此外，对于合金薄膜而言，还需区分应变效应和成分对晶格常数的不同贡献，这给研究带来了更大的挑战。在介绍 X 射线衍射测量晶格常数的方法的同时，本书第 4 章还将讨论 III 族氮化物薄膜中影响晶格常数测量的多种因素，包括变形潜势效应、掺杂剂尺寸效应、残余应变以及掺杂对热膨胀系数的影响。

目前，在衬底上异质外延生长仍然是 III 族氮化物薄膜最主流的方法[15,16]。由于 III 族氮化物通常与异质衬底之间存在较大的晶格失配和热失配，外延生长过程中 III 族氮化物薄膜内存在应力。材料的应力根据其作用尺度可以划分为宏观应力与微观应力。Ⅲ族氮化物的宏观应力以及微观应力会对材料的性能产生非常明显的影响。其中，宏观应力对Ⅲ族氮化物机械性能有较大影响。应力不仅可能导致薄膜材料的开裂和失效，还可能影响其弹性模量和抗压强度，降低材料的整体机械性能。与此同时，内部应力的存在可能加速疲劳损伤，缩短材料在循环载荷下的使用寿命。微观应力对材料电学、光学与热学性能影响较大。例如，应力可以改变Ⅲ族氮化物的载流子迁移率，影响器件的效率。内部应力可能导致能带的弯曲或带隙的变化，从而影响材料的导电性和光学性质。Ⅲ族氮化物的宏观应力和微观应力都可以通过X射线衍射的方法来测量。本书第5章将就Ⅲ族氮化物的宏观应力和微观应力的测量原理与方法，以及其方法的改进进行系统性的分析与阐述。

在Ⅲ族氮化物异质外延生长的过程中，应力的释放伴随着缺陷的产生。应力与缺陷的演化最终在外延薄膜表面形成裂纹，对Ⅲ族氮化物薄膜的力学、光学以及电学特性造成较大的负面影响[17,18]。X射线衍射分析能提供Ⅲ族氮化物薄膜在大范围内的平均缺陷信息，进而可以通过计算获得样品的缺陷密度，从而了解Ⅲ族氮化物薄膜的晶体质量以及在生长过程中缺陷的演化过程。本书第6章将对Ⅲ族氮化物薄膜缺陷类型、X射线衍射缺陷表征原理与方法、Ⅲ族氮化物薄膜中缺陷的X射线衍射分析，以及X射线衍射薄膜缺陷分析的误差与优化等多个方面进行详细的阐述。

本书要介绍的最后一个X射线衍射分析应用是薄膜厚度分析。Ⅲ族氮化物薄膜的厚度与其多种功能参数密切相关，如光学性能、磁性能、热导率等，这些特性直接影响器件的性能表现。例如，在大规模集成电路中，由于电路的高度集成化，薄膜厚度的微小变化可能对整个集成电路的工作性能产生显著影响。因此，薄膜厚度控制在工业生产与科学研究中具有极为重要的地位。掠入射X射线衍射具有极小的入射角度，可以通过全反射现象获得薄膜的膜厚信息并具有较高精度，能够实现单层薄膜及多层薄膜的厚度分析，其具体原理与方法将在第7章中说明。

1.4 本章小结

本章对Ⅲ族氮化物薄膜与X射线衍射分析技术进行了简要的概述。在引入Ⅲ族氮化物材料及其科学研究的重要性后，首先简单介绍了Ⅲ族氮化物的晶体结构，进而延伸至其特性与应用。接下来指出了X射线衍射分析的优势，介绍了其基本原理，列举了X射线衍射在Ⅲ族氮化物薄膜中的多种应用并简要介绍了本书余下章节的内容。

X射线衍射分析在材料表征，尤其是Ⅲ族氮化物薄膜的表征中，显示出一系列独一无二的优势，包括可以实现无损检测、测试过程高度自动化等，同时X射线衍射分析还具有速度快、应用广泛等特点。基于对Ⅲ族氮化物薄膜晶体结构的表征，X射线衍射分析可以实现Ⅲ族氮化物薄膜的外延取向关系分析，进行薄膜生长监测。除此之外，X射线衍射还能用于分析Ⅲ族氮化物薄膜的晶格常数、应力、缺陷及厚度。本书后面的章节将按照以下思路依次对上述应用进行详细介绍：外延取向关系的确定是Ⅲ族氮化物材料生长的基础，生长监测则是生长调控的重要环节。在材料生长完成后，Ⅲ族氮化物薄膜的晶格常数、应力、缺陷及厚度则是质量监测的重要环节。

参 考 文 献

[1] Wang J, Cai W, Lu W, et al. Observation of 2D-magnesium-intercalated gallium nitride superlattices[J]. Nature, 2024, 631: 67-72.

[2] Zhang C, Wang W, Hao X, et al. A novel approach to enhance bone regeneration by controlling the polarity of GaN/AlGaN heterostructures[J]. Advanced Functional Materials, 2021, 31(5): 2007487.

[3] Chen J, He Y, Lai Q, et al. Graphene quantum dots enhanced InGaN/PdO self-powered ultraviolet-visible dual-band photodetectors for encrypted light communication[J]. IEEE Electron Device Letters, 2025, 46(6): 920-923.

[4] van Deurzen L, Kim E, Pieczulewski N, et al. Using both faces of polar semiconductor wafers for functional devices[J]. Nature, 2024, 635(8037): E3.

[5] Wang C, Xu X, Tyagi S, et al. Ti$_3$C$_2$T$_x$ MXene van der Waals gate contact for GaN high electron mobility transistors[J]. Advanced Materials, 2023, 35(22): 2211738.

[6] Lin T, Zeng Y, Liao X, et al. Two-dimensional material/group-III nitride heterostructures and devices[J]. Reports on Progress in Physics, 2025, 88(4): 046501.

[7] Pereira S, Correia M R, Pereira E, et al. Interpretation of double X-ray diffraction peaks from InGaN layers[J]. Applied Physics Letters, 2001, 79(19): 1432-1434.

[8] Park J H, Lee H A, Lee J H, et al. Crystal characteristics of bulk GaN single crystal grown by HVPE method with the increase of thickness[J]. Journal of Ceramic Processing Research, 2017, 18(2): 93-97.

[9] Zhou S, Wu M, Yao S, et al. Interfaces in heterostructures of AlInGaN/GaN/Al$_2$O$_3$[J]. Superlattices and Microstructures, 2006, 39(5): 429-435.

[10] Leszczynski M, Grzegory I, Bockowski M. X-ray examination of GaN single crystals grown at high hydrostatic pressure[J]. Journal of Crystal Growth, 1993, 126(4): 601-604.

[11] Bougrov V, Levinshtein M E, Rumyantsev S L, et al. Properties of Advanced Semiconductor Materials GaN, AlN, InN, BN, SiC, SiGe[M]. New York: John Wiley & Sons, Inc., 2001.

[12] Krug J, Michely T. Islands, Mounds and Atoms: Patterns and Processes in Crystal Growth far from Equilibrium[M]. Berlin: Springer, 2004.

[13] Brune H. Epitaxial Growth of Thin Films[M]. Weinheim: Wiley-VCH, 2013.

[14] Fatemi M. Absolute measurement of lattice parameter in single crystals and epitaxic layers on a double-crystal X-ray diffractometer[J]. Acta Crystallographica Section A: Foundations of Crystallography, 2005, 61(3): 301-313.

[15] Hus J W, Chen C C, Lee M J, et al. Bottom-up nano-heteroepitaxy of wafer-scale semipolar GaN on (001) Si[J]. Advanced Materials, 2015, 27(33): 4845-4850.

[16] Wang J, Xie N, Xu F, et al. Group-III nitride heteroepitaxial films approaching bulk-class quality[J]. Nature Materials, 2023, 22(7): 853-859.

[17] Grabowski M, Grzanka E, Grzanka S, et al. The impact of point defects in n-type GaN layers on thermal decomposition of InGaN/GaN QWs[J]. Scientific Reports, 2021, 11(1): 2458.

[18] Li D, Jiang K, Sun X, et al. AlGaN photonics: recent advances in materials and ultraviolet devices [J]. Adv. Opt. Photon, 2018, 10(1): 43-110.

第 2 章　Ⅲ 族氮化物外延取向的 X 射线衍射分析

2.1　引　　言

第 1 章中对 X 射线衍射技术的原理及其在 Ⅲ 族氮化物中的应用进行了整体的介绍，本章将进一步深入探讨 X 射线衍射在 Ⅲ 族氮化物薄膜外延生长中的取向关系分析方面的具体应用。Ⅲ 族氮化物薄膜的外延取向关系分析涉及外延层与不同取向衬底之间的晶向匹配关系，Ⅲ 族氮化物生长的外延取向关系是决定其薄膜质量的第一要素，对薄膜的晶体结构和光电性质都有着至关重要的影响。因此，实现对 Ⅲ 族氮化物外延取向关系的精确分析是获得高质量 Ⅲ 族氮化物材料与高性能器件的关键[1-4]。

目前，国内外团队已经采用包括 TEM、电子背散射衍射 (electron back-scattered diffraction, EBSD) 和 X 射线衍射分析等技术[5,6] 进行 Ⅲ 族氮化物的外延取向关系分析。TEM 表征能够得到外延薄膜清晰的倒易空间图谱以及精确的晶体结构，能直观地反映外延层与衬底之间或是不同组分外延层之间的外延取向关系，但采用电子显微镜的方法需要在高真空度的条件下进行，制样过程复杂，对样品表面的洁净度和平整性有严格的要求，并且高能电子束流会对薄膜造成损伤。相比之下，X 射线衍射技术在常压的条件下就能够对 Ⅲ 族氮化物的外延取向关系进行分析，具有快捷无损的特点，其精度同样可以满足精确地分析材料微观外延取向关系的要求。因此，X 射线衍射分析对于 Ⅲ 族氮化物薄膜质量的优化和器件性能的提升具有重要意义。

接下来，本章将介绍如何使用 X 射线衍射分析技术对 Ⅲ 族氮化物薄膜的外延取向关系进行分析。

2.2 面内取向关系与面外取向关系

对于薄膜材料而言，外延取向关系分为面内取向关系和面外取向关系。面内取向关系指的是两种材料之间水平方向上的晶向匹配关系；而面外取向关系，也称外延生长关系，则指的是两种材料在垂直方向上的晶向匹配关系。如图 2.1 所示，对于在 Si(111) 晶面上外延生长的 Ga 极性 GaN 薄膜体系而言，可以认定其面内取向关系为 $[11\bar{2}0]_{GaN}//[1\bar{1}0]_{Si}$，面外取向关系为 $[0001]_{GaN}//[111]_{Si}$。

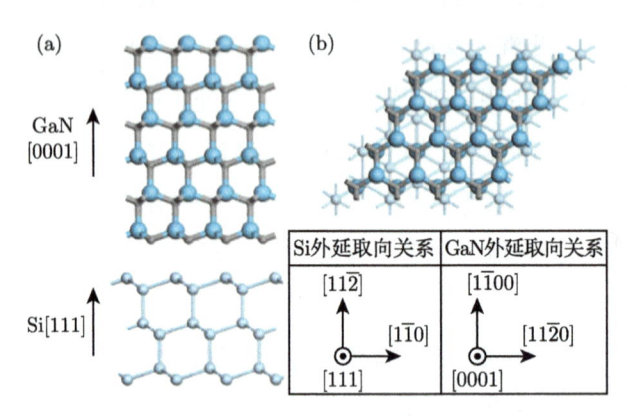

图 2.1　Si(111) 晶面上外延 c 面 GaN 晶体结构的 (a) 整体示意图和 (b) 俯视图

因此根据分析的对象不同，外延取向关系的分析通常可以分为面内 (in-plane) 分析方法与面外 (out-of-plane) 分析方法，其示意图如图 2.2 所示[7]。面内分析方法用于确定材料之间的面内取向关系，而面外分析方法则用于确定材料的面外取向关系和晶格失配等信息。

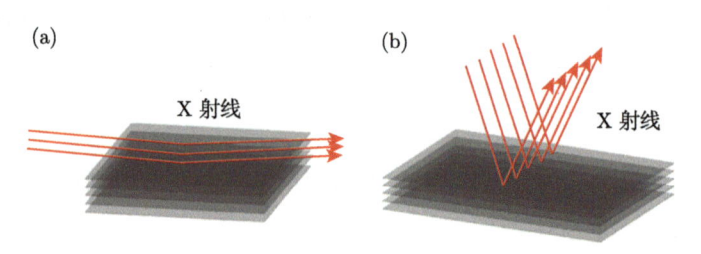

图 2.2　(a) 面内分析和 (b) 面外分析方法的范围示意图

面内分析方法主要是通过 X 射线衍射图中的特定衍射峰位置及强度变化来

2.2 面内取向关系与面外取向关系

揭示外延层与衬底在二维平面内的晶体取向关系。这种方法能够精确测量外延层的晶格常数、应力状态以及晶体质量，对于理解外延生长机制、优化生长条件以及提升材料质量至关重要。

面外分析方法则关注于外延层与衬底在垂直于薄膜平面方向上的晶体取向关系[8]。通过 X 射线衍射图中的掠入射衍射或布拉格衍射等现象，可以实现对外延层的生长方向及其与衬底的取向匹配度的准确判断。这一信息的准确获取同样对于理解外延层的生长机制具有重要意义。

面内分析和面外分析各有其独特的优势和适用范围。面内取向分析更侧重于平面内的取向一致性、外延取向关系和各向异性，适用于研究外延取向关系、晶界分布及其对性能的影响。面外取向分析则主要关注垂直方向的取向分布、生长模式、应力和位错，对薄膜质量的评估和特定晶面方向的研究非常有益。

面内取向关系分析，其主要关注点在于薄膜在近表面、表面的结构特性，例如薄膜界面处的晶格失配等信息。X 射线衍射分析中常见的面内取向分析方法包括以四圆衍射仪为基础的 φ 扫描方法、$2\theta\text{-}\varphi$ 扫描方法、二维 X 射线衍射 (2D X-ray diffraction，2D-XRD) 等方法，这些方法在 III 族氮化物薄膜晶体结构分析中有着重要应用，对于表征面内取向关系、分析薄膜的外延生长质量和晶体的对称性至关重要，是 III 族氮化物薄膜结构分析中的关键内容。

而面外分析方法则主要分析垂直于薄膜表面的晶体取向，主要用于研究薄膜在垂直于平面方向上的取向关系。在 X 射线衍射技术中，常见的面外分析方法包括 $2\theta\text{-}\omega$ 扫描和 ω 扫描等[9,10]。这些方法对于表征 III 族氮化物薄膜的外延取向关系以及垂直方向的应力状态非常关键。在 III 族氮化物薄膜的外延生长中，面外分析有助于确定薄膜的取向以及与衬底的匹配情况，评估薄膜的结晶质量以及残余应变情况，能够为优化薄膜外延工艺提供精确的结构信息。除了对单层薄膜的表征外，X 射线衍射在面外分析多层外延结构 (如 GaN/AlN 或 AlGaN/GaN 超晶格材料) 表征中同样起到重要的作用，能够得到多层外延结构之间层间应力、晶格失配以及厚度和周期性等结构信息，揭示晶体外延取向一致性、应力累积和释放机制，帮助研究者优化层间的匹配关系，提升 III 族氮化物薄膜性能。

2.3 Ⅲ 族氮化物薄膜外延取向关系分析方法

目前，Ⅲ 族氮化物薄膜大多通过异质外延的方法制备，其外延薄膜的质量和生长调控在很大程度上取决于外延取向关系。在各类光电器件和功率射频器件的制备中也常常需要通过判断外延层与衬底、外延层与外延层之间的外延取向关系来判断薄膜的外延质量，调控器件的性能。

对于 Ⅲ 族氮化物薄膜这类晶体薄膜，一般会选用 X 射线衍射分析方法中的四圆衍射仪法进行分析。四圆衍射仪法是 X 射线衍射分析方法中最成熟的单晶衍射分析方法，且经过多年的发展，也出现了更先进、更精密、功能更全面的六圆衍射仪、九圆衍射仪等变体结构。以四圆衍射仪为基础的单晶衍射分析方法由于简单快速、可重复性高等优势，仍是科研工作者进行单晶衍射分析的主流手段，因此这里以四圆衍射仪这一经典结构为例进行介绍。

1955 年，美国的福纳斯 (Furnas) 教授基于晶体学研究的迫切需求，成功发明了四圆衍射仪，结构示意图如图 2.3 所示 [11-13]。这一里程碑式的仪器通过精确控制晶体的四个旋转轴，即调控其四个欧拉角 (χ、ω、2θ、φ) 而实现对衍射点的精确测量，极大地提升了晶体结构研究的精度和效率，使其成为研究晶体结构的重要工具。这不仅推动了晶体学的深入发展，也为材料设计领域提供了关键的技术支持，尽管后续有新型探测仪的冲击，但四圆衍射仪的设计原理仍广泛应用于现代衍射仪中 [10]。

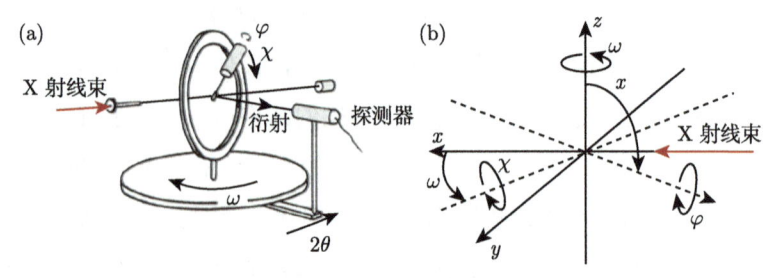

图 2.3 (a) 四圆衍射仪结构示意图以及 (b) 四个旋转轴与样品物理位置的关系 [11-13]

四圆衍射仪使用一个计数器 (如盖革-米勒计数器或闪烁计数器) 来测量衍射

光束 (或斑点) 的强度。一个单晶薄膜样品的衍射点可有几百到上万个，计数器总是保持在水平面上，但可以通过旋转测角头上晶体的方位使得每一个需要测量的衍射点落在水平面上。测角头与计数器的方位由 χ、ω、2θ、φ 四个欧拉角确定，因此得名四圆衍射仪。其中，χ 角可以在 0°~360° 范围内调节测角头的旋转轴方向；φ 角是测角仪上的旋转角，也可在 0°~360° 范围内调节晶体及其衍射点的方位；2θ 角可调节计数器测量的衍射光束与入射 X 射线之间的夹角，即布拉格角 (θ_{BG})；ω 角可调节测角头绕垂直于水平面的旋转轴的旋转，同时在测量衍射强度时对 ω 角进行扫描，一般范围很小，为 0.5°~5°。四圆衍射仪有一个固定的光学中心，也即样品的物理中心，四个欧拉角旋转轴都相交于光学中心。当晶体被精确调节在光学中心时，测量衍射强度的实验过程中的任何欧拉角旋转都不会移动晶体的空间位置，从而保证入射 X 射线总是穿过晶体。

凭借以四圆衍射仪为基础的 X 射线衍射仪，可以开展各种成熟的晶体衍射分析方法，包括 φ 扫描、2θ-φ 扫描、ω 扫描和 2θ-ω 扫描等。这些方法都通过固定不同的旋转轴实现，或在二维空间或在三维空间揭示薄膜的晶体结构，在Ⅲ族氮化物薄膜取向关系分析中有着重要应用。

2.3.1 φ 扫描

在四圆衍射仪的基础上开展的 φ 扫描通过旋转样品的方位角 φ 获得晶体在面内 (平行于样品表面) 的取向信息，进而确定薄膜的面内取向关系、织构以及晶体质量[13,14]。通常而言，在快速分析薄膜面内取向、薄膜晶体对称性时会较多地选用 φ 扫描分析方法。

在 X 射线衍射实验中，φ 扫描是通过保持 X 射线的入射角 θ 和衍射角 2θ 固定，同时旋转样品的方位角 φ，即以样品表面的法线为轴旋转，以测量不同晶面方向上的衍射强度，如图 2.4 所示。这一操作使得测量的衍射信号主要来自面内晶体的取向。通过选定已知的晶面衍射峰，固定入射角和衍射角后扫描样品的方位角 (通常从 0°~360° 进行扫描) 并记录不同方位角的衍射强度，可以根据每个衍射峰出现的位置与其晶面取向的关系得到薄膜的面内取向关系。在进行 φ 扫描分析时，首先将 2θ 设定为某一非织构晶面 ($h'k'l'$) 的布拉格衍射角，其次计算晶面 (hkl) 和晶面 ($h'k'l'$) 的夹角 $\Delta\varphi$，并将倾斜角 (χ) 设为 $\Delta\chi$，最后测量样品自转 1 周过程中的扫描曲线 $I(\varphi)$，其中 φ 角的变化范围是 $0°\sim 360°$。对于其中扫描实验的设置可以通过极射投影法加以理解，丝织构晶面 (hkl) 的投影点位于极氏网的圆心，而晶面 $(h'k'l')$ 的投影点位于半径为 $\Delta\varphi$ 的纬线上，具有双轴织构的薄膜材料的 $(h'kl')$ 晶面的分布取决于该晶面的对称性，即具有 N 次对称的晶面的 $I(\varphi)$ 曲线将出现 N 个峰位，2 个峰位之间的间隔为 $(360°/N)$。

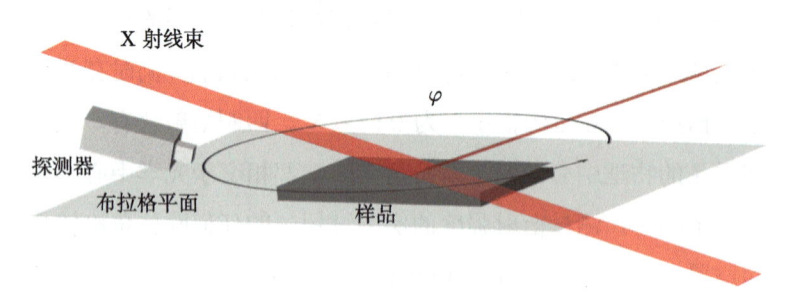

图 2.4 φ 扫描示意图

φ 扫描作为一种重要的面内分析方法，通过旋转样品的方位角，可以测量面内晶体取向和对称性。这种方法在研究外延薄膜的面内取向关系、晶体对称性以及多晶外延薄膜的织构时具有显著的应用价值。特别是在Ⅲ族氮化物薄膜的外延生长中，φ 扫描可以有效地表征薄膜和衬底的外延取向关系，为后续工艺优化外延取向和提升薄膜质量提供重要依据。

2.3.2 2θ-φ 扫描

2θ-φ 扫描也是基于四圆衍射仪开展的一种 X 射线衍射分析方法。通过调整样品的方位角 φ 和衍射角 2θ，可以获得样品在不同方位角 φ 和不同衍射角 2θ 上的衍射强度。通过选取最适合开展 2θ 扫描的方位角 φ 进行扫描，可以获得样品的面内取向关系。相较于其他分析方法，2θ-φ 扫描方法具有简单快速、无损检测的特点，是快速获取Ⅲ族氮化物薄膜面内取向关系的常用方法。

2θ-φ 扫描的原理在于结合方位角 φ 与材料面内关系的联系和衍射角 2θ 与不同材料的联系，从而确定多层材料之间的面内取向关系。因此，其实现步骤也是先通过多层材料晶格关系确定的共同面内关系来确定需要开展扫描的方位角 φ，在此基础上对包含两层或多层材料的样品进行 2θ 扫描可以表征多层材料的衍射特征峰，从而分析其面内取向关系与晶体质量。

在 X 射线衍射实验中，2θ-φ 扫描的可调角度包括方位角 φ 和衍射角 2θ。首先，如前所述开展针对某层的 φ 扫描：固定某层样品（衬底或外延薄膜）的特征衍射角 2θ 进行 φ 扫描，从而确定可以反映薄膜面内取向关系的方位角 φ。在选定的方位角 φ 下开展 2θ 扫描可以得到不同层材料的衍射强度随衍射角变化的表征，从而获取不同层材料的衍射特征峰，由此得以分析不同层材料之间的面内取向关系和各层的晶体结构。

有必要指出，2θ-φ 扫描方法需要区别于对粉末单晶或单层薄膜所采用的 φ 扫描或者 2θ-ω 扫描方法。固定于某种材料的特征衍射角度的 φ 扫描只能表征单层材料的面内取向对称性，未经过方位角选择的 2θ 扫描又无法保证期望材料层的特征峰都能得到表征。因此，在以四圆衍射仪为基础开展的方法中，只有在保证满足面内取向关系方位角 φ 的前提下开展 2θ 扫描的 2θ-φ 扫描方法可以确定多层样品的面内取向关系。不同于其他二者，2θ-φ 扫描方法的应用场景通常是多层不同材料的面内取向关系分析，比如 III 族氮化物在多种不同衬底上的外延生长面内取向关系分析。

在 III 族氮化物薄膜的外延生长研究中，2θ-φ 扫描是一种有效表征薄膜与衬底面内取向关系的重要手段 [15]。本团队开展了在不同衬底上进行 III 族氮化物外延生长的研究，2θ-φ 扫描在其中为确定面内取向关系起到了关键作用，具体例子在 2.4 节中会进行详细介绍。

2.3.3 ω 扫描

在四圆衍射仪基础上延伸出的衍射方法中，ω 扫描，也称摇摆曲线 (rocking-curve, RC)，是使用频率很高的一种分析方法。ω 扫描在晶体质量表征方面发挥着关键作用，尤其在评估位错密度和外延层均匀性方面具有重要意义。位错密度的相关内容将在后文详细讨论，本节将重点介绍 ω 扫描在外延取向分析中的应用 [16]。

通过保持衍射角 2θ 固定的同时，改变 X 射线入射角 ω，以测量晶体的摇摆曲线。在理想情况下，晶体取向完全一致时，摇摆曲线会表现为一个极窄的衍射峰。但若晶体中存在面外取向一致性低、晶格畸变或位错等缺陷，则衍射峰会展宽，这表明晶体的面外取向分布范围较宽。通过测量衍射峰的半峰全宽 (full width at half maximum, FWHM)，可以判断晶体的面外取向一致性。窄的 ω 扫描峰值表明薄膜的晶体质量较高，外延生长过程中的位错密度较低；而宽的峰值表明晶体的取向分布范围较宽，薄膜的晶体取向一致性较差。

在薄膜外延取向关系和其他晶体结构分析应用中，ω 扫描和 2θ-ω 扫描是最常用的晶体分析方法。这两种方法相辅相成，能够帮助研究者全面掌握 III 族氮化物薄膜的外延生长状况、面内面外取向关系以及晶格应力应变情况，为优化薄膜工艺和提高器件性能提供了关键数据。

2.3.4 2θ-ω 扫描

在所有 X 射线衍射分析方法中，2θ-ω 扫描 (亦称对称扫描) 是一种操作简便且应用最广泛的技术。在此模式下，仅样品和探测器参与转动，并保持二者转动角度为 2θ 的固定关系。通过 2θ-ω 扫描，可以获取样品的衍射峰位置和强度信息，将其与标准衍射卡片对比后可以准确分析样品的晶体结构以及外延取向关系。2θ-ω 扫描是布拉格定律的重要应用，当 X 射线照射晶体时，X 射线会与晶体内部的原子发生相互作用，并在不同晶面上发生反射[16]。若反射光满足布拉格定律，即反射光程差等于 X 射线波长的整数倍，则这些反射光会发生相干叠加，从而产生强烈的衍射峰。这种现象可以用来确定晶体的结构、晶面间距和取向，也因此在 III 族氮化物薄膜的外延取向关系分析中成为最基础、最广泛的面外分析手段。

在 2θ-ω 扫描中，可动的角度一般只设置 X 射线的入射角 ω 和探测器的探测角 2θ。在检测过程中，X 射线以入射角 ω 照射到样品上，同时检测器以 2θ 的角度接收散射的 X 射线，如图 2.5 所示。通过设置仪器，使入射角 ω 和探测器角 2θ 同步变化，而其他的角度固定。入射角每增加一个 θ 角度，探测器角同步增加 2θ 角度，从而保证探测器始终接收到由不同晶面衍射产生的信号。2θ-ω 扫描测试通常根据所测定材料的特征峰设定 2θ 角的扫描范围，通常在 $10°\sim 90°$。

对于常见的 III 族氮化物薄膜而言，在使用 Cu K$_\alpha$ 作为 X 射线源时，其常见的晶面取向和与之对应的衍射峰见表 2.1。然而值得注意的是，薄膜取向的衍射峰位并不适用于所有样品，随着薄膜厚度、缺陷、应力的变化，其峰位可能发生蓝移或红移，因此此处的峰位仅代表典型值。

2.3 III 族氮化物薄膜外延取向关系分析方法

2θ-ω 扫描常作为确定外延生长的 III 族氮化物薄膜及其所依附衬底的主要晶向、空间点群的关键手段，并且还能够进行外延取向关系的初步、快速且准确的定性分析。得益于其高效的测试速度和卓越的分析精度，2θ-ω 扫描成为研究人员在初步探索、大量筛选及优化实验条件时不可或缺的方法。它允许科研人员迅速锁定目标晶向，为后续深入研究奠定坚实的基础。

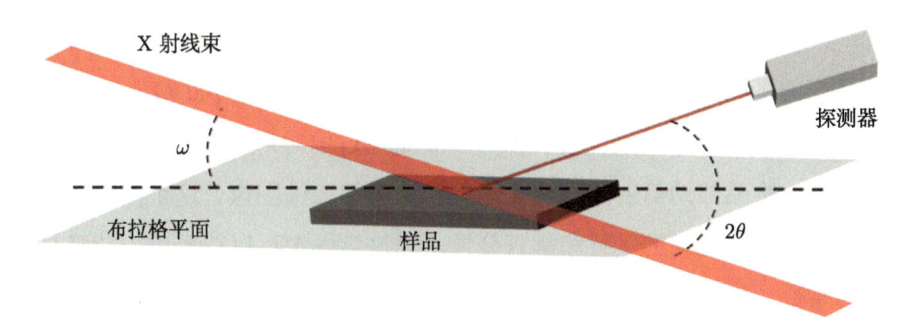

图 2.5　2θ-ω 扫描示意图

表 2.1　典型 III 族氮化物薄膜晶面对应的衍射峰位

材料	晶面指数 (hkl)	$2\theta/(°)$
GaN	(0002)	34.48
	(10$\bar{1}$0)	32.40
	(10$\bar{1}$1)	36.85
	(0004)	73.25
AlN	(0002)	36.04
	(10$\bar{1}$0)	33.21
	(10$\bar{1}$1)	37.92
	(0004)	76.46
InN	(0002)	33.00
	(10$\bar{1}$0)	31.31
	(10$\bar{1}$1)	35.43
	(0004)	68.62

2.3.5 倒易空间图谱

倒易空间图谱 (reciprocal space mapping，RSM) 是一种强大的 X 射线衍射技术，常用于分析外延薄膜的晶体结构、应变、取向、晶格常数等信息，尤其在面外分析中，对于研究薄膜与衬底的外延取向关系具有重要作用[17]。针对 Ⅲ 族氮化物薄膜，倒易空间图谱能够详细地表征薄膜的外延取向关系、应力状态和晶格失配，本节主要展开其关于外延取向关系的分析方法。

倒易空间图谱通过同时测量面内 (如 Q_x、Q_y) 和面外 (如 Q_z) 方向的衍射信号来表征晶体的取向关系。其表征的本质是通过同时对薄膜进行 θ、2θ、ω 等角度的扫描，将晶体的衍射信息转化为倒易空间的二维图像。这个图谱的横轴和纵轴分别代表倒易空间的平行和垂直分量，通过该图谱可以获取关于薄膜晶体取向、晶格常数、应变状态和晶体畸变的详细信息，并直接测量薄膜在法向的晶格常数以及与衬底的错配情况。对于面外分析，倒易空间图谱提供的二维衍射图谱可以揭示薄膜在垂直于表面的取向及应变状态，其突出优势是能够同时表征薄膜和衬底的衍射信号，从而分析薄膜与衬底在法向上的外延取向关系及其晶格失配。

2.3.6 二维 X 射线衍射

与一般的衍射法所采用的四圆衍射仪不同，二维 X 射线衍射实验中使用二维探测器，并由二维探测器记录二维成像以及二维衍射花样的数据。二维探测器能够在二维平面上同时记录多个衍射角度 (2θ 和 χ 方向) 的 X 射线强度分布。常见的二维探测器包括成像板、电荷耦合器件 (CCD) 相机等混合像素探测器，能够在一次曝光中获取大量信息，形成完整的衍射图像 (包括衍射环、点阵等)，因此采集速度快，并能同时获取多个衍射角度下的衍射数据。在 X 射线衍射领域，二维 X 射线衍射是一种新的技术，除了二维探测器技术外，还包括二维成像的处理、二维衍射花样的处理和解释。显然，样品的 X 射线衍射二维成像包含的信息比一维线形图要多[18,19]。

对于单晶薄膜，衍射图像会出现斑点状的衍射花样，而对于多晶薄膜则会出现圆环状的衍射环。如图 2.6 所示，薄膜样品和衬底的样品空间和矢量空间都在

2.3 III 族氮化物薄膜外延取向关系分析方法

二维 X 射线衍射的衍射框架中具有对应的关系，因此可以从衍射图样的衍射点坐标 $(2\theta, \gamma)$ 和样品的旋转角 (ω, ψ, φ) 计算样品和衬底的晶向矢量，以判断其外延取向关系。

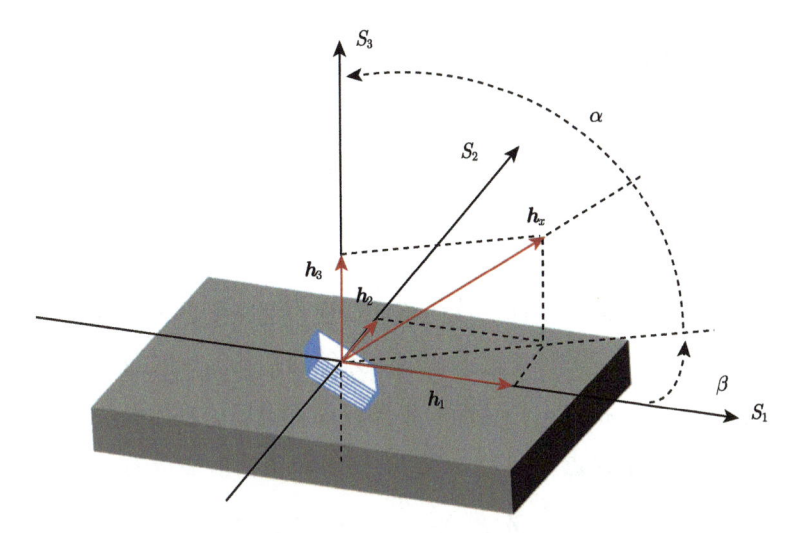

图 2.6 晶体平面对于样品平面的取向示意图

定义 $\boldsymbol{h}_1$、$\boldsymbol{h}_2$、$\boldsymbol{h}_3$ 为样品坐标 S_1、S_2、S_3 的单位向量，以此样品空间为基准，可以计算晶体平面径向角 α 和方位角 β[18]：

$$\alpha = \arcsin h_3 \tag{2.1}$$

$$\beta = \pm \frac{\arccos h_1}{\sqrt{h_1^2 + h_2^2}} \begin{cases} \beta > 0°, & h_2 \geqslant 0 \\ \beta < 0°, & h_2 < 0 \end{cases} \tag{2.2}$$

其中，α 取值在 $-90° \sim 90°$；β 的取值范围则取决于 h_2 的取值。当 $h_2 = 0$ 时，β 的值就取决于 h_1。样品平面在 S_1-S_2 平面上的反射模衍射条件为 $h_3 > 0$。对于透射衍射，$h_3 < 0$ 是可能的。在这种情况下，α 为负数。

对于欧拉几何，单位矢量分量 $\{h_1, h_2, h_3\}$ 可以通过衍射点坐标 $(2\theta, \gamma)$ 和样品的旋转角 (ω, ψ, φ) 计算得出

$$h_1 = \sin\theta (\sin\varphi \sin\psi \sin\omega + \cos\varphi \cos\omega) + \cos\theta \cos\gamma \sin\varphi$$

$$-\cos\theta\sin\gamma\,(\sin\varphi\sin\psi\cos\omega - \cos\varphi\sin\omega) \tag{2.3}$$

$$h_2 = -\sin\theta\,(\cos\varphi\sin\psi\sin\omega - \sin\varphi\cos\omega) - \cos\theta\cos\gamma\cos\varphi$$
$$+ \cos\theta\sin\gamma\,(\cos\varphi\sin\psi\cos\omega + \sin\varphi\sin\omega) \tag{2.4}$$

$$h_3 = \sin\theta\cos\psi\sin\omega - \cos\theta\sin\gamma\cos\psi\cos\omega$$
$$- \cos\theta\cos\gamma\sin\psi \tag{2.5}$$

上述方法只能得到晶体平面法线的取向，而不能得到晶体的取向。必须获得相同样品至少一个非平行晶体平面的取向，才能确定其晶体取向。

在上述基础上可以推算出任意两个不同取向薄膜层的法线矢量，假设两层不同取向薄膜所对应的衍射点分别是 a 和 b，设其单位衍射矢量为

$$\boldsymbol{h}_s^a = \begin{pmatrix} h_1^a \\ h_2^a \\ h_3^a \end{pmatrix}, \quad \boldsymbol{h}_s^b = \begin{pmatrix} h_1^b \\ h_2^b \\ h_3^b \end{pmatrix} \tag{2.6}$$

则二者之间的角度可以由式 (2.7) 算出

$$\cos\alpha = \frac{\boldsymbol{h}_s^a \cdot \boldsymbol{h}_s^b}{|\boldsymbol{h}_s^a + \boldsymbol{h}_s^b|} = \boldsymbol{h}_s^a \cdot \boldsymbol{h}_s^b \tag{2.7}$$

对于单位向量可以认为 $|\boldsymbol{h}_s^a| = |\boldsymbol{h}_s^b| = 1$，因此有

$$\alpha = \arccos\left(h_1^a h_1^b + h_2^a h_2^b + h_3^a h_3^b\right) \tag{2.8}$$

点 a 和点 b 不一定来自同一个衍射框架，因此单位向量中的所有五个参数 (2θ、γ、ω、ψ、φ) 可以不同。该方程可用于计算任意两个衍射向量之间的夹角，例如，来自相同或不同区域的两个薄膜平面之间的夹角，或是样品中外延薄膜平面与衬底之间的夹角。如果两个光斑来自同一个衍射环，则所有四个参数 (2θ、ω、ψ、φ) 都是相同的，由此可以从两个点之间的差值 ($\Delta\gamma$) 计算角度：

$$\alpha = 2\arcsin\left[\cos\theta\sin\left(\frac{\Delta\gamma}{2}\right)\right] \tag{2.9}$$

二维 X 射线衍射在面外关系取向分析中具有重要应用，但其谱图信息实际上包含有薄膜材料界面和层内的晶体结构，因此其在面内面外取向关系分析中都有应用，能较为完整地揭露外延结构。

2.4 Ⅲ 族氮化物外延取向关系分析示例

前文已经对应用在 Ⅲ 族氮化物薄膜外延取向关系分析中的面内分析方法和面外分析方法进行了详尽的介绍。上述不同分析方法各有擅长的分析领域，在实际应用中，研究人员根据其需求，充分利用不同分析方法的优势，能够对 Ⅲ 族氮化物外延取向分析进行详细的表征，进而优化薄膜生长工艺，提高薄膜的晶体质量。本节将按照面内取向关系和面外取向关系分别对不同团队的工作进行介绍。

2.4.1 面内取向关系分析示例

φ 扫描和 2θ-φ 扫描是对 Ⅲ 族氮化物薄膜进行面内取向关系分析时最常用的两种方法。部分高真空仪器会配备高能电子衍射仪，这是原位检测外延薄膜晶体取向的重要方法，甚至可以在生长过程中进行实时监测以实现工艺的精确调控。在此仅展开关于外延取向关系分析的部分，生长实时检测在本书第 3 章会进行详细讨论。

在 Ⅲ 族氮化物薄膜外延调控中，通过面内取向关系确定晶格失配是实现高质量外延薄膜生长的重要调控方法。东京大学的 Fujioka 等和本团队都分析了各种衬底与 Ⅲ 族氮化物之间的面内取向关系，以降低晶格失配，提升 Ⅲ 族氮化物薄膜质量。东京大学的 Fujioka 等[19]采用脉冲激光沉积 (PLD) 在 Ni 衬底上外延生长 AlN 薄膜，通过反射高能电子衍射 (RHEED) 和 EBSD 表征了 AlN 薄膜和 Ni 衬底的面内取向关系为 $[11\bar{2}0]_{AlN}//[0\bar{1}1]_{Ni}$，如图 2.7(a) 和 (b) 所示。根据该面内取向关系计算得到 AlN 与 Ni 之间的晶格失配为 24.8%。同时，他们还研究了不同生长温度对 AlN 薄膜晶体质量的影响，结果表明，当生长温度从 700 °C 降至 450 °C 时，薄膜的晶体质量得到提高，这主要是由于较低的生长温度有效控制了 AlN 与 Ni 衬底的界面反应。然而，由于 Ni 衬底与 AlN 间晶格失配较大，进一步提升 AlN 外延薄膜的晶体质量仍然存在困难。

随后，Fujioka 等[18]选用了与 AlN 晶格常数相近的 W 衬底进行外延生长，通过面内 2θ-φ 扫描研究发现其面内取向关系为 $[11\bar{2}0]_{AlN}//[001]_W$，如图 2.7(c) 所示。计算结果表明，AlN 薄膜和 W 衬底之间的晶格失配为 1.7%。此外，采用掠入射 X 射线 (GIXR) 分析发现，在 450 ℃ 生长条件下，AlN 薄膜与 W 衬底之间的界面是突变的，表明该条件下界面反应得到完全抑制，且 AlN 薄膜具有最清晰的条纹状 RHEED 花样，如图 2.7(d) 所示，表现出最佳的结晶质量。

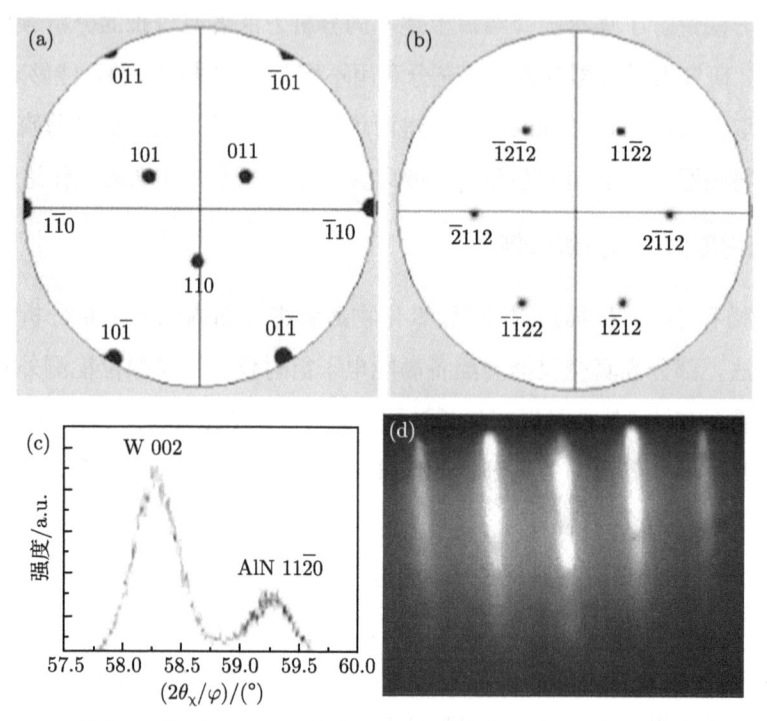

图 2.7 (a) Ni 衬底 $(01\bar{1})$ 和 (b)AlN 薄膜 $(11\bar{2}2)$ 的 EBSD 极图；(c) W 衬底上生长 AlN 薄膜的 2θ-φ 扫描图像；(d) 450 ℃ 下 W 衬底上 AlN 薄膜的 RHEED 花样[18,19]

为了进一步研究金属衬底上Ⅲ族氮化物薄膜的生长过程，本团队采用激光光栅辅助 PLD 技术在金属衬底 (如 Cu、Al 等) 上外延Ⅲ族氮化物外延薄膜。具体来说，本团队在 Cu(111) 衬底上生长 AlN 外延薄膜，并通过 2θ-φ 扫描和 φ 扫

2.4 Ⅲ族氮化物外延取向关系分析示例

描共同表征了 AlN 薄膜和 Cu 衬底的面内取向关系。图 2.8(a) 和 (b) 显示了不对称 AlN(11$\bar{2}$2) 和 Cu(1$\bar{1}$3) 的典型 φ 扫描，均表现出 6 次旋转对称，间隔为 60°，表明六边形 c 面 AlN 薄膜在 Cu 衬底上外延生长。根据上述测试结果，可以获得 AlN 与 Cu 的面内关系为 [11$\bar{2}$0]$_{AlN}$//[1$\bar{1}$0]$_{Cu}$。进一步的 XRD 2θ-φ 扫描测试结果如图 2.8(c) 所示，也证实了 AlN(11$\bar{2}$0)//Cu(2$\bar{2}$0)，与 φ 扫描结果一致。基于这些结果，计算得 AlN 与 Cu 之间的晶格失配约为 21.8%，且在 Cu 衬底上所生长 AlN 外延薄膜的 AlN(0002) 和 AlN(10$\bar{1}$2) 的 FWHM 分别为 0.7° 和 0.8°。

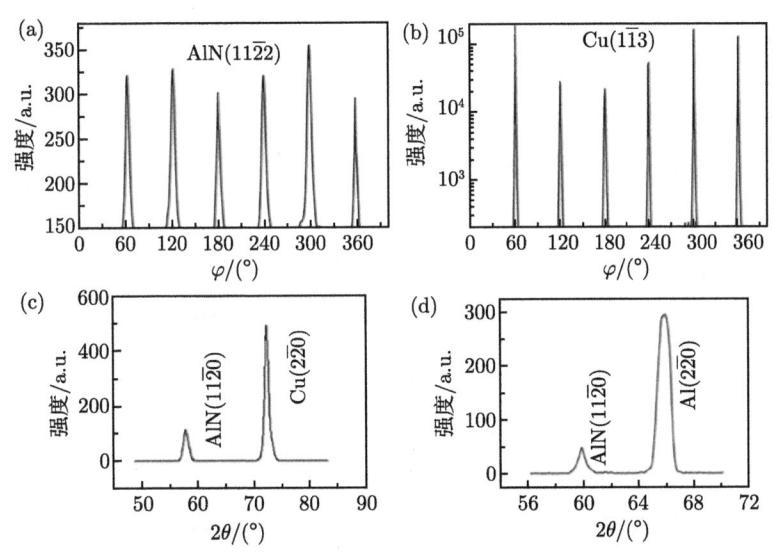

图 2.8 (a) Cu 衬底上生长 AlN 薄膜的 φ 扫描图像；(b) Cu 衬底的 φ 扫描图像；(c) Cu 衬底上生长 AlN 薄膜的 2θ-φ 扫描图像；(d) Al 衬底上生长 AlN 薄膜的 2θ-φ 扫描图像[20,21]

为了提升晶体质量，本团队[21]采用了与 AlN 晶格失配较小的 Al 材料作为衬底。通过低温 (450 ℃) 生长，有效控制了 Al 与 AlN 之间的界面反应，获得了突变异质界面的 AlN/Al 异质材料。通过 XRD 2θ-φ 扫描，表征了 AlN 薄膜与 Al 衬底之间的面内取向关系，结果显示，在 2θ = 59.35° 和 2θ = 65.27° 处分别出现了 AlN(11$\bar{2}$0) 和 Al(2$\bar{2}$0) 的衍射峰，如图 2.8(d) 所示。因此，可获得 AlN(11$\bar{2}$0)//Al(2$\bar{2}$0)，其面内取向关系为 [11$\bar{2}$0]$_{AlN}$//[1$\bar{1}$0]$_{Al}$。基于这一面内取向关系，可以计算得出 AlN 与 Al 之间的晶格失配为 11.4%，这有助于提高薄膜的晶体质量。相比于 Cu 衬底，Al 衬底上生长的 AlN 薄膜的 AlN(0002) 和 AlN(10$\bar{1}$2)

的 FWHM 分别为 0.45°和 0.72°，显示出优于 Cu 衬底上 AlN 的晶体质量。

通过对面内取向关系的分析研究，可以帮助研究者实现对预处理方法及生长参数的调控[22-25]，从而实现对Ⅲ族氮化物薄膜外延取向关系的调控，提升薄膜质量。下面将以 Paskova 等的工作[26]为例，介绍不同生长方法对于Ⅲ族氮化物薄膜面内取向关系的调控。

Paskova 等通过 X 射线衍射对氢化物气相外延 (hydride vapor phase epitaxy, HVPE) 和金属有机物化学气相沉积 (metal-organic chemical vapor deposition, MOCVD) 两种方法在 a 面 α-Al$_2$O$_3$ 衬底上生长的 GaN 薄膜进行了研究分析，发现两种方法生长得到的外延层具有不同的面内取向关系，如图 2.9(a) 所示。通过 HVPE 方法生长的样品具有 $[11\bar{2}0]_{GaN}//[0001]_{\alpha\text{-}Al_2O_3}$ 和 $[1\bar{1}00]_{GaN}//[1\bar{1}00]_{\alpha\text{-}Al_2O_3}$ 的面内取向关系，而通过 MOCVD 方法生长的样品则具有 $[11\bar{2}0]_{GaN}//[1\bar{1}00]_{\alpha\text{-}Al_2O_3}$ 和 $[1\bar{1}00]_{GaN}//[0001]_{\alpha\text{-}Al_2O_3}$ 的面内取向关系。

通过对原子排布的模拟，该团队推测，不同面内取向的产生来源于两种生长方法不同的表面预处理。众所周知，在分子束外延 (MBE) 生长 GaN 的过程中，a 面 α-Al$_2$O$_3$ 衬底会暴露于氮等离子体中，导致 α-Al$_2$O$_3$ 表面氮化或被 N 原子覆盖。在 HVPE 生长 GaN 的过程中，充满氨的生长氛围同样会导致衬底表面氮化。已知 HVPE 生长的 GaN 薄膜总是具有 Ga 端的生长表面和 N 端界面表面。因此，在 MBE 和 HVPE 的生长中存在与 GaN 核相似的 O—N 化学键，以及类似的原子排列，从而导致薄膜和衬底之间具有相似的平面内取向 (面内取向关系为 $[11\bar{2}0]_{GaN}//[0001]_{\alpha\text{-}Al_2O_3}$ 和 $[1\bar{1}00]_{GaN}//[1\bar{1}00]_{\alpha\text{-}Al_2O_3}$)。另一方面，MOCVD 中 GaN 的生长总是在大约 1100 ℃ 的氢气气氛中对 α-Al$_2$O$_3$ 进行预热处理，这是生长高质量 GaN 薄膜的必要步骤。因此，α-Al$_2$O$_3$ 衬底和薄膜之间的界面连接很可能是由 Al—N 化学键形成的。在此基础上可以推测，两种不同的取向偏好与 α-Al$_2$O$_3$ 表面的原子终止有关，这也为图 2.9(a) 所示的原子排布规律提供了合理的解释。此外，如图 2.9(b) 所示的 φ 扫描结果进一步验证了所获得的面内取向关系。

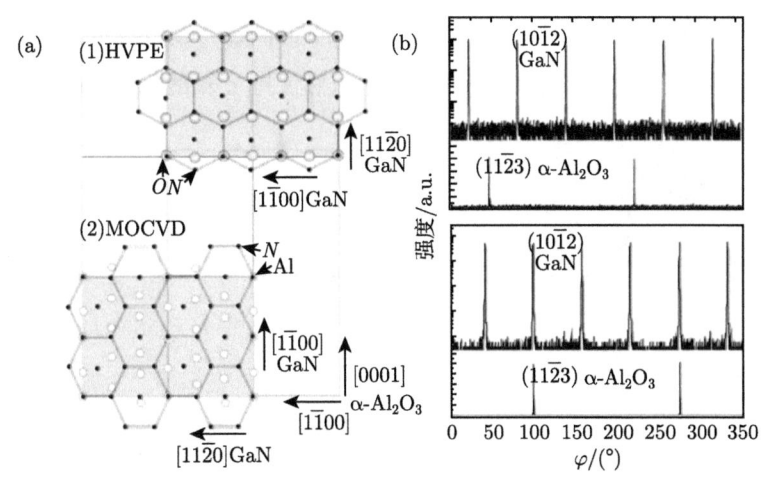

图 2.9 (a) HVPE 和 MOCVD 方法生长得到的原子排布规律和晶面取向;(b) a 面 α-Al$_2$O$_3$ 衬底上 HVPE(上) 和 MOCVD 方法 (下) 生长 GaN 薄膜的 φ 扫描图谱 [26]

2.4.2 面外取向关系分析示例

在面外取向关系的分析中,常见的方法包括 XRD $2\theta\text{-}\omega$ 扫描、RSM 和二维 X 射线衍射。Ⅲ 族氮化物薄膜在外延时具有 c 轴的择优取向,但因为和衬底的不同取向之间具有的不同晶格失配,由此产生不同的表面能,最终影响外延薄膜的晶体质量甚至外延取向关系。

Zhu 等 [27,28] 在 α-Al$_2$O$_3$ 衬底上开展了 InN 薄膜的外延生长研究,分别在 r 面 α-Al$_2$O$_3$ 衬底上实现了 a 面 InN 薄膜的生长,在 c 面 α-Al$_2$O$_3$ 衬底上实现了 c 面 InN 薄膜的生长,并通过 $2\theta\text{-}\omega$ 扫描对其面外取向关系进行了表征,如图 2.10 所示。在前期工作中,该团队结合高分辨透射电子显微镜(HRTEM)与 $2\theta\text{-}\omega$ 扫描,对 InN 薄膜与 α-Al$_2$O$_3$ 衬底之间的外延取向关系进行了深入分析。结果表明,薄膜的面外取向关系为 $[11\bar{2}0]_{\text{InN}}//[1\bar{1}02]_{\alpha\text{-Al}_2\text{O}_3}$(图 2.10(a)~(c)),证明成功实现了 a 面 InN 薄膜的外延生长。而沿着 $[1\bar{1}00]$ 开展的 HRTEM 图像则给出了 $[0001]_{\text{InN}}//[1\bar{1}01]_{\alpha\text{-Al}_2\text{O}_3}$ 和 $[1\bar{1}00]_{\text{InN}}//[11\bar{2}0]_{\alpha\text{-Al}_2\text{O}_3}$ 的面内外延取向关系判断。在后一项工作中,如图 2.10(d) 所示,该团队通过 $2\theta\text{-}\omega$ 扫描图像判断出三种处理方式的样品均具 c 轴的择优取向 (即 $[0002]_{\text{InN}}//[0002]_{\alpha\text{-Al}_2\text{O}_3}$)。

在 2.4.1 节通过 PLD 在 W 衬底上生长 AlN 薄膜的工作中,Fujioka 等 [29] 还通过 XRD 2θ-ω 扫描表征了 AlN 薄膜和 W 衬底的面外取向关系为 $[0002]_{AlN}//[110]_W$。这表明在 W 衬底上生长的 Ⅲ 族氮化物薄膜依然保持 c 轴的优先取向生长。

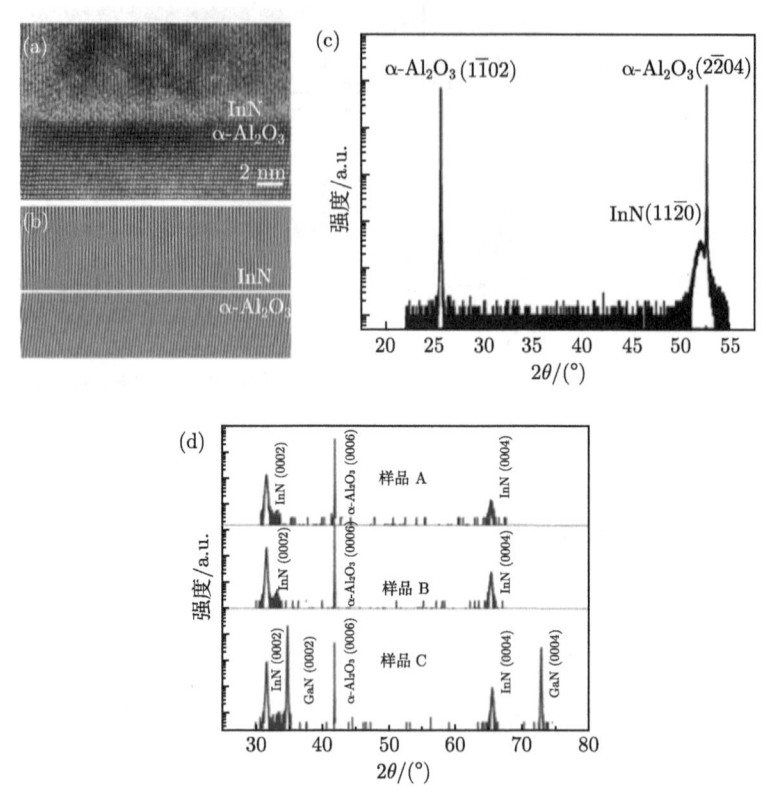

图 2.10 (a) 沿 $[1\bar{1}00]$ 区轴观察 InN/α-Al$_2$O$_3$ 界面的 HRTEM 图像；(b) 相应的傅里叶滤波图像，其中白线表示 InN/α-Al$_2$O$_3$ 的界面；(c) a 面 InN 薄膜的 2θ-ω 扫描图像；(d) 样品 A、样品 B 和样品 C 的 $(10\bar{1}2)$ 对称 φ 扫描图像 [27,28]

除此之外，Fujioka 等 [29] 还研究了在不同面外取向的 Fe 衬底上外延生长 GaN 薄膜的情况。研究发现，在 Fe(111) 和 Fe(100) 衬底上生长的 AlN 缓冲层呈现 30° 旋转，表现为多晶薄膜，而在 Fe(110) 衬底上生长的 AlN 薄膜则为单晶薄膜，具有清晰的 AlN/Fe 突变界面。在此基础上，如图 2.11(a) 所示，清晰的条纹状 RHEED 花样表明，单晶 AlN 缓冲层上外延生长的 GaN(0001) 薄膜具有较高的晶体质量。图 2.11(b) 中 EBSD 的六次旋转对称性说明 GaN 薄膜中既没有 30° 的旋转，也没有立方相。这些结果表明，Fe(110) 衬底上生长的 GaN 具有低成本光学器件的应用前景。

2.4 III 族氮化物外延取向关系分析示例

为了拓展器件在高温领域的应用，Fujioka 等[30]在更耐高温的 Mo 衬底上进行了 III 族氮化物薄膜的外延生长，并深入地从晶体结构的角度解释了不同面外取向关系影响 III 族氮化物薄膜外延的机理。虽然保持了 c 轴的择优取向生长，但在 Mo(111) 衬底上外延的 AlN 薄膜为质量较差的多晶薄膜，而在 Mo(100) 衬底上外延的 AlN 薄膜则包含有 30° 旋转。如图 2.11(c) 和 (d) 所示，通过分析 RHEED 花样和 EBSD 可以发现，在 Mo(110) 衬底上外延的 AlN 薄膜既不存在 30° 旋转，也不存在立方相，具有较高的晶体质量。通过原子力显微镜 (AFM) 可以表征得到，Mo(111)、Mo(100) 和 Mo(110) 衬底的表面粗糙度均为 0.2 nm 左右，表面较为平整，因此可以排除由表面粗糙度带来的表面能差异。而通过分析体心立方 (BCC) 材料的晶体结构可以发现，三种不同的面外取向会导致表面原子排布密度的不同，从而带来不同的表面能，由大到小依次是 (111) 平面、(100) 平面、(110) 平面，因此 (110) 平面中高原子密度带来的低表面能是高质量 AlN 薄膜能够成功制备的重要原因，这与前一个不同面外取向 Fe 衬底上外延 GaN 薄膜的结论可以相互印证。

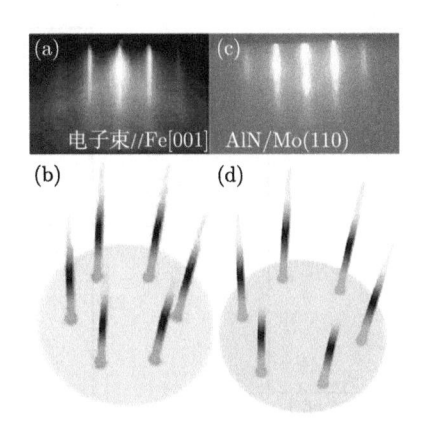

图 2.11 Fe(110) 衬底上 GaN 薄膜的 (a) RHEED 花样和 (b) EBSD 极图；Mo(110) 衬底上 AlN 薄膜的 (c) RHEED 花样和 (d)EBSD 极图[29,30]

在深入探究金属衬底上外延 III 族氮化物薄膜的工作中，本团队使用 RSM 对外延薄膜与衬底的面外取向关系进行了表征。本团队[31]在 Ni 衬底上外延生长 AlN 薄膜并研究生长温度对所生长的薄膜质量的影响。首先，采用 XRD 2θ-ω 扫描研究所生长的 AlN 薄膜，如图 2.12(a) 所示，可以看到在 450 ℃ 下生长的薄膜，其位于 $2\theta = 36.04°$ 处的峰为 AlN(0002) 的衍射峰，而在 $2\theta=44.30°$ 处观察到的峰归因于 Ni(111) 的衍射。这些结果表明，AlN 薄膜和 Ni 衬底之间的面外取向关系是 $[0001]_{AlN}//[1\bar{1}0]_{Ni}$；而在 650 ℃ 下生长的 AlN 薄膜除了上述衍射峰外，还有 AlN($10\bar{1}3$)，说明所生长的 AlN 为多晶薄膜，晶体质量较差。此外，还通过 RSM 分析 AlN 生长情况，从图 2.12(c) 可以发现，AlN(0002) 位于倒易空间的 Ni(111) 下方，这一结果再次证实了 AlN 薄膜和 Ni 衬底之间的面外取向关系为 $[0001]_{AlN}//[111]_{Ni}$。

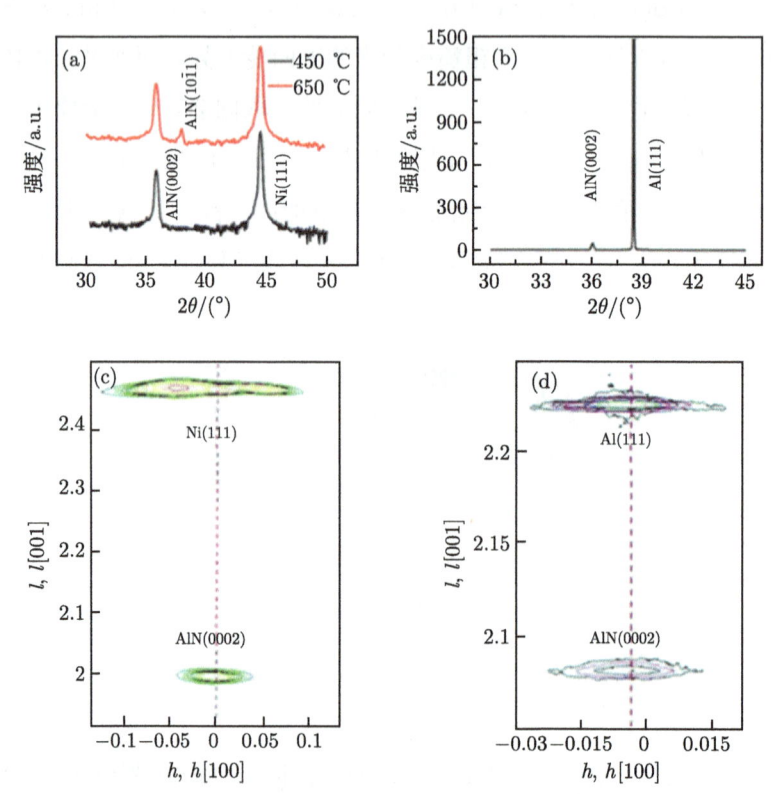

图 2.12　Ni 衬底上 AlN 薄膜的 XRD (a) 2θ-ω 扫描图和 (c) RSM 图；Al 衬底上 AlN 薄膜的 XRD (b) 2θ-ω 扫描图和 (d) RSM 图 [31,32]

本团队[32]采用 PLD 在 Al 衬底上外延生长 AlN 薄膜，并通过 2θ-ω 扫描和 RSM 表征了 AlN 和 Al 之间的面外取向关系。图 2.12(b) 显示，在 36.10° 和 38.20° 有衍射峰，分别对应 AlN(0002) 和 Al(111)，则可以得到 Al 衬底上生长

2.4 Ⅲ族氮化物外延取向关系分析示例

AlN 的面外关系为 $[0001]_{AlN}//[111]_{Al}$。不同生长温度对 AlN 外延生长的影响表明，在 450 ℃ 条件下生长的 AlN 薄膜表面光滑平整，粗糙度低于 1.1 nm。此外，还采用 AlN(0002) RSM 分析了 Al 衬底上 AlN 的结构，如图 2.12(d) 所示，可以看到 AlN(0002) 位于倒易空间的 Al(111) 正下方，进一步证明了 AlN 和 Al 之间的面外取向关系为 $[0001]_{AlN}//[111]_{Al}$。

除了 RSM，二维 X 射线衍射也多用于面外取向关系的分析。二维 X 射线衍射作为一种同样重要的面内分析方法，其独特之处在于能够同时捕获并解析样品在面内和面外两个维度上的取向信息，并且适用于大面积尺寸的 Ⅲ 族氮化物薄膜。这一能力使得它在面对复杂多变的外延结构表征时，展现出了尤为强大的分析能力。尤其对于多层薄膜和超晶格薄膜，二维 X 射线衍射能凭借其全面的数据收集与解析能力，提供了一幅详尽无遗的整体外延结构图像，从而为外延取向关系的分析提供助力。这不仅有助于科研人员、研发人员深入理解这些复杂材料的内部构造，还为进一步优化材料性能、设计新型功能材料提供了宝贵的结构信息支持。

Sun 等[33] 开展了 $MgAl_2O_4$ 衬底上 GaN 薄膜的生长研究。如图 2.13 所示，通过二维 X 射线衍射图谱的表征，清晰揭示了 GaN 与 $MgAl_2O_4$ 衬底之间的外延取向关系。研究表明，在 $MgAl_2O_4$(111) 和 (000) 衬底上生长的 GaN 薄膜呈现出 c 轴取向特征，其外延取向关系为 $[0002]_{GaN}//[111]_{MgAl_2O_4}$ 和 $[10\bar{1}0]_{GaN}//[100]_{MgAl_2O_4}$，这与 Sun 等对于外延生长取向的理论预测高度一致。

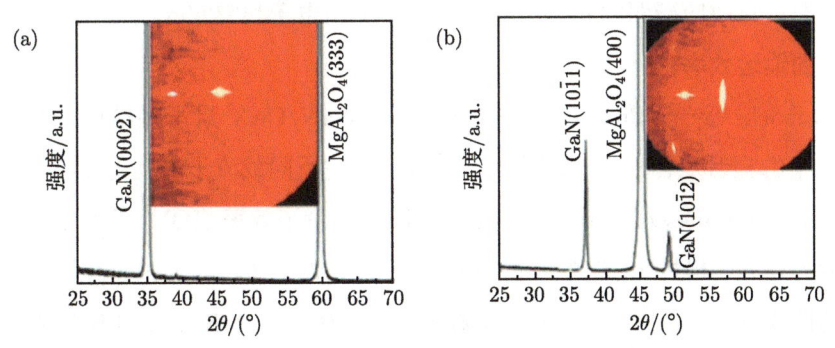

图 2.13 (a) $MgAl_2O_4$ (111) 衬底和 (b) (100) 衬底上生长的 GaN 薄膜的二维 X 射线衍射[33]

所谓"结构决定性质",外延取向关系对于薄膜质量具有重要的影响,其中对晶体结构的影响是面内取向关系和面外取向关系最直接的体现。不同的物质本就具有不同的晶体结构,晶格常数的不同会导致晶格失配等不理想的情况。当在某种单晶衬底上生长另一种物质的单晶层时,由于这两种物质的晶格常数不同,会在生长界面附近产生应力,进而产生晶体缺陷。通常把这种由于衬底和外延层的晶格常数不同而产生的失配现象叫做晶格失配。简单举例而言,$[10\bar{1}0]_{GaN}//[11\bar{2}0]_{\alpha-Al_2O_3}$ 的面内取向关系表明晶格失配为 16%,而同样是 $\alpha-Al_2O_3$ 衬底,$[10\bar{1}0]_{GaN}//[10\bar{1}0]_{\alpha-Al_2O_3}$ 的面内取向关系晶格失配则为 33%。

除了晶格失配,不同的取向关系对于表面粗糙度也会有重要影响。当采用物理沉积方法进行外延生长时,常会出现外延晶向不统一的情况,即存在多种不同的面外取向关系,这会使得薄膜表面粗糙度增大,不利于后续材料的外延生长。而面内取向一致性高的薄膜具有更小的晶格失配应力,薄膜整体所受张力更小、更均匀,发生薄膜翘曲、开裂的概率更小,有利于提升整体工艺的良率[34,35]。

同时,外延生长过程中,特定的晶面(如 c 面、m 面等)往往会与衬底表面平行或有特定角度。这种面外取向的选择受表面能和应变等因素影响,对外延薄膜的表面性能及载流子输运调控具有重要作用。此外,薄膜的面外取向决定了薄膜生长的主要生长方向和生长模式,因此在极性、半极性及非极性 Ⅲ 族氮化物的外延生长中,面外取向的调控具有重要意义[36]。一个典型例子就是通过生长非极性的 InGaN 和 GaN 超晶格,可以凭借非极性面不存在极化电场的特性而构建量子限制斯塔克效应减弱的光电子器件,从而提高电子和空穴的波函数重叠,增强载流子的输运效率。

Badcock 等[37] 研究了极性和非极性 InGaN/GaN 量子阱结构发光二极管 (LED) 中的辐射复合机制,如图 2.14 所示。通过不同载流子浓度下变温光致发光光谱 (photoluminescence spectroscopy,PL) 内量子效率 (IQE) 的测定发现,随着温度的升高,极性 LED 的峰值 IQE 降低,且发射强度对激发密度产生了强烈的超线性依赖性。相比之下,对于非极性器件,IQE 在 6 K 和 293 K 的宽激发密度范围内保持与激发密度无关。由此可以得出,非极性 InGaN/GaN 量子阱结构 LED 具有更稳定的性能。

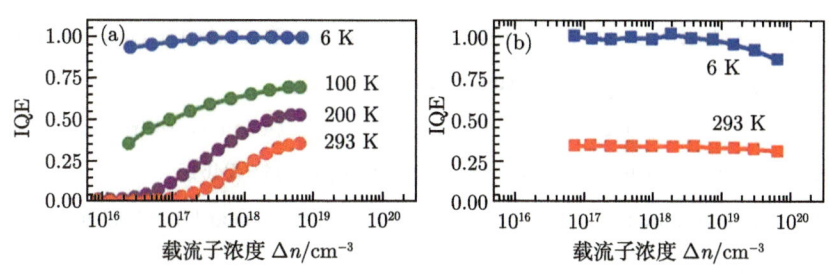

图 2.14 (a) 极性 LED 和 (b) 非极性 LED 的 PL IQE, 在不同温度下的脉冲激发下采集[37]

整体而言,外延取向关系对于Ⅲ族氮化物薄膜的结构和性能等都有极大的影响,因此采用 X 射线衍射分析对其进行详尽表征是优化生长工艺的必要手段。

2.5 本章小结

本章详细探讨了Ⅲ族氮化物薄膜的外延取向关系及其对材料性能的重要性,阐述了 X 射线衍射技术在外延取向关系分析中的应用。在介绍面内面外取向关系后,对 φ 扫描、2θ-φ 扫描、ω 扫描、2θ-ω 扫描和 RSM 等多种不同的分析方法进行了分类讨论,并提供了不同团队的工作作为应用例子进行进一步介绍。此外,还介绍了外延取向关系对Ⅲ族氮化物薄膜质量的影响,强调了外延取向关系在调控薄膜生长及改善薄膜性能中的关键作用。

参 考 文 献

[1] 晋勇, 孙小松, 薛屺. X 射线衍射分析技术 [M]. 北京: 国防工业出版社, 2008.

[2] Lin Z, Chen J, Zheng Z, et al. Multifunctional UV photodetect-memristors based on area selective fabricated Ga$_2$S$_3$/graphene/GaN van der Waals heterojunctions[J]. Materials Horizons, 2025, 12: 3091-3104.

[3] Moram M A, Vickers M E. X-ray diffraction of Ⅲ-nitrides [J]. Reports on Progress in Physics, 2009, 72(3): 036502.

[4] Hammond C. The Basics of Crystallography and Diffraction [M]. 4th ed. Oxford: Oxford University Press, 2015.

[5] Williams D B, Carter C B. Transmission Electron Microscopy: A Textbook for Materials Science [M]. New York: Springer, 2013.

[6] Schwartz A J, Kumar M, Adams B L, et al. Electron Backscatter Diffraction in Materials Science [M]. New York: Springer, 2013.

[7] Farías D, Díaz C, Rivière P, et al. In-plane and out-of-plane diffraction of H_2 from metal surfaces [J]. Physical Review Letters, 2004, 93(24): 246104.

[8] Cullity B D, Smoluchowski R. Elements of X-ray diffraction [J]. Physics Today, 1957, 10(3): 50-72.

[9] Zolotoyabko E. Basic Concepts of X-ray Diffraction [M]. New York: Wiley, 2014.

[10] 秦冬阳, 卢亚锋, 张孔, 等. ω 扫描和 φ 扫描在薄膜结构表征中的应用 [J]. 材料导报, 2011, 25(14): 125-128.

[11] 黄继武, 李周. 多晶材料 X 射线衍射: 实验原理, 方法与应用 [M]. 北京: 冶金工业出版社, 2012.

[12] 王沿东. 晶体材料的 X 射线衍射原理与应用 [M]. 北京: 清华大学出版社, 2023.

[13] 周公度. 晶体和准晶体的衍射 [M]. 北京: 北京大学出版社, 2013.

[14] Warren B E. X-ray Diffraction [M]. Mineola: Dover Publications, 2012.

[15] Ye L, Zhang D, Lu J, et al. Epitaxial (110)-oriented $La_{0.7}Sr_{0.3}MnO_3$ film directly on flexible mica substrate[J]. Journal of Physics D: Applied Physics, 2022, 55(22): 224002.

[16] Waseda Y, Matsubara E, Shinoda K. X-ray Diffraction Crystallography: Introduction, Examples and Solved Problems [M]. Berlin: Springer, 2011.

[17] 周浩, 徐俞, 曹冰, 等. 石墨烯上外延 GaN 薄膜的取向演变研究 [J]. 人工晶体学报, 2020, 49(5): 794-798.

[18] Li G, Kim T W, Inoue S, et al. Epitaxial growth of single-crystalline AlN films on tungsten substrates [J]. Applied Physics Letters, 2006, 89(24): 241905

[19] Kim T W, Matsuki N, Ohta J, et al. Characteristics of AlN/Ni(111) heterostructures and their application to epitaxial growth of GaN [J]. Japanese Journal of Applied Physics, 2006, 45: L396.

[20] Wang W, Yang W, Liu Z, et al. Epitaxial growth of homogeneous single-crystalline AlN films on single-crystalline Cu (111) substrates [J]. Applied Surface Science, 2014, 294: 1-8.

[21] Wang W, Liu Z, Yang W, et al. Effect of nitrogen pressure on the properties of AlN films grown on nitrided Al(111) substrates by pulsed laser deposition [J]. Materials Letters, 2014, 129: 39-42.

[22] He B B. Introduction to two-dimensional X-ray diffraction[J]. Powder diffraction, 2003,

18(2): 71-85.

[23] Rissanen K. Advanced X-ray Crystallography [M]. Berlin: Springer, 2012.

[24] Lee M. X-ray Diffraction for Materials Research: From Fundamentals to Applications [M]. Amsterdam: Apple Academic Press, 2016.

[25] van Hove M, Posthuma N, Geens K, et al. Impact of crystal orientation on ohmic contact resistance of enhancement-mode p-GaN gate high electron mobility transistors on 200 mm silicon substrates [J]. Japanese Journal of Applied Physics, 2018, 57(4S): 04FG2.

[26] Paskova T, Darakchieva V, Valcheva E, et al. In-plane epitaxial relationships between a-plane sapphire substrates and GaN layers grown by different techniques [J]. Journal of Crystal Growth, 2003, 257(1-2): 1-6.

[27] Zhu X L, Guo L W, Yu N S, et al. Structural characterization of InN films grown on different buffer layers by metalorganic chemical vapor deposition [J]. Journal of Crystal Growth, 2007, 306(2): 292-296.

[28] Zhu X L, Guo L W, Peng M Z, et al. Characterization of a-plane InN film grown on r-plane sapphire by MOCVD [J]. Journal of Crystal Growth, 2008, 310(16): 3726-3729.

[29] Okamoto K, Inoue S, Matsuki N, et al. Epitaxial growth of GaN films grown on single crystal Fe substrates [J]. Applied Physics Letters, 2008, 93(25): 251906.

[30] Okamoto K, Inoue S, Nakano T, et al. Epitaxial growth of AlN on single crystal Mo substrates [J]. Thin Solid Films, 2008, 516(15): 4809-4812.

[31] Wang W, Yang W, Liu Z, et al. Epitaxial growth of high-quality AlN films on metallic nickel substrates by pulsed laser deposition [J]. RSC Advances, 2014, 4(52): 27399-27403.

[32] Wang W, Yang W, Liu Z, et al. Epitaxial growth of high quality AlN films on metallic aluminum substrates [J]. CrystEngComm, 2014, 16(20): 4100-4107.

[33] He G, Chikyow T, Chen X, et al. Cathodoluminescence and field emission from GaN/MgAl$_2$O$_4$ grown by metalorganic chemical vapor deposition: substrate-orientation dependence [J]. Journal of Materials Chemistry C, 2013, 1(2): 238-245.

[34] Chu R, Shinohara K. III-Nitride Electronic Devices [M]. New York: Academic Press, 2019.

[35] Feng Z C. III-nitride: Semiconductor Materials [M]. London: Imperial College Press, 2006.

[36] Paskova T. Nitrides with Nonpolar Surfaces: Growth, Properties, and Devices [M]. New York: Wiley, 2008.

[37] Badcock T J, Ali M, Zhu T, et al. Radiative recombination mechanisms in polar and non-polar InGaN/GaN quantum well LED structures [J]. Applied Physics Letters, 2016, 109(15): 151110.

第 3 章 Ⅲ 族氮化物外延生长监测的 X 射线衍射分析

3.1 引　　言

第 2 章介绍了多种 X 射线衍射分析方法在薄膜外延取向关系分析中的应用，包括基于四圆衍射仪开展的 φ 扫描、$2\theta\text{-}\varphi$ 扫描、ω 扫描、$2\theta\text{-}\omega$ 扫描和精度更高的 RSM 等方法。通过这些方法可以精确地确定外延取向关系，而这往往只是调整薄膜外延工艺中的第一步。在 Ⅲ 族氮化物薄膜外延生长过程中，检测和原位表征能够更清晰地表征薄膜外延过程中晶格结构的动态变化，从而帮助研究者进一步优化整体的外延生长工艺。本章将介绍 X 射线衍射在 Ⅲ 族氮化物薄膜生长监测中的应用。在 Ⅲ 族氮化物薄膜外延生长过程中，由于衬底和外延层之间的晶格不匹配，异质外延薄膜上会不可避免地存在界面区域的晶格畸变和位错。另外，Ⅲ 族氮化物外延生长过程中会发生许多非平衡事件，如成核、不稳定生长以及结构和形态的变化。由于生长结束后的表征结果将错过动力学和瞬态结构，因此，外延生长过程中对不完美晶体的实时分析是研究外延生长机理的必要过程。

现代衍射和显微实验都具有跟踪生长动力学所需的原子尺度分辨率，然而只有少数表征技术可以将原子尺度分辨率与监测动力学过程的能力结合起来。原位衍射和显微镜虽然不能直接测量原子动力学，但可以监测生长动力学过程。扫描探针技术虽然对生长后的分析非常有价值，但其存在遮挡衬底的问题，并且只能用于特殊环境。衍射技术可以更容易适应生长设置，实现生长检测。与上述技术对比，X 射线衍射的优点是与真空、气体和液体生长环境兼容，对磁场不敏感。在过往的研究工作中，传统 X 射线衍射在表征 Ⅲ 族氮化物晶体生长相关的非周期性样品中起到了关键作用。然而，实验室的 X 射线源难以对 Ⅲ 族氮化物晶体进行 X 射线衍射原位监测，因此难以对 Ⅲ 族氮化物外延生长过程中的机理、薄膜结构演变、生长速率等进行表征和研究。

Ⅲ族氮化物外延生长实时监测的最有效解决方案之一是使用原位同步 X 射线衍射。原位分析是一种监测和分析反应过程中物质实时性质的技术，通过将分析设备的探头置于实时变化的环境当中，监测生长过程中应力和缺陷的变化，可以推断外延生长的速率、演变过程以及生长机理，从而可以更精确地调控结构参数与生长参数。最初，同步辐射只是高能物理实验中的一种副产物，未受到高能物理学界的广泛关注。自 21 世纪初以来，科学家开始深入探索同步辐射的潜在应用，并逐渐认识到其作为新型光源所展现出的诸多优越性能。同步加速器光源的出现和发展使得其在晶体生长过程中的原位监测的用途显现出来，在分子束外延 (molecular beam epitaxy, MBE)、MOCVD 和电化学沉积等晶体生长技术中，都观察到了逐层生长过程中类似的 X 射线衍射振荡。无论生长环境如何，原位 X 射线衍射都可以不受影响地监测晶体生长。另外，X 射线衍射是一种无损测试技术，除了 X 射线自由电子激光器外，即使在最先进的同步加速器光束线上，撞击样品的 X 射线的功率密度也小于 $0.1~\text{W/mm}^2$，这一微弱的功率密度意味着晶体生长过程不受 X 射线的影响。除此之外，由于没有复杂的多重散射效应，X 射线数据可以进行准确的定量解释，因此 X 射线单散射理论具有较高的有效性。目前，同步加速器光源系统已经被添加到新型 MBE 室中，用于Ⅲ族氮化物异质外延逐层生长的监测，类似的同步 X 射线衍射系统也已经用于 MOCVD 外延生长Ⅲ族氮化物过程中。

3.2 原位 X 射线衍射原理与技术

3.2.1 原位 X 射线衍射原理

原位同步 X 射线实验需要先进的 X 射线衍射测量和薄膜生长的实验能力，并且两者不能相互干扰。X 射线散射的几何形状与用于静态样品的几何形状相同，X 射线通量必须足够高以便于缩短计数时间，并且检测器读数速度必须比计数速度快。目前最先进的 X 射线散射测量可以在大量的同步加速器光束线和实验室衍射仪上进行。虽然专用原位样品环境的普遍适用性较低，但大多数同步加速器源

3.2 原位 X 射线衍射原理与技术

都有一个或几个专用的光束线用于原位薄膜研究或表面衍射光束线，可以用于安装原位装置。

同步加速器 X 射线，或者更一般地说，同步加速器光源，是接近光速的电子被磁场偏转时产生的。图 3.1 (a) 显示了一个典型的同步辐射设施的简化说明，它由电子枪、直线加速器、增强环、存储环、光束线和终端站组成，同步加速器产生光是从电子枪产生电子开始的。电子最初在直线加速器中加速，然后转移到升压环。在助推器环中，电子被进一步加速到相对论速度，能量被提升到一个最终值，这个值在世界各地不同的同步加速器辐射设施中有所不同，通常在 1~8 GeV，在这一能量下加速运动的电子最终被转移到外部存储环，并在此产生同步加速器光源。

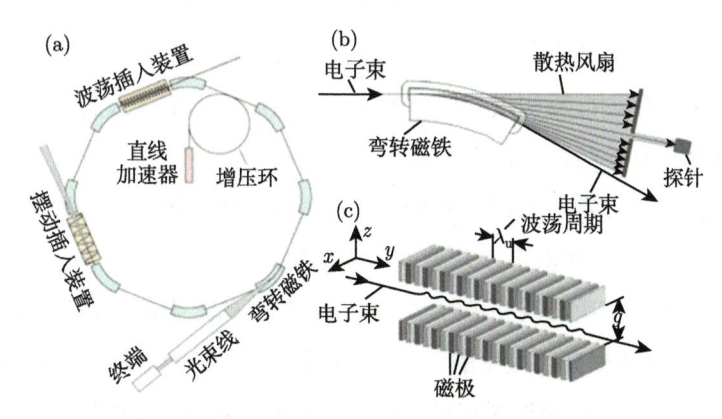

图 3.1 同步加速器光源的 (a) 辐射装置；(b) 弯曲磁铁和 (c) 插入装置[1]

严格来说，存储环实际上不是一个"环"，而是一个多边形，由许多直线部分组成，在弯曲部分由一系列称为弯曲磁铁的磁铁连接。如图 3.1(b) 所示，在旧的同步辐射设备中，弯曲磁铁被用作主光源，通过弯曲高能相对论电子的直线路径来产生同步加速器光源。在现代同步辐射设备中，弯曲磁体主要用于弯曲循环电子，使其保持在封闭轨道上。同步加速器光源主要来自插入装置，插入装置提供了一个扩展的光谱范围，更重要的是，与弯曲磁铁源相比，它在一个小的立体角和狭窄的波长间隔内提供了更高的亮度。插入装置包含沿存储环的直线部分插入的周期性磁性装置，在交变磁极的影响下，电子沿交替方向横向"摆动"，导致电子没有净位移。

每一个角度的偏转都会产生同步加速器光源，许多这样的偏转所产生的光源显著地增强了插入装置发出的光的亮度。插入装置有两种类型，即摆动器和波动器。波动器与摆动器的不同之处在于磁结构的周期，后者导致电子的角偏转较小，见图 3.1(c)。一般来说，由波动器产生的同步加速器光源具有较窄的能带，它提供较低的波长可调性，但由于强度集中在较小的光束上，与摆动源相比，它有更高的亮度。另一方面，摆动器施加更大的电子角偏转，产生更宽的同步加速器水平光束。因此，摆动光源的亮度比波动光源低，但能提供更宽的光谱辐射能量，并提供更大的波长可调性。通过弯曲磁铁或插入装置产生同步加速器光源后，光束被转移到光束线上，光束线可分为光学舱和实验舱。在光学舱内，同步加速器光根据将要进行的实验类型，如衍射、散射、光谱学、显微镜、成像等，使用各种光学元件进行光束调节。常见的光学元件包括用于波长选择的单色系统、反射镜，以及用于光束聚焦、准直和尺寸选择的狭缝。最后，光束进入实验舱，同步加速器光源与样品相互作用，并使用探测器记录信号。

图 3.2 显示了安装在 MBE 室的原位 X 射线衍射仪的实验装置。来自真空波动源的 X 射线经过一对液氮冷却的双晶单色仪，单色光束被一对 X 射线反射镜水平反射，以消除高次谐波并进行水平聚焦。镜面的上半部分和下半部分分别涂有 Rh 和 Pt，以便根据所使用的 X 射线能量选择适当的涂层材料。反射镜可以机械弯曲，以便 X 射线束聚焦在样品位置。对于需要较小光束尺寸的实验，可以使用菲涅耳环板进行 X 射线聚焦。

按照尺寸分类，X 射线源可以被分为两类：以线性加速器或自由电子激光设施为基础的大型 X 射线源和主要利用加速电子与物质相互作用产生 X 射线的台式 X 射线源。大型 X 射线源的优点是获得的光子具有独特的性质。飞秒的 X 射线脉冲的时间结构允许在化学键断裂和形成的时间尺度上研究化学反应的基本步骤，但在大多数此类实验中，仍然使用光谱方法。由于高辐射/热损伤，Ⅲ 族氮化物外延生长限制了原位粉末衍射的应用[2]。飞秒 X 射线实验主要用于连续飞秒晶体学实验，在晶体损坏之前收集单个晶体的衍射。在同步加速器设施的情况下，插入摆动器、波动器等装置产生从几十电子伏到几千电子伏的高亮度宽能谱。这

3.2 原位 X 射线衍射原理与技术

对外延生长实验是有益的,因为穿透深度更高,允许在接近工业反应堆的反应器中进行原位研究[3],并使用具有更短数据采集时间的现代混合光子计数区域探测器,允许时分原位实验。大型 X 射线源的缺点也是显而易见的:设备的成本、实验时间限制和本地化。为了进行实验,研究人员不仅需要与其他人竞争实验时间,还需要前往大型 X 射线源的所在地,因此,时间和空间的限制都是大型 X 射线源的缺点。

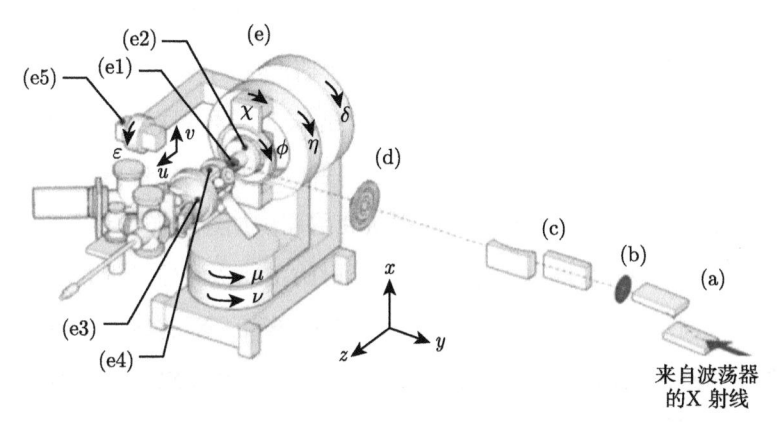

图 3.2 安装在 MBE 室的原位 X 射线衍射仪示意图[3]
(a) 双晶单色仪;(b) 针孔;(c)X 射线镜;(d) 菲涅耳环板;(e) MBE 室:(e1) 样品,(e2) 旋转馈线和波纹管,(e3)MBE 生长腔室,(e4) X 射线窗;(e5) X 射线探测器

为了使原位 X 射线衍射更便于使用,台式 X 射线源被发明出来。与大型 X 射线源相比,台式 X 射线源更常见、更紧凑、更便宜。最广泛使用的是固体阳极 X 射线管使用特征光子或韧致辐射光谱,通常用于微聚焦放射照相或医疗应用。当高速电子撞击阳极靶材时,大部分电子能量以热量的形式散失了,限制了 X 射线的功率。自 1895 年伦琴首次使用 X 射线管以来,科学家们已经采取了一些技术来克服这些限制。Excillium 公司利用金属喷射技术取得了一些有趣的成果[4],其中使用了液态金属阳极 (Ga 或 In 合金)。通过克服传统 X 射线管的经典功率限制,在微米尺度下实现了更小的光斑尺寸,显著优于传统的固体阳极源。

探测 X 射线光子的原理是基于物质-光子的相互作用,其中最重要的是光电吸收、康普顿散射和电子-正电子对的产生[5]。基于这些相互作用,探测器的输出信号可以由初级电离、热变化或闪烁产生。基于电离的探测器分为三组,即直接将光子转化为电荷的固态探测器[6]、气体电离室[7]和成像板,其中光子激发态被捕获在板的存储荧光粉材料中,然后由激光作为荧光释放[8]。高密度材料吸收的 X 射线的热效应可以通过泽贝克 (Seebeck) 效应转化为电信号[9]。基于闪烁体的 X 射线探测器利用电荷耦合器件和互补金属氧化物半导体 (CMOS) 探测器等光电探测器将光子转换为可见光,然后转换为电信号。

探测器也根据覆盖范围分为三种类型:点型、线型和区域型。通常,人们必须从样品散射的光子中获得有用的信息,尤其是 X 射线曝光敏感的情况下。区域探测器的使用不仅加快了实验速度,使时间分辨研究成为可能,而且还排除了方向和偏振敏感研究中的实验误差,这就是尽管成本高,区域探测器仍得到广泛应用的原因。一些例外情况是,当人们需要以牺牲实验时间为代价获得更高的分辨率或能量色散 X 射线衍射研究时,两者都从使用同步加速器源中受益匪浅[10]。目前,用于小角度散射、表面和粉末 X 射线衍射的主要探测器是混合光子计数探测器,特别是在同步加速器中的应用。在 2~100 keV 的 X 射线能量范围内,混合光子计数探测器在读出噪声、大动态范围、图像板的数量级和读出时间方面明显优于电荷耦合探测器[11]。

3.2.2 原位 X 射线衍射系统配置

用于原位 X 射线衍射实验的生长室需要平衡各种相互矛盾的要求,理想情况下,样品视角以上的半球面应该可以进行衍射,但原子或分子光束源也必须安装在那里。通常需要额外的样品分析,如电子衍射或光谱学来补充数据[12]。更小的便携式真空室使 X 射线实验在实验室和同步加速器使用中更加灵活[13],因为 X 射线的可达角范围是最大的。图 3.3 显示了一个小型特高压室的例子。由于其体积小、质量轻 (小于 20 kg),也可用于实验室衍射仪。这种设计的一个缺点是需要小型化样品夹和积液池,它们必须自上而下安装。较大的腔室通常永久安装在同步加速器源上,特别适合容纳无机 MBE 设备[14]、溅射沉积源[15]或专门的源,例如用于超声速光束沉积[16]。通常这些腔室是衍射仪的一部分,一些样品旋转在真空腔室内或通过波纹管传递。从 X 射线衍射的角度来看,化学气相沉积装置与真空生长类似,同样需要 X 射线透明窗口来容纳生长室内的气体混合物[17]。

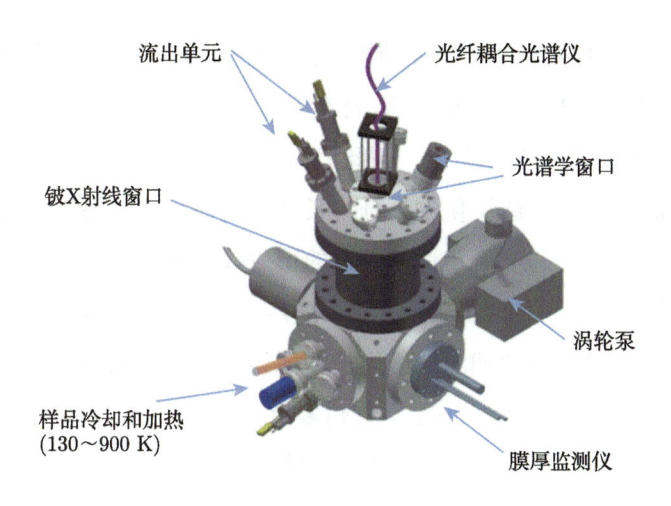

图 3.3　小型便携式真空室示意图[17]

对于原位同步 X 射线测量来说，一个重要但有时被忽视的挑战是光束损伤，因为探针光束可能会改变生长过程和最终结构。由于在第三代同步加速器源甚至自由电子激光器中，不断增加的通量可用于实现更高的时间分辨率和检测弱漫散射信号，因此光束损伤问题变得越来越重要。光束损伤可以通过比较生长过程中已经暴露的和原始的点而排除，为了减少损伤或增加损伤发生前的时间，可以通过使用真空束流管以及具有高窗口透射率和探测器灵敏度的能量来优化信号并降低通量。X 射线能量应选择远高于衬底的吸收边缘，以尽量减少光电子的产生，并且在几个点之间移动样品以降低每个点的 X 射线剂量并避免高通量同步加速器源的损坏也是十分重要的。

3.3　Ⅲ 族氮化物薄膜外延生长监测

3.3.1　Ⅲ 族氮化物外延生长机制监测

本节将说明原位 X 射线衍射在研究 Ⅲ 族氮化物外延生长机理中的作用，并且简要介绍 Ⅲ 族氮化物的外延生长理论。薄膜外延生长的监测是原位 X 射线衍射的重要作用之一，在 Ⅲ 族氮化物异质外延生长过程中，由于 Ⅲ 族氮化物与衬底之间存在晶格失配，通常引入缓冲层来减少由晶格失配引起的缺陷，因此，通过研究 Ⅲ 族氮化物的外延生长机制从而控制缺陷密度具有重要意义。为了降低晶格失配对外延生长过程的影响,可以使用低温和高温两步法外延生长Ⅲ族氮化物。首先在低温条件下生长 AlN 成核层,然后在高温条件下生长 GaN。两步法极大地提高了Ⅲ族氮化物的晶体质量,因此成为主流的生长方法。

下面将简要介绍Ⅲ族氮化物外延生长的工艺流程。在高温衬底清洗后,进行衬底表面氮化,这一步有利于成核中心的形成以及成核层与衬底之间的黏附性,从而提高了Ⅲ族氮化物的表面形貌质量。随后进行成核层的生长,这一步的意义在于它能使Ⅲ族氮化物初期的三维生长模式转变为二维生长模式,低温生长的成核层表面连续而且较光滑,但是会有较多由晶格失配引起的缺陷。当低温成核层生长完成之后,将温度上升到外延层的生长温度,这一过程对成核层具有高温退火作用,成核层的表面形貌和尺寸强烈依赖于退火的温度和时间以及升温速率。最后进行Ⅲ族氮化物的外延生长及降温,Ⅲ族氮化物的高键能导致需要高生长温度才能使原子在生长表面迁移,只有在高温下才能获取高质量的 GaN 外延层,当生长完成后,需要在 NH_3 气氛中进行降温处理。

图 3.4 展示了使用两步法外延生长Ⅲ族氮化物的生长模式和缺陷行为。Ⅲ族氮化物的生长模式和缺陷行为有一个逐渐演化的过程,在形成厚低温成核层后,升温退火令成核层表面发生重结晶,削弱了其晶界特征,对晶界位错有阻挡作用,为后续的Ⅲ族氮化物外延层生长打好了基础。随后开始高温生长Ⅲ族氮化物外延层,刚开始的外延层具有在低温成核层上高温成核的作用,随后Ⅲ族氮化物继续生长形成三维岛,随着三维岛横向生长程度的加大,相邻岛开始合并。继续生长会使得三维岛完全合并,并且在合并处产生位错,此时Ⅲ族氮化物按二维层状模式继续生长。

为了促进实验室规模的Ⅲ族氮化物外延生长设备转化为大规模商业化的Ⅲ族氮化物外延生长设备,对Ⅲ族氮化物的薄膜形成机制的深入理解是必要的一步。利用原位 X 射线衍射测量,可以监测薄膜从前驱体态到中间态再到最终薄膜态的形成动力学过程。需要注意的是,不同Ⅲ族氮化物外延技术的生长过程可能是完全不同的。在 MBE 中沉积通量是恒定的,在溅射中可以包含原子簇,而 PLD 导致生长和表面弛豫交替循环,从而提供了一个额外的周期频率控制参数。

3.3 Ⅲ族氮化物薄膜外延生长监测

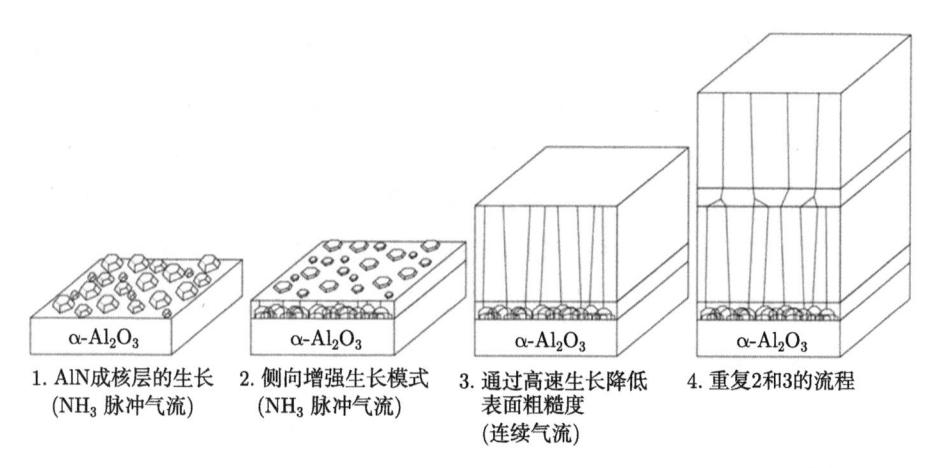

1. AlN成核层的生长（NH₃脉冲气流）
2. 侧向增强生长模式（NH₃脉冲气流）
3. 通过高速生长降低表面粗糙度（连续气流）
4. 重复2和3的流程

图 3.4　两步法外延生长 Ⅲ 族氮化物的生长模式和缺陷行为示意图 [18]

目前对 Ⅲ 族氮化物外延生长机理的研究仍然是一个挑战。一方面，Ⅲ 族氮化物外延生长过程存在大量的生长模型和计算公式，因此在 Ⅲ 族氮化物外延生长的研究当中，很难判断哪些隐含的模型假设得到了满足，从而很难决定哪个外延模型是适用的。另一方面，外延生长的机理较为复杂，外延薄膜的时间和空间跨度过大，其特征范围从原子尺度的阶梯到微米尺度的岛，时间尺度则从超快的单个扩散阶梯到缓慢的岛粗化和薄膜粗化的总体动力学演化。因此外延理论和大型实验数据集都是外延机理研究中的重要组成部分，它们的结合将提高对新材料和优化纳米结构生长过程的预测能力。

Ⅲ 族氮化物的外延生长过去通常使用平衡热力学进行研究，这种研究方法虽然满足了热力学上的自由能最小化，但是往往忽略了外延生长过程中的生长动力学。从平衡热力学的角度，外延生长的状态根据界面和应变能的贡献可以分为岛状生长 (即 Volmer-Weber)、层核生长 (即 Stranski-Krastanov) 和逐层生长 (即 Frank-van der Merwe) 的薄膜平衡状态。然而，动力学在非平衡生长过程中起着重要作用，在能量上倾向于逐层生长模式的系统可能实际上是岛状生长模式 (反之亦然)。外延生长后薄膜结构的变化会影响 Ⅲ 族氮化物器件应用中的稳定性，而热力学与动力学对薄膜生长模式造成的差异对于理解外延生长之后结构的变化也十分重要。下文将通过定义几个实验观测值来描述生长中的薄膜，并讨论这些观测值在生长过程中的演变。

图 3.5 显示了岛状生长模式过程中的薄膜结构，下面两层 100% 被薄膜覆盖，最上层由孤岛填充。可以用薄膜的覆盖面积 n_θ 来描述薄膜的面外结构，并且可以由此确定薄膜厚度 D 与均方根粗糙度 σ 的特征长度尺度。薄膜的横向结构由具有中心距离为 ξ 的岛决定，可以由此计算岛的密度 N。横向结构的另一个重要参数是潜在的各向异性、面形或分形面内岛形，然而这些性质通常使用显微镜更容易测量，因此这里不再讨论。除了单层高岛结构外，大多数薄膜在外延生长一段时间后会形成丘状结构。

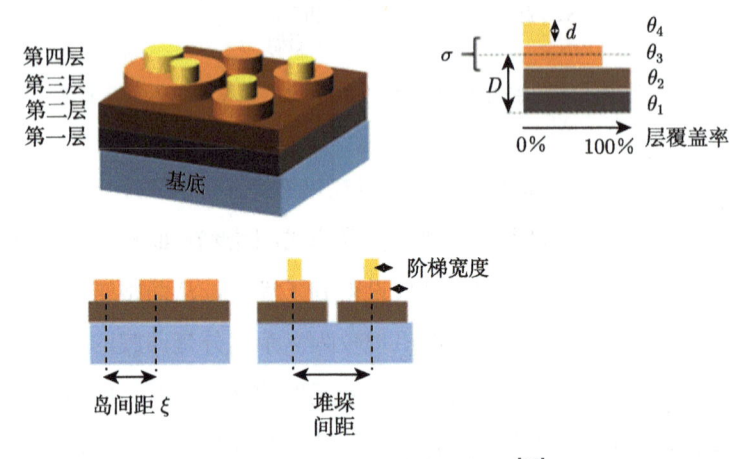

图 3.5 岛状生长模式示意图[18]

原则上，这些参数可以从单个原子的动力学中计算出来，逐个地影响形态。为了确定原子动力学，通常采用过渡态理论，通过公式 $\nu = \nu_0 e^{-E/kT}$ 将温度为 T 的原子越过能垒 E 移动到另一个晶格位的概率与温度和能量屏障联系起来。到达现有岛顶部的粒子可以穿过向下的台阶边缘，但这通常受到台阶边缘屏障的阻碍[18]，台阶边缘势垒是一种有效的势垒，因为不同的台阶边缘几何形状和原子终止方式会导致几个不同的台阶边缘势垒。沿岛扩散的不同势垒可能对各向异性分子的作用更大，粒子可能以协调一致的方式移动。最近，利用过渡态理论和能量势垒对生长过程的研究也取得了进步，包括吸附后直接处于热前驱体状态的非平衡颗粒的非热运动[19]。

另一个常用的外延生长理论是将岛的不同可能取向纳入生长屏障[20]。例如，在第 1 层和第 2 层的岛中，不同的取向已被证明会导致阶跃边缘势垒的不同

3.3 Ⅲ族氮化物薄膜外延生长监测

值[21]。总之,大量的过程使得从基本原子尺度过程开始的生长形态预测非常重要,对于低覆盖率的横向结构的模拟,有很少原子落在岛的顶部,层间输运可以忽略,因此岛生长本质上是一个二维问题。

速率方程模型是应用最广泛的理论之一,它揭示了在生长过程中,原子密度随生长速率增加而升高,同时由于原子被瞬态簇和稳定岛捕获,所以其自由密度逐渐降低。另一个耦合方程描述了大小至少为两个原子的稳定岛的密度演化——直到临界核大小 i 的团簇被认为是不稳定的,并随着时间的推移而溶解。这些耦合方程既可以用数值方法求解,也可以推导出岛生长的某些阶段的解析表达式,例如低覆盖率(约 10%)时的稳态成核状态。最大岛密度 $N_{\max}$ 与原子通量 F 和衬底温度 T 的关系是[22]

$$N_{\max} \sim F^p \cdot \exp\left(\frac{E}{kT}\right) \tag{3.1}$$

其中,分数阶幂律是由指数 p 决定的,它由不同的公式给出,取决于各种基本过程及其能量势垒的相对重要性。

通过现代的计算机模拟可以进一步模拟岛密度,在Ⅲ族氮化物的外延机理研究中,动力学蒙特卡罗 (kinetic Monte Carlo, KMC) 模拟是一种先进的岛密度模拟方法。在 KMC 模拟中,每个粒子到达一个随机的晶格点,粒子扩散到邻近晶格点的速率为[23]

$$r = \left(\frac{2kT}{h}\right) \exp\left(\frac{-E_d}{kT}\right) \tag{3.2}$$

如果粒子与邻近粒子有 n 个键,则横向移动速率进一步降低 $\exp(-n \cdot E_{\text{bond}}/kT)$。对于三维生长,Ehrlich-Schwoebel(ES) 势垒也可以通过进一步的 $\exp(-E_{\text{ES}}/kT)$ 因子降低跨阶跃的传输速率来解释。KMC 模拟在计算上是昂贵的,因为必须跟踪数百万个粒子才能获得比平均岛分离更大的模拟区域。此外,还必须模拟从实验生长时间的几分钟到原子扩散步骤的超快时间尺度的广泛时间尺度,这使得模拟变慢。

在Ⅲ族氮化物的外延生长过程中,X射线衍射、X射线反射率和晶体截断杆的原位测量是晶体监测的关键技术。以 Ju 等[24] 采用 MOCVD 生长 $In_xGa_{1-x}N$ 单量子阱进行的原位 X 射线衍射监测为例,他们在 NH_3 和 N_2 气氛中,对单量子阱结构进行了 X 射线衍射、X 射线反射率和晶体截断杆的原位散射测量，在 1103 K 和 300 K 下测量的 X 射线晶体截断杆谱和 X 射线反射率谱与理论曲线拟合良好，如图 3.6 所示。结果表明，在 1103 K 的 NH_3 和 N_2 气氛下生长的 $In_{0.09}Ga_{0.91}N$ 单量子阱结构具有几层的 InGaN 厚度，用 X 射线晶体截断杆测量和 X 射线反射率测量成功地研究了该结构，实现了对 GaN/InGaN/GaN 单量子阱在生长温度下表面结构的研究。

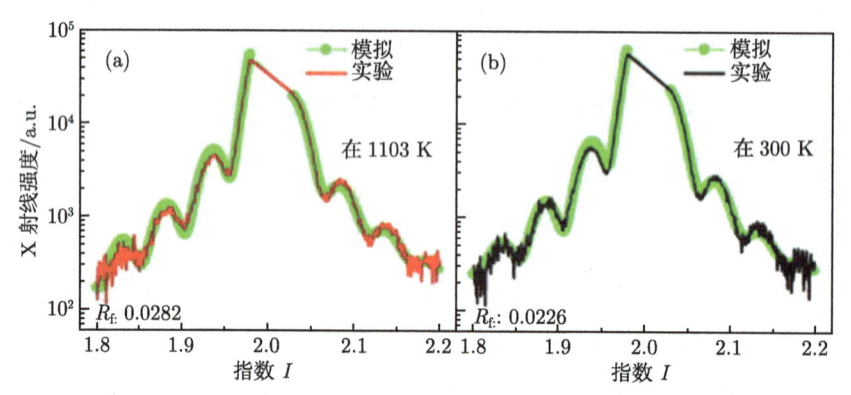

图 3.6 (a) 在 1103 K 下的 NH_3 和 N_2 环境生长后以及 (b) 冷却至 300 K 的实验和模拟的晶体截断杆谱[24]

3.3.2 原位 X 射线衍射实时监测方法

本节将主要介绍通过原位 X 射线衍射对 III 族氮化物的外延生长进行实时监测的特点，并以两种 III 族氮化物的异质结构为例，介绍原位 X 射线衍射在研究外延过程中的热膨胀等现象时起到的作用及其原理。一般而言，III 族氮化物外延生长监测的传统方法是在外延生长完成后通过 X 射线衍射等各种方法进行外延薄膜的非原位表征。非原位表征的明显缺点是，非原位研究是在远离外延生长过程的条件下进行的，III 族氮化物的外延生长过程通常在相对较高的温度和压力下进行。非原位表征难以研究 III 族氮化物外延生长过程中的界面反应过程和状态。值得强调的是，在外延生长条件下，由于与前驱体的相互作用和高温高压的影响，III 族氮化物外延薄膜的状态会发生明显的变化。外延生长的薄膜可能经历成核、岛状生长、纵向生长等过程，从而彻底改变其形态和晶体结构，因此有必要在尽可

3.3 Ⅲ族氮化物薄膜外延生长监测

能接近其外延生长条件下研究Ⅲ族氮化物的演变过程。

对于实验本身和数据处理来说，Ⅲ族氮化物外延薄膜的原位研究有一些重要的特点。Ⅲ族氮化物的外延生长是一种动态系统，它对前驱体浓度、温度和压力都很敏感，对后者的变化速度也很敏感。研究人员在处理晶格常数变化的数据时，不仅需要考虑动力学因素，还需要考虑由热力学因素、缺陷有序引起的化学膨胀。即使在准静态反应的情况下，也可能存在局部过热，从而影响结果。为了排除可能的误差，需要仔细计算热量，稀释外延薄膜与前驱体[25]。温度和反应产物的测量强烈依赖于外延生长的速率，特别是涉及快速动力学过程[26]。对于原位研究，还需要仔细考虑衍射数据收集的速度和衍射角，因为样品的状态可能在一次衍射模式测量期间发生变化，这在使用检测器扫描时非常重要。由热因素或反应因素引起的样品体积的变化可能会增加数据处理的复杂性，例如，改变布拉格几何中的散射平面位置，需要使用平行光束进行测试[27]。X射线在环境或腔室部件上的散射是导致衍射图的另一种效应[28]。

为了深入讲解通过原位X射线衍射进行Ⅲ族氮化物外延生长的实时监测的方法，下面将以两个Ⅲ族氮化物异质结构生长为例简要介绍原位X射线衍射实时监测Ⅲ族氮化物薄膜外延生长的流程，两个Ⅲ族氮化物样品的结构分别如图 3.7(a) 和 (b) 所示[29]。将用于Ⅲ族氮化物外延生长的样品切割成正方形放到真空室的高温样品台上，详细的加热过程如图 3.7 (c) 所示。插图显示了原位X射线衍射室中加热配置的示意图，其中热量从周围环境施加到样品表面，而样品水平放置在由固定在室壁的杆机械支撑的口袋中的 Al_2O_3 支架上。

在外延生长过程中，使用原位X射线衍射测量了样品A和B以及Si(111)衬底中Si(111)和GaN(0002)的晶格间距参数，如图3.8所示。图3.8用Si(111)衬底的布拉格角计算并校准了沿表面法线方向的晶格扩展。可以看出，外延生长的Ⅲ族氮化物堆叠倾向于降低Si(111)衬底沿表面法向的热膨胀。在不存在界面松弛的情况下，Ⅲ族氮化物倾向于增加Si衬底界面侧的面内热膨胀，从而减小其沿表面法线方向的热膨胀。相反，Si的面内热膨胀较小，会导致Ⅲ族氮化物堆沿表面法向的热膨胀增大，再加上GaN的晶格常数大于Si，会导致比图3.8 (c)中GaN (0002)测量的热膨胀大得多。

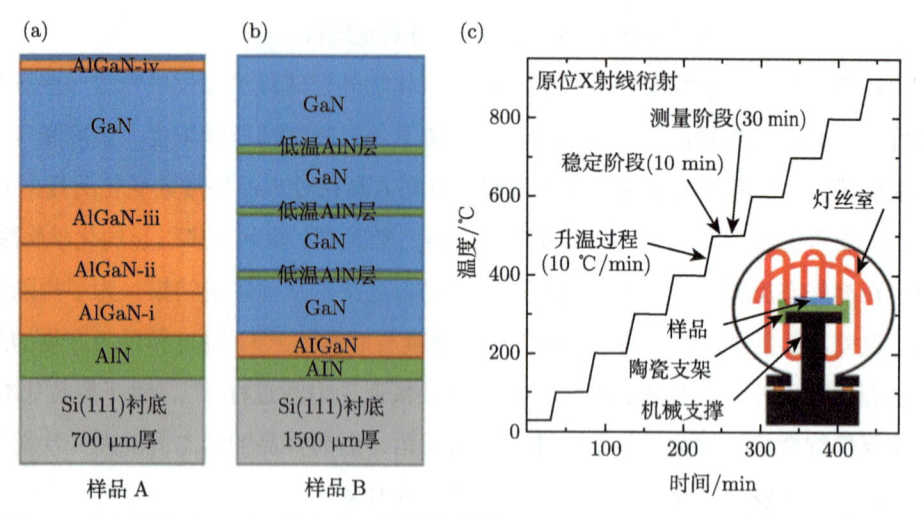

图 3.7 (a) 样品 A：Si(111) 衬底上生长的典型 AlGaN/GaN HEMT 结构；(b) 样品 B：在 Si(111) 衬底上生长使用多个低温 AlN 中间层作缓冲层的 GaN；(c) 原位 X 射线衍射室中的温度曲线和灯丝结构[29]

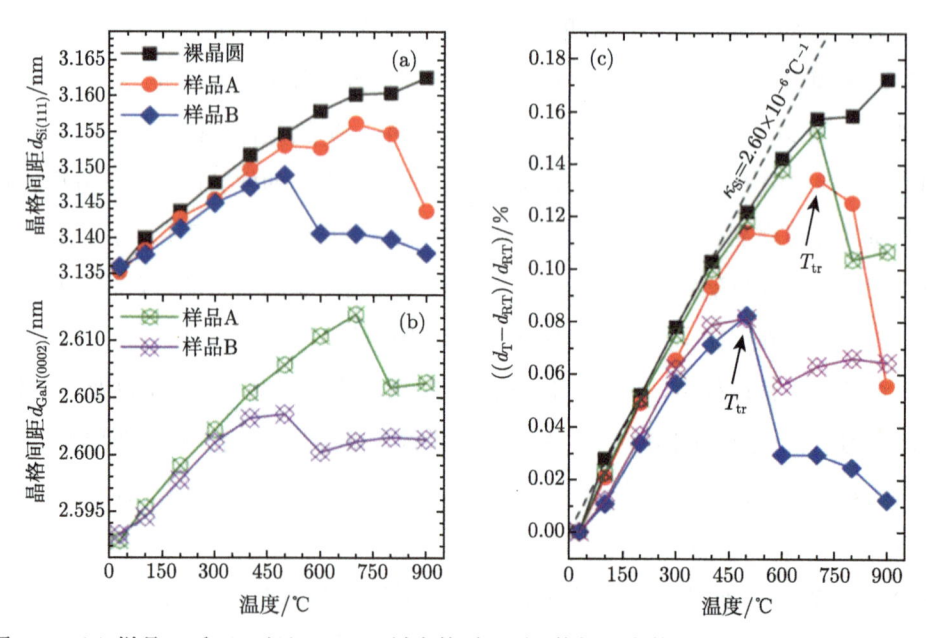

图 3.8 (a) 样品 A 和 B 以及 Si(111) 衬底的原子面晶格间距参数与样品温度的函数；(b) 样品 A 和 B 的 GaN(0002) 原子面晶格间距参数；(c) 从布拉格衍射角得出的晶格膨胀程度[29]

3.3 Ⅲ族氮化物薄膜外延生长监测

图 3.8 (c) 中 GaN(0002) 测量的热膨胀减小有两种机制：一种是界面松弛，另一种是晶圆曲率。Leszczynski 等 [30] 报道了在 α-Al$_2$O$_3$ 衬底上高温条件下生长的 GaN 层观察到完全应变松弛的现象。由于 GaN 层处于压缩应变状态，其在高温下会趋向于沿面内方向膨胀，从而减小垂直于表面的膨胀程度。另一方面，Ⅲ族氮化物的本征晶格常数大于 Si，加之 SiN 异质结构沿厚度方向的电势温度梯度，所以样品在高温下呈凹形。这与 Si 衬底上 MOCVD 生长的 Ⅲ 族氮化物中广泛研究的晶圆弯曲效应相似。不同之处在于，原位 X 射线衍射室中的加热来自周围，样品位于 α-Al$_2$O$_3$ 支架上，而 MOCVD 生长过程中衬底的加热来自外延片的底部。因此，原位 X 射线衍射过程中样品的温度梯度方向与 MOCVD 生长过程中的温度梯度方向正好相反，导致了反向弯曲，即凸曲率。异质结构在高温下的向下弯曲进一步扩大了 Ⅲ 族氮化物堆的面内膨胀，这反过来又减少了它们沿表面法向的热膨胀。在这种情况下，界面弛豫倾向于增强 GaN 的面内晶格膨胀，并且样品 B 的增强大于样品 A，这反过来又导致样品 B 沿表面法线方向的热膨胀比样品 A 小，这在图 3.8 (c) 中确实观察到了。同样，样品 B 的衬底厚度 (即 1500 μm) 比样品 A 的衬底厚度 (即 700 μm) 大，可以通过衬底厚度产生更大的温度梯度，从而导致异质结构向下弯曲更大，因此在温度升高时，样品 B 的 Ⅲ 族氮化物层的面内膨胀比样品 A 的高。

因此在样品 B 中，Ⅲ 族氮化物沿表面法线方向的晶格膨胀比在样品 A 中减少得更大，这支持了晶圆弯曲对在 Si 衬底上生长的 GaN 异质结构中 GaN 层热膨胀的影响。图 3.8 (c) 中较高温度下热膨胀的转变进一步支持了晶圆曲率效应，其中晶格膨胀的下降发生在转变温度处。样品 B 的转变温度低于样品 A，与样品 B 的 Si 衬底比样品 A 厚相关，为向下弯曲效应提供了额外的支撑，样品 B 的向下弯曲效应比样品 A 的更大。总的来说，采用原位 X 射线衍射可以研究 Si 衬底上生长的 GaN 异质结构的晶格应变及其弛豫，并且可以提供非原位 X 射线衍射所不能提供的演变过程。

3.3.3 倒易空间中的 X 射线衍射分析

本节将简要介绍 Ⅲ 族氮化物薄膜在倒易空间中的相关 X 射线衍射分析，然后以原位实时生长作为案例，讲解同步 X 射线衍射在获取外延生长过程的实验数据时起到的作用。静态生长后 X 射线薄膜表征已成为一种标准的分析技术。一般来说，衍射或散射的 X 射线强度是作为波矢量传递 $q = k_f - k_i$ 来测量的，它取决于散射角，并定义为出射和入射 X 射线波矢量 k_f 和 k_i 之间的差。相同的 X 射线散射几何形状和技术原则上可以应用于 III 族氮化物薄膜的生长。单晶胞更大，衍射角更小，扫描速度更快，但同时也存在散射弱、有序度低和 X 射线束损伤阈值较低等问题，这使得实时观察具有挑战性。

在 X 射线散射测量中，分别改变入射和出射 X 射线光束方向上的单位矢量 s_0 和 s，测量散射矢量 $q = (2\pi/\lambda)(s - s_0)$ 对应的散射 X 射线。散射矢量端点的集合构成倒易空间。

当由位于 r_j 的原子组成的样品被 X 射线照射时，微分截面由下式给出[31]：

$$\frac{d\sigma}{d\Omega} = pr_e^2 \left| \sum_j f_j e^{iq \cdot r_j} \right|^2 \tag{3.3}$$

式中，p 为汤姆孙 (Thomson) 散射的极化因子；f_j 为原子 j 的形状因子；r_e 为经典电子半径。

在由单位晶格向量 a、b 和 c 定义的具有三维平移对称性的晶体材料中，相同的原子位于用整数 m_1、m_2 和 m_3 表示的 $r = r_j + m_1 a + m_2 b + m_3 c$ 的位置。考虑到晶体在衬底表面生长，为了方便，假设 a 和 b 平行于表面，c 在表面法线方向上排列。用晶胞结构因子定义[31]：

$$F_{u(q)} = \sum_j f_j e^{iq \cdot r_j} \tag{3.4}$$

式 (3.4) 中的和可以改写为

$$A(q) \equiv \sum_j f_j e^{iq \cdot r_j}$$

$$= F_u(q) \sum_{m_1, m_2, m_3} e^{iq \cdot (m_1 a + m_2 b + m_3 c)} \tag{3.5}$$

利用卷积定理，可以得到

3.3 III 族氮化物薄膜外延生长监测

$$\begin{aligned} A(\boldsymbol{q}) &= F_{\mathrm{u}}(\boldsymbol{q}) \int C(\boldsymbol{r}) \sum_{\boldsymbol{r}_0} \delta(\boldsymbol{r}-\boldsymbol{r}_0) \mathrm{e}^{\mathrm{i} \boldsymbol{q} \cdot \boldsymbol{r}} \mathrm{d} \boldsymbol{r} \\ &= F_{\mathrm{u}}(\boldsymbol{q}) \int C(\boldsymbol{r}) \mathrm{e}^{\mathrm{i} \boldsymbol{q} \cdot \boldsymbol{r}} \mathrm{d} \boldsymbol{r} \otimes \int \sum_{\boldsymbol{r}_0} \delta(\boldsymbol{r}-\boldsymbol{r}_0) \mathrm{e}^{\mathrm{i} \boldsymbol{q} \cdot \boldsymbol{r}} \mathrm{d} \boldsymbol{r} \\ &= F_{\mathrm{u}}(\boldsymbol{q}) \left[S(\boldsymbol{q}) \otimes \frac{1}{V_{\mathrm{u}}} \sum_{\boldsymbol{q}_0} (-1)^{n_1+n_2+n_3} \mathrm{e}^{\mathrm{i} \boldsymbol{q} \cdot (\boldsymbol{a}+\boldsymbol{b}+\boldsymbol{c})/2} \delta(\boldsymbol{q}-\boldsymbol{q}_0) \right] \end{aligned} \quad (3.6)$$

其中，$\otimes$ 表示卷积；V_{u} 表示单元格的体积。函数 $S(\boldsymbol{q})$ 称为形状因子，它是 $C(\boldsymbol{r})$ 的傅里叶变换。请注意，实空间晶格点 $\boldsymbol{r}_0 = m_1\boldsymbol{a}+m_2\boldsymbol{b}+m_3\boldsymbol{c}$ 的傅里叶变换由倒易晶格点 $\boldsymbol{q}_0 = n_1\boldsymbol{a}^*+n_2\boldsymbol{b}^*+n_3\boldsymbol{c}^*$ 表示，其中 $\boldsymbol{a}^*$、$\boldsymbol{b}^*$ 和 $\boldsymbol{c}^*$ 是基本的倒易晶格向量。

在具有无限三维平移对称的完美晶体的理想情况下，形状函数 $C(\boldsymbol{r})$ 处处统一。因此，当散射矢量表示为 $\boldsymbol{q} = H\boldsymbol{a}^*+K\boldsymbol{b}^*+L\boldsymbol{c}^*$ 时，衍射振幅 $A(\boldsymbol{q})$ 在对应整数 $H=n_1$, $K=n_2$, $L=n_3$ 的离散点处具有有限值。这就是众所周知的布拉格衍射。然而，在真实的晶体中，三维周期性以各种方式被打破。最明显的方式是表面的存在，在表面法线方向上的平移对称终止。从这个意义上说，每个晶体都可以看作是一个二维晶体，其最小重复单元是半无限单斜柱，而不是六面体单元格。在低维结构中，晶体的平移对称性进一步降低，其中空间范围在横向上也仅限于纳米级，晶体周期结构受到干扰的另一种情况是在晶体生长过程中不可避免地引入各种缺陷。

3.3.4 晶体截断杆散射在生长监测中的应用

III 族氮化物等无机薄膜在倒易空间中的 X 射线衍射的典型特征如图 3.9 (a) 所示。为清晰起见，仅显示薄膜反射，不显示厚衬底的布拉格反射和晶体截断杆。在整数 (hkl) 的互反晶格点上发现了薄膜布拉格反射，特别是在镜面棒 (001) 上，可以用镜面 X 射线反射率扫描测量。对于在 z 方向上有纹理/分层的多晶样品，但在平面内表现出随机的晶体取向，会出现 q_x-q_y 平面上的粉末环，这可以通过围绕镜面棒旋转图 3.9(b) 来可视化。在这种情况下，几个 (hkl) 布拉格截断杆可以在一个区域检测器上同时测量，从而在生长过程中实现快速实时的结构分析。

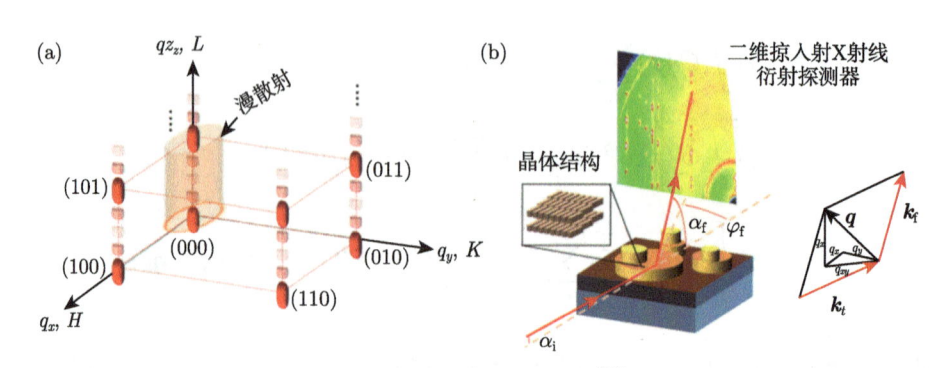

图 3.9　(a) 薄膜的倒 q 空间中 X 射线散射的典型特征 [32]；(b) 掠入射 X 射线散射原理示意图 [33]

垂直方向的布拉格反射之间也有丰富的特征，这些所谓的晶体截断杆是由于晶体在 z 方向上没有无限延伸，因此在衬底和薄膜上都会出现这种晶体截断杆。在低 q 值的镜面 (001) 棒上，发现了与总膜厚度相对应的 Kiessig 振荡。当布拉格反射周围的 q 值较大时，可以看到与相干有序薄膜厚度相对应的劳厄振荡。而布拉格反射的强度只是随着薄膜厚度的增加而增加，在 $\left(00\frac{1}{2}\right)$ 以及 (000) 和 (001) 之间的所有点处，反射率随着越来越多的厚度振荡而振荡。

在晶体截断杆的周围，由于表面上的侧向岛状结构，形成了一圈漫散射。对于各向异性岛，可以观察到椭球形状的环，也可以从更复杂的岛形状中观察到结构环、斑点或十字形 [32,33]。对于只有一层高的岛，扩散散射随 q_z 缓慢降低，除了在低 q_z 样品的临界角处增强 (即所谓的 Yoneda 峰) 外，没有发现任何峰。因此，测量漫散射的确切 q_z 值并不重要。然而，对于同时具有分子高度和大规模岛的样品必须严谨分析，因为岛距离和岛宽度的两个横向长度尺度有助于扩散散射。

在 Ⅲ 族氮化物等晶体薄膜生长过程中，对布拉格反射的实时和原位观测已经广泛地应用于研究中。对于非应变单晶相的薄膜生长，布拉格强度只是随时间增长，然而，如果生长薄膜在生长过程中表现出相变、应变或组织的变化，那么跟踪布拉格反射作为时间的函数是非常有用的。强准直同步辐射 X 射线源的出现使得 X 射线衍射用于研究体积缩小的薄膜成为可能，X 射线反射率厚度测量基于样品层内的内部反射，导致出射 X 射线的光束路径和相应的干涉模式的差异。由此产生的破坏性或建设性光束干涉导致与角度相关的总强度的振荡，然后可以使用该振荡来提取各个层的厚度。在原位生长过程中可以进行类似的测量。在这里入射角是固定的，干涉对应于连续沉积的单层反射，所谓的反布拉格位置对厚度的变化非常敏感。由这些振荡的周期和形状作为膜厚度的函数，可以获得关于生长模式以及各种生长条件影响的附加信息。例如，逐层生长模式导致薄膜良好的周期性覆盖，并导致周期性振荡。与使用 RHEED 进行实时监测类似，X 射线反射强度振荡提供单层尺度的信息。

对于薄膜的衍射实验，如图 3.9 (b) 所示的掠入射 X 射线散射几何特别适合。虽然 X 射线散射在掠入射角度下始终是表面敏感的，但由于入射角低于临界角，X 射线不会明显穿透衬底，因此表面选择性增加[33]。对于二维粉末样品，在二维探测器上可以看到平面内布拉格反射及其晶体截断杆。通常情况下，二维探测器距离样品较近 (小于 1 m)，而图 3.9(b) 中的小角度散射实验中，样品探测器距离可达 10 m。同时，检测二维粉末的许多晶体截断杆有利于快速测量晶体结构，即使是 III 族氮化物的单晶或外延样品，使用连续扫描模式也可以实现 10 s 范围内的时间分辨率[34]。

本节详细讨论了 III 族氮化物薄膜衍射数据的分析方法，以及基于同步加速器的掠入射 X 射线散射数据的基本理论和假设，以指导正确的衍射数据分析。基于同步加速器的 X 射线衍射数据提供了额外的微观结构信息，特别是当同步加速器光源的高亮度与二维区域探测器的使用相结合时。然而，同样重要的是，要意识到掠入射 X 射线散射等基于同步加速器的技术的局限性，包括由仪器效应导致的楔形缺失和峰宽中的散射强度损失，这可能会导致无法分析峰强度和峰宽度以获取微结构信息。

3.4 III 族氮化物薄膜的生长动态与结构演变

因为 III 族氮化物薄膜的晶相都具有不受其他相干扰的特征衍射图，X 射线衍射等基于薄膜结构的测量方法是物相定量更直接的方法。给定相的衍射峰的相对强度与其相分数成正比。由于层状 III 族氮化物的晶体结构相似，不同晶相的衍射峰有重叠的趋势，因此用 X 射线衍射方法定量其相组成仍然具有挑战性。原则上，掠入射 X 射线散射测量可以捕获所有可能的反射。在实验掠入射 X 射线散射模式中，这些关键的 (0k0) 面内峰经常缺失，这可能是层错导致的大量结构紊乱。

3.4.1 生长模式的变化及表面粗糙度监控

生长振荡通常在反射几何中的镜面 (001) 棒中测量，如图 3.10 所示。(001) 棒对面外材料分布和晶体分层 (即厚度、粗糙度、覆盖率) 敏感，而对面内结晶度和岛状结构不敏感。可以根据单散射 (运动学) 近似计算出反射强度，单散射近似中层厚为 d 的晶体膜的反射强度随时间变化的公式如下[35]：

$$I(t) = \left| A \left[\theta_1(t) \cdot e^{iq_z d} + \theta_2(t) \cdot e^{iq_z 2d} + \cdots \right] \right|^2 \tag{3.7}$$

其中，A 为填充层的散射振幅。一般情况下，这种薄膜散射需要增加衬底反射振幅，这会导致生长振荡的形状变化。值得注意的是，镜面反射强度的变化不仅源于各单层散射振幅的总和，还受到由生长岛结构导致的漫散射振荡调制。忽略漫散射对于许多不太粗糙的样本是合理的，因为漫散射与镜面强度相比是弱的，并且会减少不到几个百分点的镜面散射。

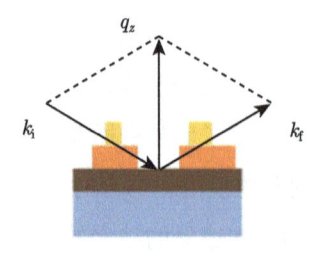

图 3.10 等入射角和等出射角时镜面反射的测量原理[32]

虽然理论拟合和实验反布拉格生长振荡在平滑性外延生长中有很好的一致性，但对于粗糙性外延生长，从单个布拉格强度值中提取多个 $\theta_n(t)$ 的问题尚未解决。这个问题可以通过在异质外延或异质结构中，在几个选择点或整个 q_z 范围内获得生长振荡来避免[36]。生长振荡周期随 q_z 位置的变化而变化，当 q_z 点离布拉格反射越近时，生长振荡周期越长。与 $\left(00\dfrac{1}{2}\right)$ 位置相比，振荡的阻尼也减少了，因此可以随着生长而产生更厚、更粗糙的薄膜。

传统的 X 射线衍射仪需要扫描样品来获取 q_z 点，因此除了需要足够的计数统计时间外，电机运动时间也限制了时间分辨率。然而，还有其他方法可以同时

获得 q_z 范围,例如使用能量色散和角色散反射率设置。利用弯曲磁体和能量色散探测器的连续光谱同时获取 q_z 范围是可能的,因为每个能量 E 对应于不同的 $q_z(E)$。该技术的限制是具有显著通量的 X 射线能量的可用范围和探测器的最大计数率,但它已成功地应用于实时生长研究[37]。另一种方法是角色散设置,利用 Johansson 单色器或 Krause 等[38]所报道的同步加速器发散光束。角色散装置通过让几束 X 射线以不同的入射角撞击样品并同时用区域探测器检测几个出口角度来获得 q_z 范围。需要注意的是,真实反射率仅对弱漫散射的样品进行测量,因为来自不同入射角的漫散射会以另一个角度添加到真实镜面信号中。一个常见的挑战是需要校准角强度分布或光谱强度分布 (在使用吸收器时变硬) 以拟合反射率。

以 Hanke 等[39]在 Si 上使用 MBE 生长 GaN 过程的实时观察为例,在这项工作中,通过对样品和探测器的扫描而获得了一个宽的 q_z 范围,如图 3.11 (a) 所示,GaN 在 $L=1$ 和 $L=4$ 处的布拉格反射随着薄膜厚度的增加而增强。从晶体截断杆时间演变的理论计算的比较中可以明显看出,尽管材料存在于表面,但在布拉格反射形成之前仍有两层的延迟。这表明第一层的结晶延迟,在采用与厚膜相同的晶体结构之前采用非晶或表面诱导晶体结构。除了布拉格反射外,在图 3.11 (b) 的模拟中,由于连续的层数是向外散射的,因此强度和厚度的函数在固定的 q_z 处以两层为周期振荡。实验中,在 $L=3.5$ 处的振荡很弱,但在其他更接近布拉格反射的 q_z 值处,它们更加明显,再次证明了测量几个 q_z 值的价值。总体而言,实验数据显示出低阻尼,表明几乎是逐层生长了超过 12 层的 GaN 薄膜。

Gao 等[40]利用 RHEED 扫描,原位监测了使用 MBE 在 GaN (0001) 方向上异质外延生长 Fe 薄膜的过程。他们在一个定制的 MBE 系统中进行 GaN 和 Fe 的生长,并安装了原位 X 射线衍射装置,在衬底沿着通过镜面光斑的水平线测量 RHEED 强度。图 3.12 (a) 和 (b) 分别显示了在 350 ℃ 的衬底温度下生长到 7 nm 厚度的 Fe 薄膜沿 GaN 的 $(11\bar{2}0)$ 和 $(1\bar{1}00)$ 方位角的表面的 RHEED 图。图 3.12 (c) 和 (d) 显示了 RHEED 随时间变化的线扫描和角度扫描结果,表现出六重对称性,并可观察到两个尖锐的衍射反射。固定的 RHEED 模式证明了外延的光滑性薄膜。这些扫描结果还显示晶体质量随着生长温度的增加而改善,在铁覆盖两层单层时，这些扫描已经可以直观地显示出 Fe 和 GaN 之间复杂的外延取向关系。通过将数据与非原位 X 射线扫描进行比较，测量结果可以定量确定异质外延膜的平面内取向分布，结果表明，在一定的生长温度下，取向分布最小。这些都展现了原位 X 射线衍射监测晶体和表面质量的潜力。

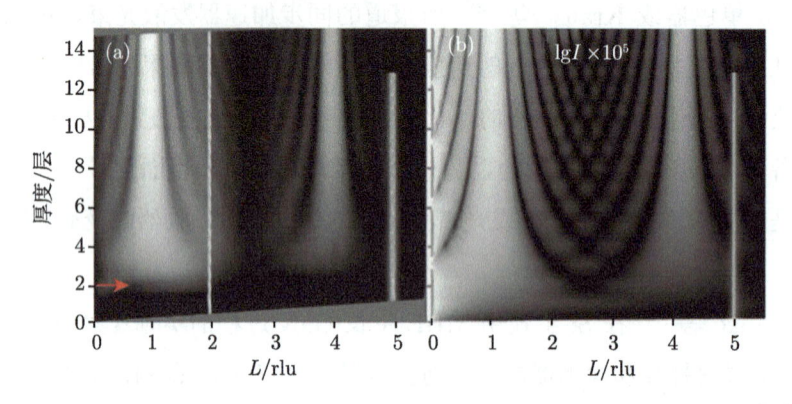

图 3.11　GaN/Si(11) 生长过程中 q_z 相关的 (a) 时间演化及其 (b) 模拟 [39]

rlu 表示倒易空间晶格单位

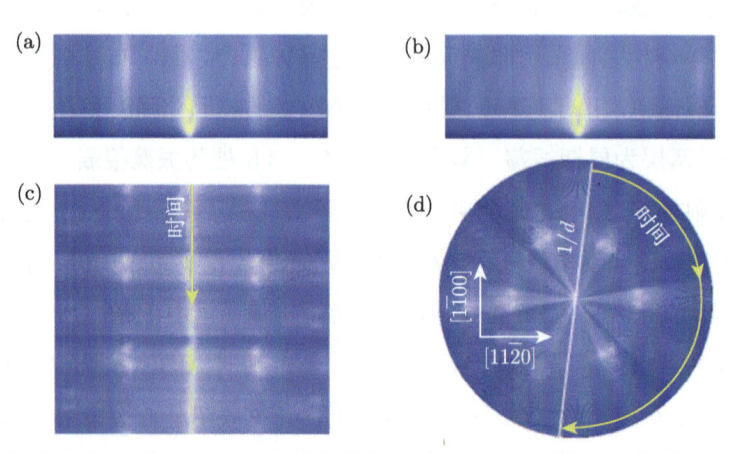

图 3.12　(a) 沿着 GaN 的 (11$\bar{1}$0) 方位角拍摄的 Fe 的 RHEED 图；(b) 沿着 GaN 的 (1$\bar{1}$00) 方位角拍摄的 Fe 的 RHEED 图；(c) 水平 RHEED 强度随时间的变化；(d) 将时间转换为方位角产生的 RHEED 扫描 [40]

Ju 等 [41] 使用原位 X 射线衍射研究了 GaN 生长过程中两种结构和生长模式的交替，使用的设备如图 3.13 (a) 所示。六边形密排的晶体由紧密堆积的三重

3.4 Ⅲ族氮化物薄膜的生长动态与结构演变

对称层组成，在相反的方向上交替，在相邻表面上，$\alpha\beta\alpha\beta$ 的堆叠顺序通常导致半单位细胞高度的阶跃，具有如图 3.13 (b) 所示的交替结构，通常标记为 A 和 B。在 GaN (0001) 表面上的 A 阶和 B 阶的性质一直存在一些分歧。Ju 等研究了在相同温度下具有不同净生长率的四种生长条件，将计算的晶体截断杆强度与实测剖面相拟合，发现 A 阶以上阶梯的平均宽度随着生长速率的增加而增加，这表明与大多数预测相反，A 阶的附着速率常数更高。这一工作的价值在于，通过控制界面形态和合金元素的掺杂，可以探究原子掺杂的精确模型，这对制备先进的 GaN 器件具有重要的实际意义。

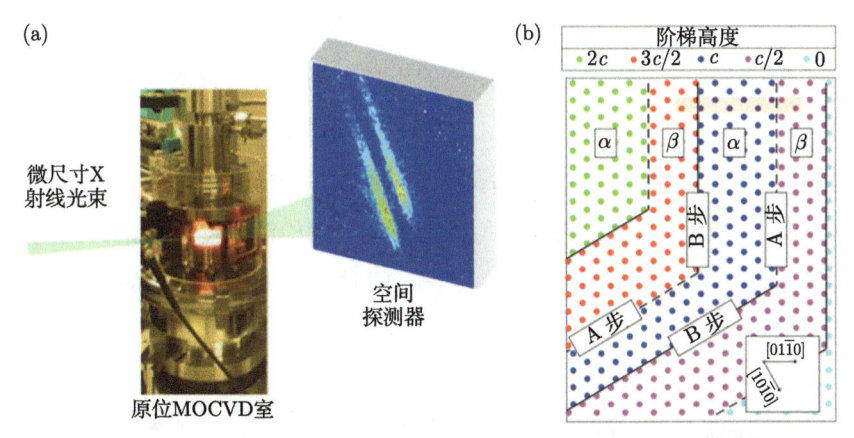

图 3.13 (a)MOCVD 生长过程中微束表面 X 射线散射示意图；(b) 六方密排晶体相邻 (0001) 表面的阶梯式结构 [41]

Ju 在 GaN(0001) 的 MOCVD 中证明，原位微束表面 X 射线散射可以确定在特定生长条件下 A 步或 B 步是否具有更快的动力学。在生长过程中进行的 X 射线测量发现，A 级以上阶梯的平均宽度随着生长速率的增加而增加，这表明与大多数预测相反，A 级的附着速率常数更高。

综上所述，实时 X 射线反射率和晶体截断杆的测量提供了完整表征生长膜的面外结构的能力，包括瞬态结构。单个 q_z 点的生长振荡可以用生长模型可靠地分析，但如果能够足够快地获得来自几个 q_z 点的样品剖面信息也是可取的。沿着上述两个例子的思路，已有大量研究利用Ⅲ族氮化物的生长振荡和晶体截断杆进行了分子和原子薄膜生长。

3.4.2 核密度和岛尺寸测量

通过测量晶体截断杆的漫散射，可以得到关于表面岛/纳米颗粒的大小、形状、各向异性和密度的信息。由于屿尺寸和距离的典型长度尺度在 10 nm 到几微米，因此在倒易空间中，扩散散射接近于晶体截断杆，需要检测小角度 X 射线散射。在将小角度 X 射线散射再次应用于表面时，掠射角是有用的[42]，因为当入射角接近临界角 (即所谓的 Yoneda 峰) 时，漫散射是最强的。与掠入射 X 射线散射相反，检测器通常放置在离样品 2~10 m 的地方。为了解决小的衍射角，需要低散度的 X 射线光束，理想情况下，光束在水平方向聚焦在探测器上，以获得单像素分辨率，并在垂直方向聚焦，因此 X 射线步长不小于样品。

如图 3.14 所示，具有特征平均距离的不规则岛集合导致两条突出的漫散射强度条纹[42]。可以注意到，特征 q_{xy} 处的小角度信号与 LEED 中光斑剖面分析的漫散射具有相同的来源，因此从样品形貌方面进行分析是相关的。在高亮度同步加速器光源下，在几个角度的入射角范围内也可以检测到漫信号，其优点是可以将镜面反射设置为 q_z 中的反布拉格位置，同时产生关于层填充的面外信息和面内信息。

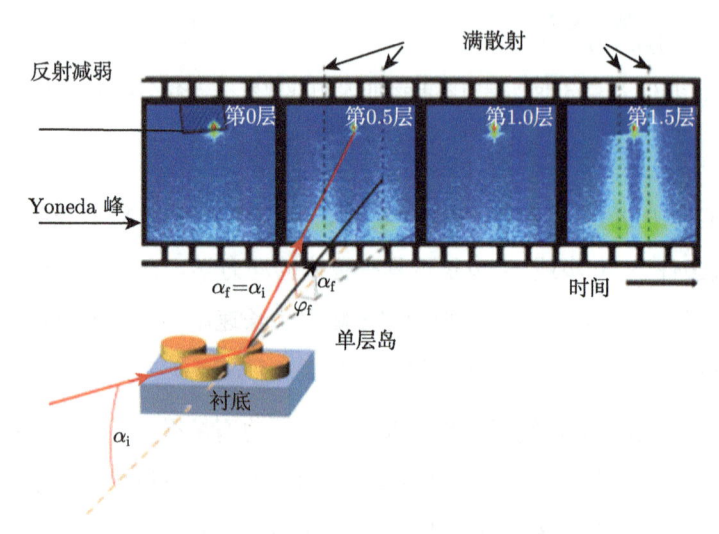

图 3.14 使用面积检测器同时监测镜面反射漫散射的原理示意图[42]

只要 X 射线数据中分析的相关区域不太靠近 Yoneda 峰，则单散射 (运动学)

3.4 Ⅲ族氮化物薄膜的生长动态与结构演变

近似对掠入射 X 射线散射有效，散射信号由散射体分布的简单傅里叶变换来描述。然后利用二维傅里叶变换将模拟的表面形貌直接转换为倒易空间，沿 q_{xy} 穿过径向环剖面的切口应与实验强度相匹配。如图 3.15 所示，两者达成很好的一致性，并且仅使用进入 KMC 分子动力学大数据集的三个能量势垒就可以拟合，再现与时间相关的岛密度，包括更高层数的岛密度下降和表面的粗糙化。

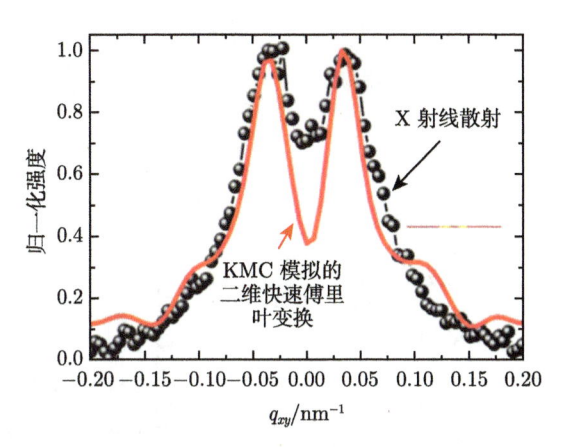

图 3.15　掠入射 X 射线散射数据和二维快速傅里叶变换给出的分布 q_{xy}[43]

Ju 等[44]探索了 GaN 在不同类型的相变晶体生长中产生的二维纳米结构的时空相关性。相变生长过程中产生的鳞结构在材料的合成中普遍存在，为了充分了解及控制这些结构形成和动态的相互竞争的基本过程，不仅需要观察它们的平均空间分布，还需要观察它们的首选位置和排列。相干 X 射线方法可以揭示纳米结构的精确排列及其波动的动力学，标准 X 射线光子相关光谱分析可以表征平衡或稳态系统波动的时间相关性，相关方法如图 3.16 (a) 所示。

在晶体逐层生长模式下，沉积的原子在表面扩散形成单层高度的核岛，这些核岛长大并合并形成一个完整的层。这种二维岛形成核和聚结的过程以循环的方式重复而形成晶体的每一层。Ju 等选择在 GaN 的 (10$\bar{1}$0) 平面上研究 MOCVD，他们发现每层形成过程中的岛状排列可以高度相关，如图 3.16 (b) 所示。来自岛的散射强度与晶体截断杆强度不同步振荡，与预期的逐层增长模式一致，如图 3.16 (c) 所示。XPCS 揭示的岛状排列和阶梯排列的行为为测试晶体生长模型和理解原子尺度现象提供了一种新的方法，能够控制和优化材料的合成过程。

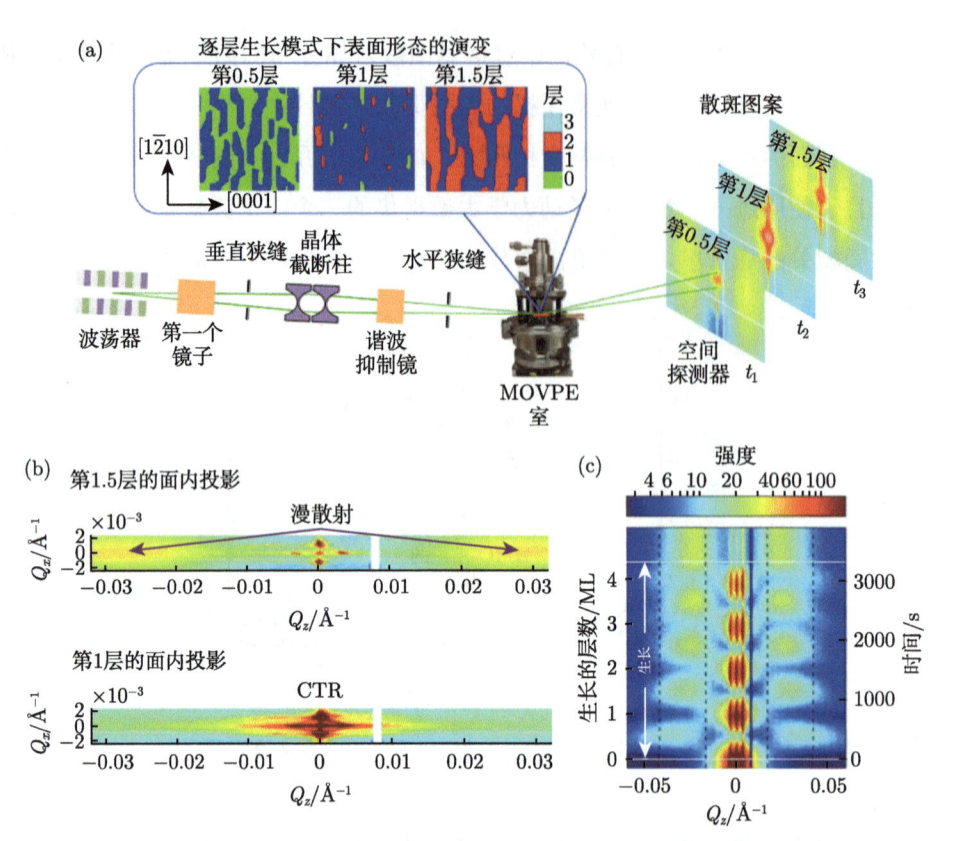

图 3.16 (a) MOCVD 过程中的相干 X 射线束产生的散斑图；(b) 沿镜面方向的散射图样；(c) 逐层生长 4.5 层时晶体截断杆强度积分和 Q_E、时间之间的函数关系[44]

3.5 本章小结

本章概述了原位 X 射线衍射在 III 族氮化物薄膜生长监测中的应用。首先简单介绍了同步 X 射线衍射设备的原理和结构，随后从目前主流的外延生长理论入手，详细讲解了 III 族氮化物外延生长机理的监测，包括实时原位掠入射 X 射线散射测量，生长振荡和掠射入射角确定埃尺度上晶体结构的演变，确定微米尺度上的面内和面外形貌，最后从生长模式、粗糙度、核密度和岛尺寸四个角度入手介绍了原位 X 射线衍射在薄膜结构监测中的应用。

原位 X 射线衍射应用于 III 族氮化物外延生长监测时，标度定律很容易应用于实验数据,可以用指数 p 表示横向岛密度随通量的标度,用有效成核能 E_{nuc} 表示岛密度对温度的依赖关系。通过这些透明但有限的标度定律,证明了 KMC 分子动力学模拟可以用来拟合生长的基本能量景观参数。讨论的限制之一是光束损伤,特别是对于在亚秒范围内具有高时间分辨率的同步加速器实验。

Ⅲ 族氮化物外延生长监测的发展方向包括扩展详细的系统数量,以及区分形态演变中的动力学和能量效应。到目前为止,许多研究都假设一个没有应变的固定晶格,或者简单地发现能量势垒的厚度依赖现象。现有的生长软件工具有望更容易被实验学家使用,以缩小最佳生长条件的参数空间。实验室 X 射线源的改进也将使在同步加速器源上进行较慢增长的实验成为可能。共振 X 射线散射的新方法越来越受到人们欢迎,因为它们提供了分子样品的化学对比,它们可能扩展到时间分辨研究,特别是多组分系统。另一个有趣的研究领域是通过实验实现额外的控制参数来影响薄膜结构,例如实现衬底温度或通量的快速调制。

参 考 文 献

[1] Mitchell E, Kuhn P, Garman E. Demystifying the synchrotron trip: a first time user's guide[J]. Structure, 1999, 7(5): R111-R121.

[2] Raimondi P, Benabderrahmane C, Berkvens P, et al. The extremely brilliant source storage ring of the European Synchrotron Radiation Facility[J]. Commun., Phys., 2023, (6): 82.

[3] Lo B T W, Ye L, Tsang S C E. The contribution of synchrotron X-ray powder diffraction to modern zeolite applications: a mini-review and prospects[J]. Chem., 2018, (4): 1778-1808.

[4] Kasap S, Frey J B, Belev G, et al. Amorphous and polycrystalline photoconductors for direct conversion flat panel X-ray image sensors[J]. Sensors, 2011, (11): 5112-5157.

[5] Rosenfeld A, Silari M, Campbell M. The editorial[J]. Radiat. Meas., 2020, (139): 106483.

[6] Aulchenko V M, Evdokov O V, Kutovenko V D, et al. One-coordinate X-ray detector OD-3M[J]. Nucl. Instrum. Methods Phys. Res. Sect., 2009, (603): 76-79.

[7] Ermrich M, Hahn F, Wölfel E R. Use of imaging plates in X-ray analysis[J]. Textures Microstruct., 1997, (29): 89-101.

[8] Rocha J G, Goncalves L M, Lanceros-Méndez S. Flexible X-ray detector based on the

Seebeck effect[C]. Actuators and Microsystems Conference, 2009: 1967-1970.

[9] Allé P, Wenger E, Dahaoui S, et al. Comparison of CCD, CMOS and hybrid pixel X-ray detectors: detection principle and data quality[J]. Phys. Scr., 2016, (91): 063001.

[10] Drakopoulos M, Connolley T, Reinhard C, et al. I12: the joint engineering, environment and processing (JEEP) beamline at diamond light source[J]. J. Synchrotron Radiat., 2015, (22): 828-838.

[11] Förster A, Brandstetter S, Schulze-Briese C. Transforming X-ray detection with hybrid photon counting detectors[J]. Philos. Trans. A Math. Phys. Eng. Sci., 2019, (377): 20180241.

[12] Shin Y M, Figora M. Instrumental development of a quasi-relativistic ultrashort electron beam source for electron diffractions and spectroscopies[J]. Review of Scientific Instruments, 2017, 88(10): 103302.

[13] Nicklin C L, Taylor J S G, Jones N, et al. An ultrahigh-vacuum chamber for surface X-ray diffraction[J]. Synchrotron Radiation, 1998, 5(3): 890-892.

[14] Sabardeil T, Gregoire G, Reverchon J L, et al. MBE growth and properties of GaInAsSb alloys deep inside the miscibility gap[J]. Journal of Crystal Growth, 2025, 657: 128107.

[15] Döhrmann R, Botta S, Buffet A, et al. A new highly automated sputter equipment for *in situ* investigation of deposition processes with synchrotron radiation[J]. Rev. Sci. Instrum., 2013, (84): 043901.

[16] Desai T V, Hong S, Woll A R, et al. Hyperthermal organic thin film growth on surfaces terminated with self-assembled monolayers. I. The dynamics of trapping[J]. J. Chem. Phys., 2011, (134): 224702.

[17] Zhu D, Gao H, Zhang X, et al. Real-time observation of graphene layer growth: coupling of the interlayer spacing with thickness[J]. Carbon, 2015, (94): 775-780.

[18] Wu H, Zhang K, He C, et al. Recent advances in fabricating wurtzite AlN film on (0001)-plane sapphire substrate[J]. Crystals, 2022, (12): 38.

[19] Morales-Cifuentes J R, Einstein T L, Pimpinelli A. How 'hot precursors' modify island nucleation: a rate equation model[J]. Phys. Rev. Lett., 2014, (113): 1-5.

[20] Hlawacek G, Teichert C. Nucleation and growth of thin films of rod-like conjugated molecules[J]. J. Phys.: Condens. Matter, 2013, (25): 143202.

[21] Zhang X, Barrena E, Goswami D, et al. Evidence for a layer-dependent Ehrlich-Schwöbel barrier in organic thin film growth[J]. Phys. Rev. Lett., 2009, (103): 136101.

[22] Hlawacek G, Puschnig P, Frank P, et al. Characterization of step-edge barriers in organic thin-film growth[J]. Science, 2008, (321): 108-112.

[23] Nicola K, Sabine H L K. Particle-resolved dynamics during multilayer growth of C_{60}[J]. Phys. Rev. B, 2015, (91): 045436.

[24] Ju G, Fuchi S, Tabuchi M, et al. *In situ* X-ray measurements of MOVPE growth of $In_xGa_{1-x}N$ single quantum wells[J]. J. Cryst. Growth, 2013, (370): 36-41.

[25] Nezhad P D K, Bekheet M F, Bonmassar N, et al. Mechanistic *in situ* insights into the formation, structural and catalytic aspects of the La_2NiO_4 intermediate phase in the dry reforming of methane over Ni-based perovskite catalysts[J]. Appl. Catal. Gen., 2021, (612): 117984.

[26] Rochet A, Suzana A F, Passos A R, et al. *In situ* reactor to image catalysts at work in three-dimensions by Bragg coherent X-ray diffraction[J]. Catal. Today, 2019, (336): 169-173.

[27] Vermeulen A C. The sensitivity of focusing, parallel beam and mixed optics to alignment errors in XRD residual stress measurements[J]. Mater. Sci. Forum, 2005, (490): 131-136.

[28] Zhao P, Lu L, Liu X, et al. Error analysis and correction for quantitative phase analysis based on rietveld-internal standard method: whether the minor phases can be ignored[J]? Crystals, 2018, (8): 110.

[29] Lim S H, Dolmanan S B, Tong S W, et al. Temperature dependent lattice expansions of epitaxial GaN-on-Si heterostructures characterized by *in-* and *ex-situ* X-ray diffraction[J]. J. Alloy Compd., 2021, (868): 159181.

[30] Leszczynski M, Suski T, Teisseyre H, et al. Thermal expansion of gallium nitride[J]. J. Appl. Phys., 1994, (76): 4909-4911.

[31] Masamitu T. *In situ* synchrotron X-ray diffraction study on epitaxial-growth dynamics of III-V semiconductors[J]. Jpn. J. Appl. Phys., 2018, (57): 050101.

[32] Weschke E, Schüßler-Langeheine C, Meier R, et al. Dependence of the growth-oscillation period of X-ray reflectivity in heteroepitaxy: Ho/W(110)[J]. Phys. Rev. Lett., 1997, (79): 3954.

[33] Wollschläger J, Luo E Z, Henzler M. Diffraction characterization of rough films formed under stable and unstable growth conditions[J]. Phys. Rev. B, 1998, (57): 15541-15552.

[34] Bein B, Hsing H C, Callori S J, et al. *In situ* X-ray diffraction and the evolution of

polarization during the growth of ferroelectric superlattices[J]. Nat. Commun., 2015, (6): 10136.

[35] Kowarik S, Gerlach A, Skoda A, et al. Real-time studies of thin film growth: measurement and analysis of X-ray growth oscillations beyond the anti-Bragg point[J]. Eur. Phys. J. Spec. Top., 2009, (167): 11-18.

[36] Kowarik S, Gerlach A, Sellner S, et al. Real-time observation of structural and orientational transitions during growth of organic thin films[J]. Phys. Rev. Lett., 2006, (96): 125504.

[37] Mayer A, Ruiz R, Zhou H, et al. Growth dynamics of pentacene thin films: real-time synchrotron X-ray scattering study[J]. Phys. Rev. B, 2006, (73): 1-5.

[38] Krause B, Kaufholz M, Kotapati S, et al. Angle resolved X-ray reflectivity measurements during off-normal sputter deposition of VN[J]. Surf. Coat. Technol., 2015, (277): 52-57.

[39] Hanke M, Kaganer V M, Bierwagen O, et al. Delayed crystallization of ultrathin Ga_2O_3 layers on Si(111) observed by *in situ* X-ray diffraction[J]. Nanoscale Res. Lett., 2012, (7): 203.

[40] Gao C X, Schöenherr H P, Brandt O. Reflection high-energy electron diffraction scans for *in situ* monitoring the heteroepitaxial growth of Fe on GaN(0001) by molecular beam epitaxy[J]. Appl. Phys. Lett., 2010, (97): 031906.

[41] Ju G, Xu D, Thompson C, et al. *In situ* microbeam surface X-ray scattering reveals alternating step kinetics during crystal growth[J]. Nat. Commun., 2021, (12): 1721.

[42] Richter A G, Durbin M K, Yu C J, et al. *In situ* time-resolved X-ray reflectivity study of self-assembly from solution[J]. Langmuir, 1998, (14): 5980-5983.

[43] Kleppmann N, Klapp S H L. Particle-resolved dynamics during multilayer growth of C_{60}[J]. Phys. Rev. B, 2015, (91): 1-10.

[44] Ju G, Xu D, Highland M J, et al. Coherent X-ray spectroscopy reveals the persistence of island arrangements during layer-by-layer growth[J]. Nat. Phys., 2019, (15): 589-594.

第 4 章　Ⅲ 族氮化物晶格常数的 X 射线衍射分析

4.1 引　　言

在第 3 章中提到 X 射线衍射在 Ⅲ 族氮化物生长监测中的应用主要是通过原位 X 射线衍射实现 Ⅲ 族氮化物薄膜生长的实时监测，包括实时原位掠入射 X 射线散射测量。通过分析生长振荡和调节掠射入射角，不仅可以追踪埃尺度的晶体结构演变，还能解析微米尺度的面内与面外形貌，最后从生长模式、粗糙度、核密度和岛尺寸四个角度介绍了原位 X 射线衍射在薄膜结构监测中的应用。但如何准确评估 Ⅲ 族氮化物的生长情况是至关重要的。在此过程中，测量薄膜的晶格常数是一个关键步骤。深入了解其晶格常数对于优化材料的设计和性能提升至关重要。

晶格常数直接影响材料的电子结构、光学特性及热力学行为，因此，准确测量这一关键参数对于揭示材料的基本性质、优化器件性能尤为重要。X 射线衍射作为一种高效且成熟的材料表征技术，能够通过分析衍射图谱精确测定 Ⅲ 氮化物薄膜的晶格常数，并进一步揭示薄膜的微观结构特征及其生长机制。通过 X 射线衍射测量，研究人员可以提取出薄膜的晶格常数，获得关于残余应变、应力、掺杂水平、成分以及热膨胀系数等关键信息，这些参数之间往往相互关联，影响材料的综合性能。X 射线衍射对 Ⅲ 族氮化物等理想晶体材料的测量灵敏度极高，能够达到 10^{-7} 的精度，使其成为表征 Ⅲ 族氮化物薄膜晶格常数的首选技术[1]。

然而，在 Ⅲ 族氮化物薄膜中，由于残余应变和缺陷等的存在，晶格常数的测量结果会受到影响。此外，由于 Ⅲ 族氮化物薄膜的晶格常数受到变形潜势效应、掺杂剂尺寸效应、热膨胀效应等多种因素的综合作用，准确区分这些因素对晶格常数的影响尤为关键。因此，基于 X 射线衍射的晶格常数分析不仅为材料结构优化提供了理论支持，也为理解薄膜的生长机制提供了实验依据，对 Ⅲ 族氮化物薄膜的进一步应用研究具有重要的指导意义。

4.2　X 射线表征晶格常数原理

4.2.1　X 射线衍射原理

晶格常数作为晶体材料的关键参数，其数值会因化学组成及外部环境条件的变化而发生改变。材料的键合强度、密度、热膨胀行为、固溶体形式、溶解度范围、固态相变特性及宏观应力状态等，都与晶格常数的变化密切相关。所以，可通过晶格常数的变化揭示晶体物质的物理本质及变化规律。

实验中在对一种合金的物相检索时，可能会发现，很难精确地将衍射谱与 PDF 卡片标准谱对应起来，角度位置上总有一些差异。这主要是因为合金多以固溶体形式存在，在固溶体中掺杂了不同种类的原子。这些杂原子的原子半径与基体晶格原子的半径存在差异，从而引发晶格结构的局部畸变，使得基体晶格常数可能出现扩展或收缩的现象。此外，晶格常数还受到温度变化的影响。众所周知，物体在加热时膨胀，冷却时收缩，这一宏观热胀冷缩效应在微观层面也表现为晶格参数的增减。同样地，掺杂行为也可能引起晶格常数的细微变化。需要注意的是，这类变化的幅度通常较小，往往仅在 $10^{-2} \sim 10^{-3}$ nm 的数量级。如果测量设备存在较大误差或计算过程中误差积累严重，则极有可能掩盖这类细微变化。因此，为了获得准确的晶格常数，需采用高精度测量手段并尽量减小误差来源。

用衍射仪法测定晶格常数的依据是衍射线的位置，即 2θ 角，在衍射花样已经指标化的情况下，可通过布拉格方程 $2d_{hkl}\sin\theta = \lambda$ 和晶面间距公式计算晶格常数。表 4.1 列出了各晶系的晶面间距 d 与晶格常数的关系式。表 4.1 中 d_{hkl}（简写成 d）表示晶面簇 (hkl) 之间的距离，称为晶面间距，a、b、c、β 为晶格常数。

以立方晶系为例，晶格常数的计算公式为

$$a = \frac{\lambda}{2\sin\theta}\sqrt{h^2 + k^2 + l^2} \tag{4.1}$$

从原理上来看，在衍射花样中，通过任何一条或几条衍射线的衍射角都可以计算出一个晶格常数值。但是，通过每一条衍射线计算出来的晶格常数都会有微小的差别，这是由测量误差造成的。

表 4.1 各晶系的晶面间距计算公式

晶系	晶面间距计算公式
单斜	$1/d^2 = \left(\dfrac{h^2}{a^2} + \dfrac{l^2}{c^2} - \dfrac{2hl\cos\beta}{ac}\right) \Big/ \sin^2\beta + \dfrac{k^2}{b^2}$
正交	$1/d^2 = \dfrac{h^2}{a^2} + \dfrac{k^2}{b^2} + \dfrac{l^2}{c^2}$
六方和三方	$1/d^2 = \dfrac{4}{3} \times \dfrac{h^2 + hk + k^2}{a^2} + \dfrac{l^2}{c^2}$
四方	$1/d^2 = \dfrac{h^2 + k^2}{a^2} + \dfrac{l^2}{c^2}$
立方	$1/d^2 = \dfrac{h^2 + k^2 + l^2}{a^2}$

对布拉格公式两边微分，可得 [2]

$$\Delta d = -\cot(\Delta\theta) \times d \tag{4.2}$$

从式 (4.1) 可以看出，晶面间距 d 的测量误差与衍射角 (2θ) 的测量误差、衍射角正切，以及晶面间距 d 三者都成正比。对于立方晶系来说，晶格常数的测量误差与衍射角之间存在如下关系 [2]：

$$\frac{\Delta a}{a} = -\cot(\theta\Delta\theta) \tag{4.3}$$

这些晶格常数计算值之所以不相同，是因为测量过程中不可避免地存在系统误差。这些误差与仪器的硬件精度、衍射仪本身的结构几何，以及制样和样品本身的性质都有关系。

4.2.2 相对晶格常数与绝对晶格常数

相对测量包括从一次或多次扫描或 RSM 中找出层峰与衬底峰之间的分离，从而得出相对"松弛"和/或"错配"。然而，对于Ⅲ族氮化物材料，这种方法存在一定的局限性，因为衬底和层峰之间的距离较大，且衬底通常存在应变 (可通过晶片曲率检测)。此外，Ⅲ族氮化物未应变的晶格常数也往往不够准确。因此，在这些情况下，绝对晶格常数测量方法更为合理 [3]。

对于层状异质结构，成分的测定精度高度依赖于衬底晶格常数的已知性。通过测量层峰和衬底峰之间的角度差，可以推导出样品的晶格常数。峰值定位的精度极高,通过将实验轮廓与理论轮廓相匹配,晶格常数的灵敏度可以达到 10^{-5}[3]。这意味着衬底晶格常数的测量也需要达到类似的精度水平。此外,泊松比的测定精度需达到约 2×10^{-5},以确保在失配率为 0.2% 的情况下,误差不超过 1%。还应考虑如费伽德 (Vegard) 定律等模型中成分变化对晶格常数影响的不确定性,尽管该模型通常适用于大多数系统。衬底晶格常数可能受到多个因素的影响,特别是在层与衬底的界面区域,例如,衬底可能并不是晶格常数已知的理想材料,或存在严重掺杂和缺陷的情况。此外,外延层施加的应变也可能改变衬底的晶格常数,衬底的应变状态还可能随表面或界面的深度而发生变化。在某些情况下,当衍射层较厚,导致衬底的衍射信号无法检测时,唯一可行的方式是使用绝对晶格常数测量方法。此外,当衬底的成分非常重要且缺少内部参考时,绝对晶格常数测量也是必不可少的。

绝对晶格常数测量最早由 Bond 提出[4],但这一方法仅适用于几乎完美的晶体,因为它比较的是不同样品体积的测量结果。Fewster 和 Andrew[5] 通过使用多晶衍射仪[6] 克服了这一限制,只需一次测量即可获得相同或更高的精度。多晶衍射仪的优势在于它不仅能够分析不均匀和缺陷较多的晶体,还可以将 RSM 置于绝对尺度上,从而为新材料的分析提供更多可能性。

Bond 提出的绝对晶格常数法示意图如图 4.1 所示。入射的 X 射线光束经过良好准直后从一组晶面衍射,到达位置 1 的探测器。注意晶体旋转的角度 ω_1,然后旋转晶体,使 X 射线从相同的晶体平面衍射,但方向相反,射向位置 2 的探测器。记下晶体旋转角度 ω_2,散射角由下式得出[3]:

$$2\theta = \pi(\omega_1 - \omega_2) \tag{4.4}$$

由此可以通过布拉格定律计算出经过折射修正后的晶格常数。在使用良好的单色仪时,对于非常窄的剖面,洛伦兹力和偏振对精度的影响很小[7]。这种方法的主要优点是消除了零误差,而且,如果样品是平整和均匀的,样品中心定位也不会带来误差。Fewster 和 Andrew 提出的另一种确定绝对晶格常数的方法则依赖于不同的原理,其简要说明见图 4.2。直接光束的角度位置是在没有样品的情况下精确测量的,散射光束的方向也是测量的。由于这种仪器的角度分辨率非常高,而且测量与光束的角度方向 (而非空间位置) 完全相关,因此这种方法本身就

4.2　X 射线表征晶格常数原理

非常精确。这种方法通过一次测量就能直接测量出散射角,因此不需要均匀性要求。另一个重要优势是,由于测量是在三轴模式下进行的,因此本征衍射宽度较窄,主要由探测体积内的应变变化决定。但在 Bond 法中,宽度会因样品曲率和镶嵌性而变宽。Bond 法依赖于每个测量位置的测量体积完全相同这一假设,这在理论上是不可能的,因此该方法存在不确定性。这两种方法都依赖于通过假定波长将散射角与晶格参数联系起来。不过,如果带通不是太窄(就像这些实验中使用的单色仪),则单色仪的设置和微小误差的可变性对于 10^{-6} 的精度来说并不严重[5]。为了比较测量得到的晶格常数,只需提供所使用的波长信息即可。这些研究中使用的 Cu K$_{\alpha1}$ 的 λ 值为 0.15405929246 nm[8],尽管误差计算是基于更保守的 10^{-6}。同样重要的是,样品必须保持恒温,因为在这些精度水平上,温度变化大于 0.5℃ 时将使晶格常数变化约 10^{-6}。所有测量值都已校正到 25℃。

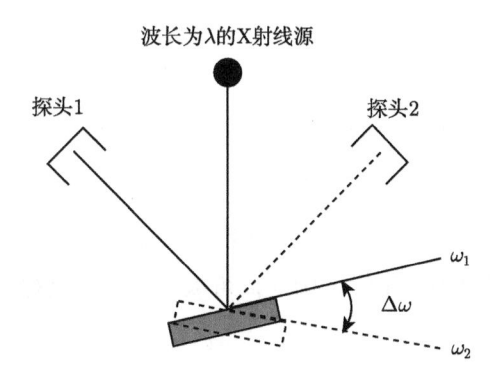

图 4.1　几何法确定绝对晶格常数 [3]
从同一组平面但具有相反的光束路径进行两次测量

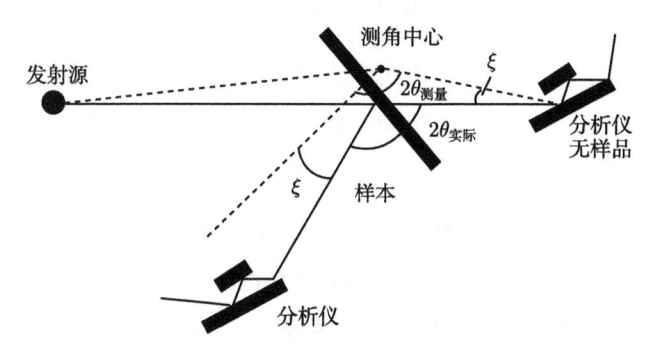

图 4.2　Fewster-Andrew 绝对晶格常数测定法的几何原理 [3]

绝对晶格常数测量通常需要多次测量，并对 2θ 位置进行精确校准，适用于Ⅲ族氮化物"衬底"的晶格常数测量。相对错配测量则更多地用于较薄的Ⅲ族氮化物层的测定。在同一实验中结合这两种方法，可以为材料特性分析提供更加全面和精准的结果。

4.3　Ⅲ族氮化物薄膜晶格常数测量方法

在研究Ⅲ族氮化物薄膜的晶格常数时，采用合适的测量方法至关重要。根据测量精度和实验需求，这些方法通常分为晶格常数粗略测量方法和晶格常数精确测量方法。

4.3.1　晶格常数粗略测量方法

1. 外推法测量晶格常数

1) 外推法原理

在衍射测量的过程中，一般存在一些常见的误差，如仪器固有误差、准直误差、衍射几何误差、测量误差、物理误差、交互作用误差、外推残余误差以及波长值误差。而对于衍射几何误差，都有这样的特点，即当 2θ 值趋近 $180°$ 时，它们造成的点阵参数误差趋近于零。因此，可以利用这一规律来进行数据处理以消除其影响。

以立方晶系为例，综合上述误差对点阵参数的影响，有 [9]

$$\frac{\Delta a}{a} \approx -\cot\theta \times \Delta\theta + \frac{s}{R} \times \frac{\cos^2\theta}{\sin\theta} + \frac{\cos^2\theta}{2\mu R} + \frac{1}{24}\alpha^2\cot^2\theta + \frac{\Delta^2}{72}\cot^2\theta \quad (4.5)$$

式中，当 2θ 趋向 $180°$ 时，右边各项均趋近于零，并且近似正比于 $\cos^2\theta$。因此可以测量试样中 2θ 大于 $90°$ 的各衍射线的 2θ 值，分别求出其 a 值，然后以 $\cos\theta$ 为横坐标，以 a 为纵坐标，取点作图。外推至 $\cos^2\theta = 0$（即 $2\theta = 180°$），得到对应的 a_0 值，此值即基本上消除了上述误差。外推方法有作图法和数值分析法，一般以数值分析法求得 $a\text{-}\cos^2\theta$ 直线的斜率与截距 a_0，然后作图观测各实验点的分散程度。将 a 值及对应 $\cos^2\theta$ 值画在图上，求出回归直线 $y = a_0 + b_0 x$。

回归直线的斜率为

$$b_0 = \frac{n\sum_{i=1}^{n} x_i y_i - \left(\sum_{i=1}^{n} x_i\right)\left(\sum_{i=1}^{n} y_i\right)}{n\sum_{i=1}^{n} x_i^2 - \left(\sum_{i=1}^{n} x_i\right)^2} \tag{4.6}$$

回归直线的截距 (即 a_0) 为

$$a_0 = \frac{\sum y_i - b_0 \sum x_i}{n} \tag{4.7}$$

2) 外推函数的选择

由于式 (4.5) 中各项的 θ 函数并不完全相同, 因而用一种函数外推实际上并不能绝对消除系统误差, 即仍然存在外推残余误差。正确地选择外推函数则能减小外推残余误差。通常, 对属于立方晶系的试样一般以 $\cos\theta$ 外推, 也有用 $\cos^2\theta/\sin\theta$ 外推的。从理论上分析应考虑式 (4.5) 中哪项为主。式 (4.5) 中的五项, 第一、二项主要取决于 2θ 的 $0°$ 误差及离轴误差, 这两项可正可负, 若能精确调整, 则原则上应考虑后三项。

3) 外推依据

1956 年, 国际晶体学会为了验证测定点阵参数方法的精确度, 曾向 9 个国家的 16 个实验室发放了统一的试样 (硅、钨和金刚石的粉末), 组织统一测试。Parrish 于 1960 年发表了综合结果 (其中绝大多数是照相方法)。结果说明, 尽管各实验室申报的数据 "较好" (其中有些精确度达 4×10^{-6}), 但相互符合程度却较差, 仅达约 10^{-4}。其统计平均标准误差也只达约 3×10^{-5}。

对于其他晶系, 通常不便使用外推法。但对于中级晶系 (四方、六方和按六方取晶胞的三方) 晶体, 在 $\theta \geqslant 60°$ 的区域如能有多个 ($h00$) 和 ($0k0$) 型射指标的衍射峰, 则也能用外推法求得其准确的 a, 外推函数常用 ($\cos^2\theta/\sin\theta + \cos^2\theta/\theta$)。然后根据一条 $00l$ 指标的衍射峰 (一般 θ 在 $30°\sim60°$ 区域只有一条 ($00l$) 衍射线出现) 计算 c_0 的初值, 得到 c_0/a; 之后, 以 $K\times c_0/a$ 为斜率 (K 为 a 的外推直线的斜率) 经 c_0 的初值作直线外推而求得较准确的 c_0。

Xiong 等 [10] 通过 MOCVD 在 Si(111) 衬底上生长具有 LT-AlN 缓冲层的 GaN 外延层。通过使用 X 射线衍射对生长的样品进行了表征，表征结果如图 4.3 所示。通过 X 射线衍射，在 $2\theta = 34.86°$ 处发现 GaN(0002) 峰，在 $2\theta = 73.1°$ 处发现 GaN(0004) 峰，以及在 $2\theta = 56.8°$ 处还发现一个 GaN(10$\bar{1}$2) 的微弱峰。根据布拉格公式计算，对于 GaN(0002) 峰，$d_1 \approx 0.257$ nm；对于 GaN(0004) 峰，$d_2 \approx 0.129$ nm；对于 GaN(10$\bar{1}$2) 峰，$d_3 \approx 0.162$ nm。将求得的晶面间距代入表 4.1 的晶面间距公式中，得到：$a = 3.189$ Å，$c = 5.186$ Å。

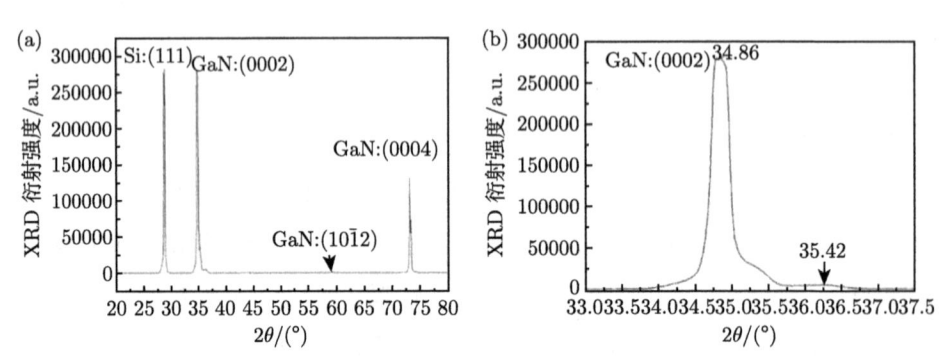

图 4.3 GaN 的 X 射线衍射图 [10]

(a) 整个样品的 X 射线衍射图；(b) GaN(0002) 的 X 射线衍射图

2. 最小二乘法测量晶格常数

柯亨在 X 射线衍射研究中引入了最小二乘法，提出了一种无需预先计算 a_i，可直接利用观测的 θ_i 计算晶格常数。其方法如下，首先将布拉格方程写成平方形式：

$$\sin^2 \theta = \frac{\lambda^2}{4d^2}$$

取对数，得

$$\ln \sin^2 \theta = \ln\left(\frac{\lambda^2}{4}\right) - 2\ln d$$

微分，得

$$\Delta \sin^2 \theta = 2\sin^2 \theta \times \frac{\Delta d}{d} \tag{4.8}$$

假如取 $\cos^2 \theta$ 作为外推函数，则可认为 $\Delta d/d$ 与 $\cos^2 \theta$ 呈线性关系，即 $\Delta d/d = K \cos^2 \theta$ (K 为常数)，从而式 (4.8) 可以写成

4.3 Ⅲ族氮化物薄膜晶格常数测量方法

$$\Delta \sin^2 \theta = 2K \sin^2 \theta \cos^2 \theta = C \sin^2 2\theta \tag{4.9}$$

式中，C 为常数。

对立方晶系，一条衍射线的真实 $\sin^2 \theta$ 值 (即待求量) 应为

$$\sin^2 \theta_0 = \left(\frac{\lambda^2}{4}\right)(h^2 + k^2 + l^2) \tag{4.10}$$

而 [2]

$$\Delta \sin^2 \theta = \sin^2 \theta - \sin^2 \theta_0 \tag{4.11}$$

将式 (4.9) 及式 (4.10) 代入式 (4.11)，得 [2]

$$\sin^2 \theta - \frac{\lambda^2}{4a_0^2}(h^2 + k^2 + l^2) = C \sin^2 2\theta \tag{4.12}$$

此式又可以写成

$$\sin^2 \theta = A\alpha + D\delta \tag{4.13}$$

其中，$A = \dfrac{\lambda^2}{4a_0^2}$，$\alpha = (h^2 + k^2 + l^2)$，$\delta = 10\sin^2 2\theta$，$D = C/10$。这里 D 称为位移常数，对某张衍射照片，它是定值。在 D 和 δ 中引入因子 10，是为了使方程中各项系数的大小有大致相同的数量级。

对某一条衍射线，由式 (4.13) 有

$$A\alpha_i + D\delta_i - \sin^2 \theta_i = 0 \tag{4.14}$$

各衍射对应一个式 (4.13)，取各方程左边的平方和得

$$f(A, D) = \sum A\alpha_i + D\delta_i - \sin^2 \theta_i = 0 \tag{4.15}$$

求系数 A 和 D 的最佳值，相当于求函数 $f(A, D)$ 的极小值，为此，令其一阶偏导数为零，即 [9]

$$\frac{\partial f(A, D)}{\partial D} = 2\alpha_i \cdot \sum (A\alpha_i + D\delta_i - \sin^2 \theta_i) = 0 \tag{4.16}$$

$$\frac{\partial f(A, D)}{\partial D} = 2\delta_i \cdot \sum (A\alpha_i + D\delta_i - \sin^2 \theta_i) = 0 \tag{4.17}$$

由式 (4.16) 和式 (4.17) 可得 [9]

$$A\Sigma + D\Sigma_{\alpha_i \delta_i} = \Sigma_{\alpha_i} \sin^2 \theta_i \tag{4.18}$$

$$A\Sigma_{\alpha_i \delta_i} + D\Sigma = \Sigma_{\delta_i} \sin^2 \theta_i \tag{4.19}$$

此两式称为正则方程式，解这两个方程式可得 [9]

$$A = \frac{\sum \delta_i^2 \sum \alpha_i \sin^2 \theta_i - \sum \alpha_i \delta_i \sum \delta_i \sin^2 \theta_i}{\sum \alpha_2^i \sum \delta_2^i - \left(\sum \alpha_i \delta_i\right)^2} \tag{4.20}$$

从而由 $A = \frac{\lambda^2}{4a_0^2}$ 求得 a_0。

最小二乘法还可应用于非立方晶系。例如，对于正方晶系，式 (4.12) 变成 [9]

$$\sin^2 \theta - \frac{\lambda^2}{4a_0^2} \left(h^2 + k^2\right) - \frac{\lambda^2}{4c_0^2} l^2 = C \sin^2 2\theta \tag{4.21}$$

Xiong 等 [11] 收集了 42 个独立反射的强度，并对对称等效反射 (例如 (103) 和 (013) 反射) 进行了平均。使用以峰值最大值为中心、宽度为 1.2° 的 θ 扫描获得综合强度。鉴于该薄膜的应变和面内畸变较小，其对多重散射和消光效应的影响较弱，故在细化过程中未将这两项因素纳入考虑。根据取向矩阵中的八个反射，通过最小二乘法程序确定晶格常数为 $a = 3.192$ Å 和 $c = 5.192$ Å。

经最小二乘法处理后得出一个由三个方程式组成的正则方程组，从而解出 a_0 和 c_0。当然在工作精确度要求不高时，可用高衍射角处的峰直接计算点阵参数，或用已知点阵参数的标准物来标定未知物的点阵参数，从而省去误差修正工作。

4.3.2 晶格常数精确测量方法

前文介绍了外推法和最小二乘法晶格常数粗略测量方法，这些方法在实际应用中能够较为迅速地获得晶格常数的初步结果。然而，这些方法的精度受限于其测量过程中的简化假设和计算近似，因此存在一定的误差。为了克服这一问题，接下来将探讨更为精确的晶格常数测量方法，如 2θ-ω 扫描和倒易空间图谱分析，这些方法能够通过更高精度的测量和分析，提供更加准确的晶格常数数据，从而显著减少误差并提高结果的准确性。

4.3 III 族氮化物薄膜晶格常数测量方法

1. 2θ-ω 扫描测量晶格常数

2θ-ω 扫描是一种标准的 X 射线衍射测量技术，通过同时改变 ω 和 2θ，获取样品的衍射信息。这种方法的基本原理是布拉格定律。在 2θ-ω 扫描中，研究者通过改变入射角 ω 和探测器的 2θ 角，获得样品在不同条件下的衍射信号。通过分析衍射峰的位置和强度，研究者可以推导出晶面间距和晶格常数。

Liu 等 [12] 用等离子体增强原子层沉积法 (PEALD) 在 Si(100) 衬底上沉积了 AlN 薄膜。研究了 AlN 沉积的最佳 PEALD 参数。X 射线衍射图谱表明，AlN 薄膜是具有纤锌矿结构的多晶薄膜，随着厚度的增加，有形成 (0002) 择优取向的趋势。图 4.4(a) 显示了 300 ℃ 下沉积的不同厚度 AlN 薄膜的衍射图样。从 X 射线衍射分析中可以看出，AlN 层为多晶体。对于 AlN 薄膜，2θ 值为 33.2°、35.8°、37.7°、51.7°、59.3°、65.0° 和 71.0° 的不同衍射峰分别归属于六方 AlN 的 (10$\bar{1}$0)、(0002)、(10$\bar{1}$1)、(10$\bar{1}$2)、(11$\bar{2}$0)、(10$\bar{1}$3) 和 (11$\bar{2}$2) 面。随着厚度的增加，AlN 薄膜显示出更高的结晶度。对于 20 nm 厚的 AlN，只有 (10$\bar{1}$2) 峰明显。当厚度增加到 52 nm 时，X 射线衍射图样中出现了 (10$\bar{1}$0)、(0002)、(10$\bar{1}$1)、(10$\bar{1}$2) 和 (11$\bar{2}$0) 面的峰。当厚度增加到 87 nm 时，(0002) 优先取向出现，这表明随着厚度的增加，AlN 薄膜促进了 (002) 面的结晶。通过 X 射线衍射测量薄膜样品的衍射峰位置，可利用式 (4.22) 计算衍射角对应的晶面间距 d，再结合式 (4.23) 推算出 AlN 的晶格常数 a 和 c [13,14]：

$$d_{hkl} = \frac{\lambda}{2\sin\theta_{hkl}} \tag{4.22}$$

$$d_{hkl} = \frac{1}{\sqrt{\frac{3}{4}\left(\frac{h^2+hk+k^2}{a}\right)^2 + \left(\frac{1}{c}\right)^2}} \tag{4.23}$$

其中，d_{hkl} 和 θ_{hkl} 分别是 (hkl) 面的晶格间距和测得的布拉格角；λ 是 0.15406 nm 的 X 射线波长。通过计算，得到 AlN 的晶格常数 $c = 0.502$ nm，$a = 0.311$ nm。

本团队 [15] 通过 PLD 技术，在 ScAlMgO$_4$ (SCAM)(0001) 衬底上成功外延生长了高质量的 GaN 薄膜，深入研究了激光重复频率对 GaN 外延薄膜质量的影响。研究发现，当激光重复频率从 10 Hz 增加到 40 Hz 时，厚度为 300 nm 的

GaN 外延薄膜的质量呈现先增加后下降的趋势，并在 30 Hz 时达到最佳质量。图 4.4(b) 和 (c) 分别为以 30 Hz 激光重复频率生长的 GaN(0002) 和 GaN(10$\bar{1}$2) 的典型 2θ-ω 扫描图。通过分析 GaN 外延薄膜的 (0002) 和 (10$\bar{1}$2) 衍射峰的位置，依据式 (4.22) 和式 (4.23) 即可求出 GaN 的晶格常数 c 和 a。表 4.2 列出了在不同激光重复频率下生长的 GaN 的计算晶格常数 a 和 c。

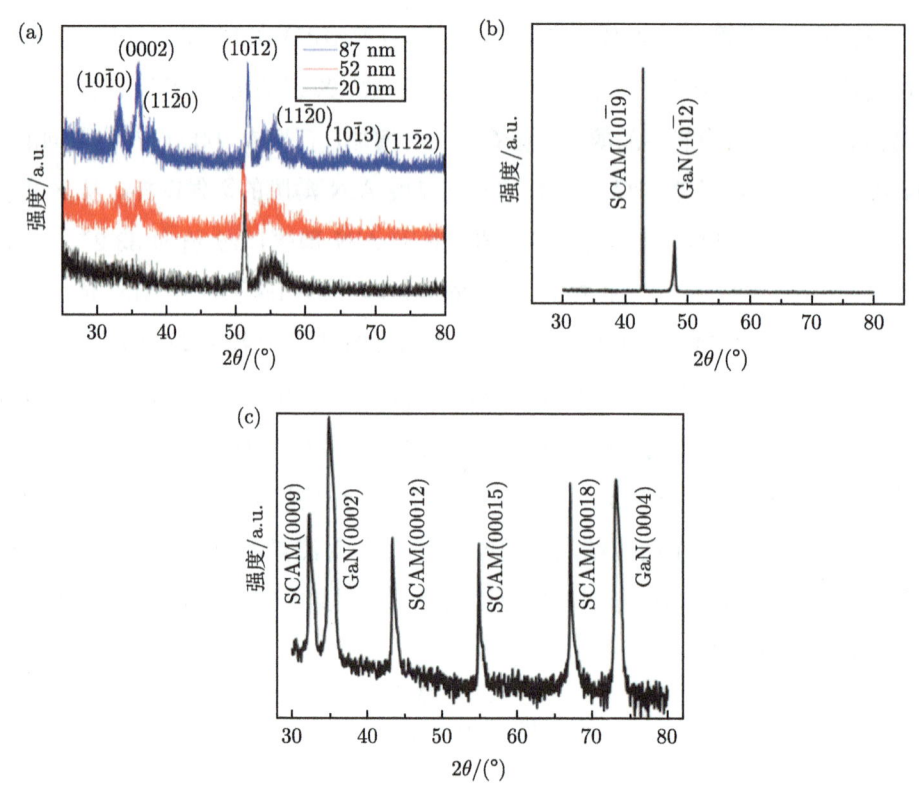

图 4.4 (a) 300℃ 下 Si(100) 上不同厚 AlN 薄膜的 X 射线衍射图谱[12]；以 30 Hz 的激光重复频率在 SCAM 衬底上生长的厚度为 300 nm 的 GaN 薄膜的典型 (b) GaN (10$\bar{1}$2) 和 (c) GaN(0002) 2θ-ω 扫描[15]

表 4.2 不同激光频率下在 SCAM 衬底上生长的 GaN 薄膜的 2θ-ω 扫描计算的晶格常数[15]

激光频率/Hz	c/nm	a/nm
10	0.5176	0.3198
20	0.5180	0.3193
30	0.5182	0.3191
40	0.5179	0.3195

4.3 III 族氮化物薄膜晶格常数测量方法

此外，本团队[16] 报道了使用 PLD 和优化的激光光栅技术在具有 AlN 缓冲层的 Cu(111) 衬底上生长高质量的 GaN 薄膜，如图 4.5(a) 所示。采用高分辨 X 射线衍射研究了在 Cu(111) 衬底上生长的 GaN 薄膜的结构性能，如图 4.5(b) 所示。在 $2\theta = 34.6°$ 和 $2\theta = 36.1°$ 处观察到的峰分别是 GaN(0002) 和 AlN(0002)，而在 $2\theta = 43.7°$ 处发现的峰归因于 Cu(111)。通过分析 GaN 薄膜的 (0002) 和 AlN(0002) 衍射峰的位置，依据布拉格公式，求出对应的晶面间距。然后可以根据式 (4.22) 和式 (4.23) 计算出 GaN 和 AlN 的晶格常数。通过计算，得到 GaN 的晶格常数 $a = 0.311$ nm，$c = 0.5181$ nm，AlN 的晶格常数 $a = 0.311$ nm，$c = 0.4972$ nm。

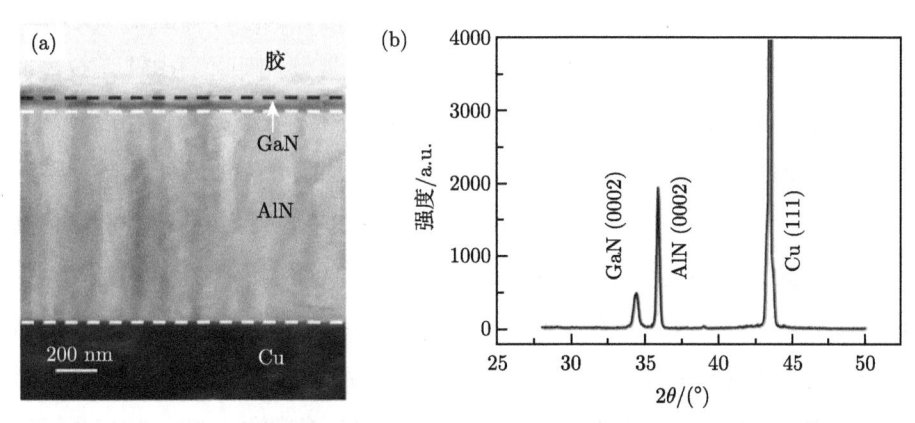

图 4.5 (a) 在 750 ℃ 下以低放大率在 Cu(111) 衬底上生长的 GaN 膜的明亮横截面 TEM 图像；(b) GaN(0002) 的典型 XRD 2θ-ω 扫描[16]

这种方法的优点在于能够快速获取样品的晶体结构信息，并且适用于多晶和单晶材料。2θ-ω 扫描在 III 族氮化物的研究中应用广泛，尤其适用于分析多晶薄膜和异质结构的晶格常数，能够帮助研究者深入理解材料的结构特性和生长机制。

2. 倒易空间图谱测量晶格常数

在 2.3.5 节中提到，RSM 通过高分辨率 X 射线衍射技术，在 2θ 和 ω 方向的二维扫描中能够获取样品的衍射图谱，基于晶体在倒易空间中的特性，实现对晶格常数的精确测量。在倒易空间中，每个衍射峰的位置由倒易矢量 q 表示，其横向分量 (q_x) 反映晶体在平行方向上的周期性排列，纵向分量 (q_z) 则描述法线方向上的周期性排列。通过构建倒易空间中的二维映射，可以全面解析晶体的晶格特性。

RSM 测量晶格常数的核心原理是利用布拉格定律和倒易矢量关系 $q = 2\pi/d$，将倒易空间中的衍射峰坐标 (q_x, q_z) 与晶体的实际晶格常数建立联系。在二维衍射图谱中，特定晶面的衍射峰位置对应于该晶面的间距 (d)，从而可以通过计算得到晶体的晶格常数。平行和法线方向上的晶格常数分别通过 q_x 和 q_z 的分量来确定，这种方法特别适合同时测量多个晶轴方向的晶格常数。

对于理想晶体，衍射峰的位置仅由晶格常数决定，因此在 RSM (倒易空间映射) 中，其峰位应与理论值一致。当样品存在应变或结构畸变时，衍射峰将发生偏移或展宽，从而反映出应变对晶体结构的影响。通过详细分析峰位的变化趋势，可以排除应变对测量结果的干扰，得到真实的晶格常数。因此，RSM 不仅能够直接提取晶体的基本晶格常数，还可以对晶格常数的微小变化进行高精度测量。这种基于倒易空间的映射方法，为晶体结构和微观特性研究提供了可靠的技术手段。

Lim 等 [17] 利用原位 X 射线衍射 (样品温度逐步升高至 900 ℃) 和原位高分辨率 X 射线衍射，研究了通过 MOCVD 技术生长的 Si 基 GaN 异质结构，结构示意图如图 4.6(a) 所示。研究中通过 RSM 测量 GaN 外延层和 Si 衬底的晶格常数演变。如图 4.6(b) 和 (c) 所示，测量了加热前后样品 A 氮化物层 (11$\bar{2}$4) 原子平面周围的 RSM。根据 RSM 测量，各外延层的晶格常数 a 和 c 的信息可以通过以下公式计算 [18,19]：

$$a = \frac{2\pi}{Q_x}\sqrt{\frac{4(h^2 + hk + k^2)}{3}} \tag{4.24}$$

$$c = \frac{2\pi l}{Q_z} \tag{4.25}$$

其中，hkl 是 (11$\bar{2}$4) 反射的米勒指数 (在本例中，$h = 1$, $k = 1$, $l = 5$)。计算结果详见表 4.3。

Hisyam 等 [20] 介绍了利用 MOCVD 技术在 Si(111) 衬底上生长出的致密光滑的 AlN 薄膜，详细讨论了脉冲周期数对 AlN 薄膜表面形貌和结晶质量的影响。对 AlN (10$\bar{1}$5) 进行了 RSM 测量，以进一步了解在不同脉冲金属有机化学气相沉积 (PMOCVD) 循环次数下沉积的 AlN 外延层的晶体学性质，如图 4.6(d) 和 (e)

4.3 Ⅲ族氮化物薄膜晶格常数测量方法

所示。根据式 (4.24) 和式 (4.25)，可得出 AlN($10\bar{1}5$) 外延层的晶格常数 a 和 c。表 4.4 列出了 AlN ($10\bar{1}5$) 的 RSM 测量的计算值。

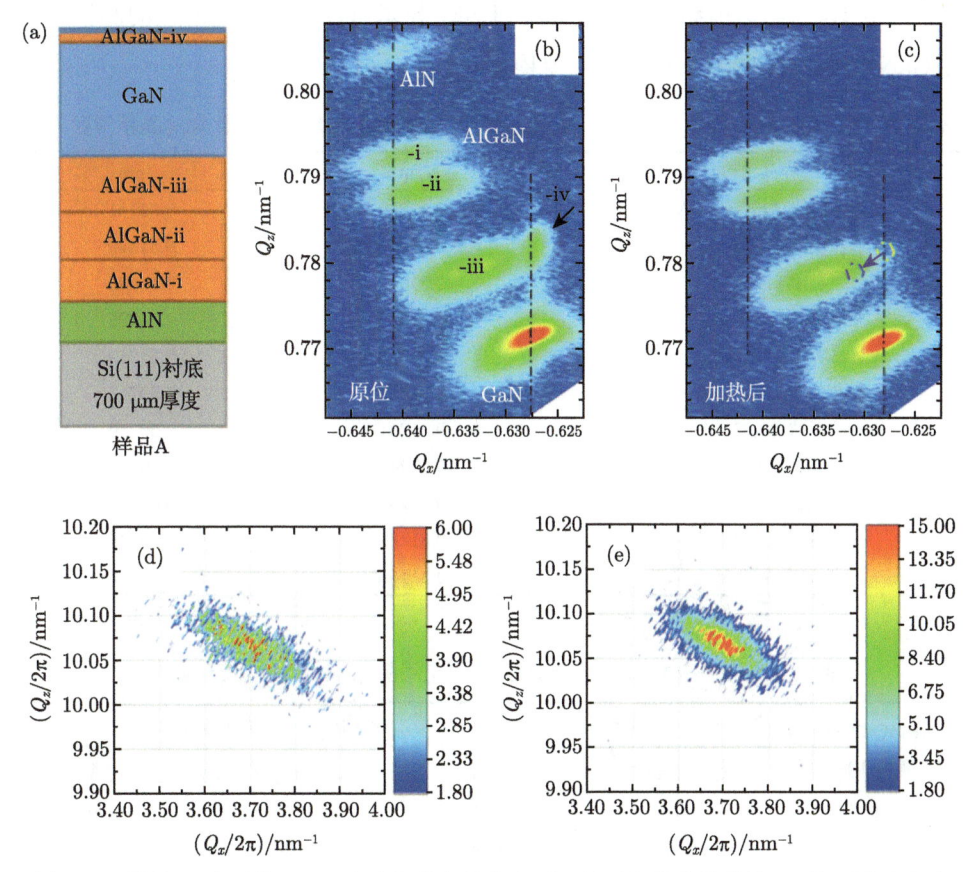

图 4.6　样品 A 在原位 XRD 室中加热之前和之后，针对氮化物堆叠的 ($11\bar{2}4$) 原子平面 RSM 图

(a) 样品 A 结构示意图；(b) 样品 A 加热前 RSM 图；(c) 样品 A 加热后 SEM 图[17]；以及对于在 Si 衬底上生长的 AlN 外延层，具有 (d) 0 和 (e) 35 PMOCVD 循环数的 AlN ($10\bar{1}5$) 的 RSM 图[20]

本团队[21]通过 PLD 技术，优化激光光栅和生长条件，在 α-Al$_2$O$_3$ 衬底上成功外延生长了均匀的 2 英寸 (in, 1 in = 2.54 cm) GaN 薄膜。生长的 GaN 薄膜表现出优异的厚度均匀性，RSM 不均匀性小于 3.4%，并且表面非常光滑，通过 AFM 测量得到的 RMS 粗糙度小于 1.3 nm。通过 RSM 技术，测量了 GaN(0002) 和 ($10\bar{1}5$) 平面的 RSM 并计算了 GaN 的晶格常数，如图 4.7(a) 和 (b) 所示。结

果表明，GaN 薄膜的晶格常数为：$a = 0.31877$ nm，$c = 0.51862$ nm。与完全松弛的 GaN 晶格常数相比，GaN 薄膜沿 a 轴的压缩率约为 0.044%，沿 c 轴的拉伸率约为 0.013%。这些结果表明，通过 RSM 技术可以精确测量薄膜的晶格常数，为 GaN 薄膜的高质量生长提供重要依据。

表 4.3 Si 上 GaN 异质结构样品 A 在原位 XRD 室中加热前后氮化物的晶格常数 [17]

样品结构	a/nm	c/nm
加热前的 Al_xGa_{1-x}N-iv	0.31869	0.51181
加热前的 GaN	0.31867	0.51849
加热后的 GaN	0.31840	0.51884
加热前的 Al_xGa_{1-x}N-iii	0.31572	0.51325
加热后的 Al_xGa_{1-x}N-iii	0.31546	0.51349
加热前的 Al_xGa_{1-x}N-ii	0.31338	0.50710
加热后的 Al_xGa_{1-x}N-ii	0.31291	0.50710
加热前的 Al_xGa_{1-x}N-i	0.31249	0.50451
加热后的 Al_xGa_{1-x}N-i	0.31203	0.50502
加热前的 AlN	0.31180	0.49738
加热后的 AlN	0.31155	0.4938

表 4.4 AlN ($10\bar{1}5$) 的 XRD 倒易空间图像 (RSM) 的计算 [20]

PMOCVD 循环次数	面内晶格常数 $(q_x/2\pi)$/nm^{-1}	a/Å	面外晶格常数 $(q_x/2\pi)$/nm^{-1}	c/Å
0	3.67	3.15	10.08	4.96
30	3.70	3.12	10.07	4.97
70	3.70	3.12	10.07	4.97
140	3.69	3.13	10.06	4.97

此外，本团队 [22] 利用 PLD 技术在 Cu(111) 衬底上成功外延生长了高质量 AlN 薄膜，并系统研究了 AlN/Cu 异质界面性质。在 600℃ 下，AlN/Cu 界面形成了 2.1 nm 厚的 Cu_xAl_{1-x}N 层，而在 450℃ 低温下，通过控制界面反应，实现了无界面层的尖锐 AlN/Cu 界面。450℃ 下生长的 300 nm 厚 AlN 薄膜表面光滑，RMS 粗糙度为 1.2 nm。为了进一步研究薄膜的晶格特性，采用 RSM 技术测量了 AlN 薄膜的晶格常数，如图 4.8(a) 和 (b) 所示。结果显示，薄膜的晶格常数分别为 $a = 0.3106$ nm 和 $c = 0.4984$ nm。与完全松弛的 AlN 晶格常数 ($a =$

4.3 Ⅲ族氮化物薄膜晶格常数测量方法

0.3110 nm，$c = 0.4982$ nm) 相比，这些结果表明 RSM 技术能够精确测量薄膜的晶格常数，为 AlN 薄膜的高质量生长提供了重要依据。

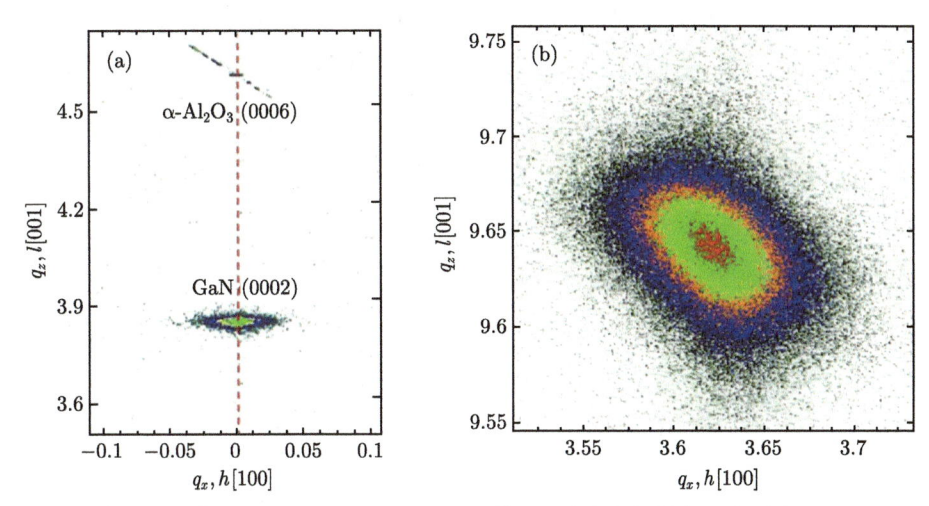

图 4.7 在 1×10^{-2} Torr (1 Torr $= 1.33322\times10^2$ Pa) 的生长氮等离子体压力下 310 nm 厚 GaN 膜的 (a) (0002) 和 (b) (10$\bar{1}$5) 平面的 RSM[21]

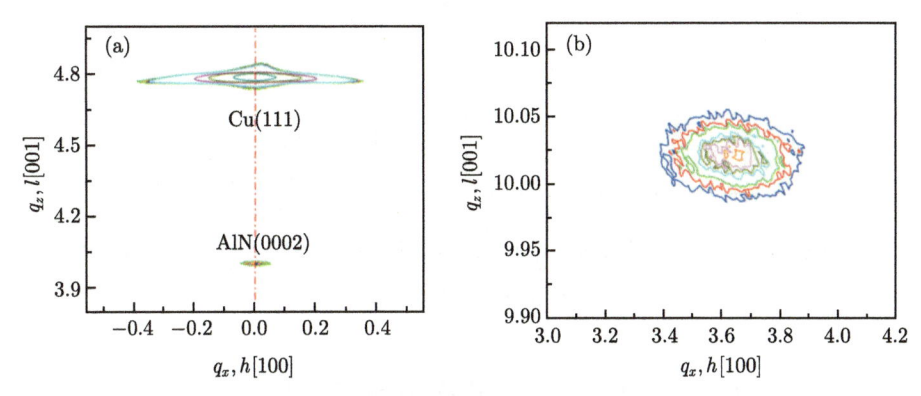

图 4.8 在 450℃ 的生长温度下，在 Cu(111) 衬底上生长的 300 nm 厚的 AlN 外延膜的 (a) AlN(0002) 和 (b) AlN(10$\bar{1}$5) 的 RSM[22]

基于上文 α-Al$_2$O$_3$ 衬底上 GaN 薄膜和 Cu 衬底上的 AlN 薄膜高质量的制备，本团队[23] 在相对较低的生长温度下，首次在 La$_{0.3}$Sr$_{1.7}$AlTaO$_6$(LSAT) (111) 衬底上生长出可用于芯片的 GaN LED 外延片，如图 4.9(a) 所示。为了更加清楚地了解各层晶格常数变化，对 GaN 外延层的不对称 (10$\bar{1}$5) 衍射引入了 RSM 测量，如图 4.9(b) 所示。各种多量子阱 (MQW) 峰的轻微倾斜排列清晰可见，直至二阶 InGaN 峰，这表明 InGaN/GaN 多量子阱部分松弛到了 GaN 模板上，这是初期松弛的结果。根据 RSM 测量，通过式 (4.24) 和式 (4.25) 即可以测量各外延层的晶格常数 a 和 c。通过计算，多量子阱中 GaN 和 InGaN 的晶格常数为：a_{GaN} = 0.31918 nm，c_{GaN} = 0.51860 nm，a_{InGaN} = 0.31930 nm，c_{InGaN} = 0.52854 nm。GaN 的晶格常数与完全松弛 GaN 的值非常接近，表明生长的 LED 外延片中的 n-GaN 层和 p-GaN 层均已完全松弛。这种完全松弛的 n-GaN 有利于多量子阱的生长，而完全松弛的 p-GaN 则有效避免了厚层因掺杂 Mg 而开裂。这表明，外延片中的 GaN 层在晶格匹配和生长质量方面表现出优异的性能，为后续器件的制备奠定了坚实基础。

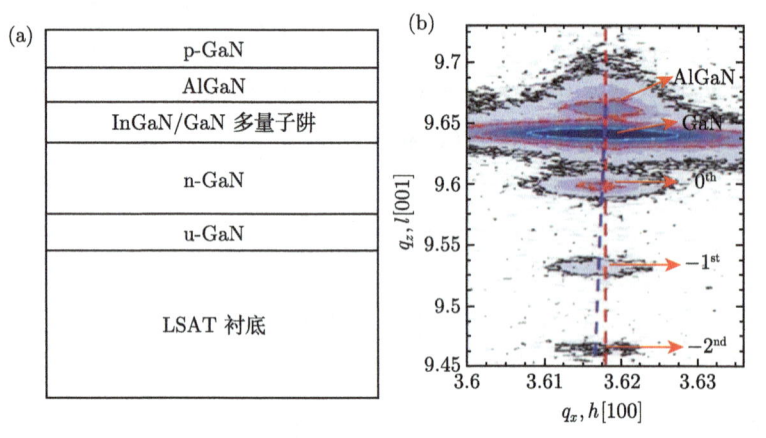

图 4.9 (a) LSAT(111) 衬底上 LED 外延片的示意图；(b) LSAT 衬底上生长 GaN 基 LED 外延片 (10$\bar{1}$5) 衍射的 RSM[23]

4.4 Ⅲ 族氮化物薄膜晶格常数测量的影响因素

在 Ⅲ 族氮化物薄膜的晶格常数测量中，多个因素会对结果产生显著影响。这些因素不仅决定了晶格常数测量的准确性，还与材料的性能密切相关。因此，深入理解这些影响因素，对于材料的设计、优化和实际应用至关重要。影响 Ⅲ 族氮化物 X 射线衍射测量的晶格常数的因素包括变形潜势效应、掺杂剂尺寸效应、残余应变、热膨胀和其他影响因素，接下来将分别详细讨论。

4.4 Ⅲ族氮化物薄膜晶格常数测量的影响因素

4.4.1 变形潜势效应

半导体中的电活性缺陷会使导带变形[24]，导致晶格常数随着电子浓度的增加而增大[25]。这类缺陷包括 N 空位、金属反位错和位错，即使在超纯材料中也可能存在。

Ⅲ族氮化物薄膜生长的主要问题之一是缺乏用于外延的晶格匹配衬底。最常用的衬底是 α-Al_2O_3，它与 GaN 有 16% 的晶格失配。这种不匹配会导致晶粒生长，其边界的穿线位错密度高于 10^8 cm^{-2}。Leszcynski 等[26] 在实验室中生长的块状 GaN 晶体的位错密度降低了数个数量级。然而，该技术实现难度较大，因为需要使用高压 (约10000 atm (1 atm = 1.01325×10^5 Pa)) 和高温 (约 1500 ℃)，同时还要有良好的温度稳定性。高压生长过程中 O 的大量加入造成了 GaN 晶体内部自由电子高度集中。对于 GaN，自由电子会扩展晶格。自由电子 (即导带中的电子) 会增加晶体的总能量。为了降低能量，导带的能级变低，这与晶体体积的变化有关。这一现象与静水压力导致的导带最小值变化相反。对于 GaN，通过在晶体中掺入 Si，测量了自由电子对晶格常数的影响[27]。这种变化与通过远红外吸收测量的自由电子浓度成正比，图 4.10 显示了这种关系[25]。Si 原子引起的尺寸效应与 GaN 是相反的，因为 Si 的离子半径 (1.17 Å) 比 Ga 的离子半径 (1.22 Å) 小。晶格常数受自由电子浓度的影响，可用下式描述[28]：

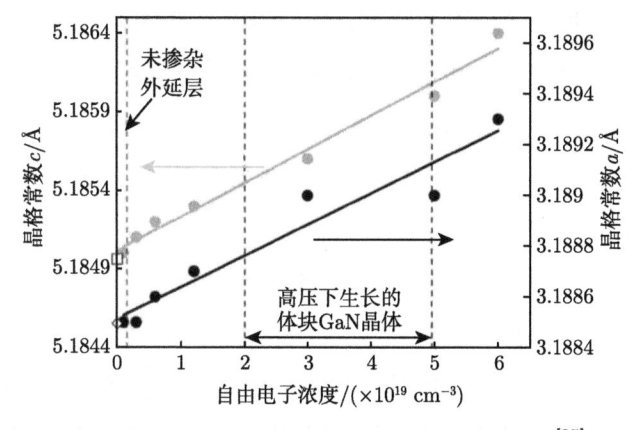

图 4.10 GaN 晶格常数与自由电子浓度的关系[25]

图的左侧是掺杂了 Mg 的 GaN 的点 (开放的正方形)，以获得绝缘晶体，未掺杂的外延层和高压 GaN 晶体则有明显的浓度区域

$$\left(\frac{\Delta x}{x}\right)_{\text{electron}} = -\frac{D_n}{(3B)_n} \qquad (4.26)$$

其中，x 为晶格常数 (c 或 a)；n 是传导带最小值中的电子浓度；D_n 是该最小值的变形势 (对于 GaN 约为 -10 eV)；B 是体模量，$B_{\text{GaN}} = 2 \times 10^{11}$ Pa。这意味着对于 GaN，5×10^{19} cm^{-3} 的自由电子浓度应使晶格常数增加约 0.01%。

4.4.2 掺杂剂尺寸效应

掺杂剂的尺寸效应是指掺入薄膜中的不同尺寸的掺杂原子对晶格常数的影响。当掺杂原子的尺寸与基体材料的原子尺寸相差较大时，会引起晶格畸变。这种畸变不仅可能导致晶格常数的变化，还会影响材料的电子和光学性质。例如，较小的掺杂原子可能导致晶格的收缩，而较大的掺杂原子则可能引起晶格的膨胀。

Ⅲ 族氮化物半导体经常含有高浓度的杂质，这些杂质是有意 (如 Si 或 Mg 等掺杂剂) 或无意 (如 O 等污染物) 引入的。杂质的加入会影响半导体的晶格常数[29]。晶格常数的变化会导致薄膜产生应变，例如，当假定薄膜生长在未掺杂层之上时。外延氮化物薄膜通常会表现出相当大的应变[30]，而且人们已经观察到杂质的加入会影响这些应变[31]。

掺杂杂质对晶格常数的影响可以分为两类：第一类为尺寸效应，主要涉及杂质原子与被取代主原子之间的原子半径差异；第二类为电子效应，已在 4.4.1 节中详细讨论过。常见的掺杂元素如 Mg 通常用于 p 型掺杂，Si 通常用于 n 型掺杂，但 O、C 和 H 等杂质也可能被无意掺入，并可能同时存在于块状材料[24]和薄膜中。对于 GaN 中的 O 和 Mg，掺杂剂大小的影响是正的 (晶格扩大)，而对于 GaN 中的 Si 和 Be，则是负的[32]。对于典型浓度为 1×10^{19} cm^{-2} 的 GaN 中的 Mg，这种效应可导致 c 和 a 膨胀 0.1%[24]。

Kushvaha 等[13]为了生长出高质量的 GaN 外延层，利用激光分子束外延 (LMBE) 技术在 α-Al$_2$O$_3$ 衬底上生长了高质量的 GaN 外延层，在氮等离子体的恒定供应下，以不同频率 (10~40 Hz) 的激光烧蚀 GaN 固体靶。利用 LMBE 生长的 GaN 样品在 10 Hz、20 Hz、30 Hz 和 40 Hz 下的 GaN(0002)、(0004)、(10$\bar{1}$2) 和 (10$\bar{1}$4) 衍射位置如图 4.11 所示。在 α-Al$_2$O$_3$ 衬底上以 30 Hz 生长的 GaN 层计算得出的螺位错密度约为 1.42×10^7 cm^{-2}，而以 10 Hz 或 40 Hz 生长的 GaN

4.4 Ⅲ族氮化物薄膜晶格常数测量的影响因素

层的螺位错密度在 $10^8 \sim 10^9$ cm^{-2}。表 4.5 列出了通过不同激光频率下缺陷导致的 GaN 薄膜的晶格常数变化情况。可以看出，不同位错密度的 GaN 外延层计算出来的晶格常数大小不一样，说明缺陷影响着晶格常数。然而，N 空位 (可能存在于约 5×10^{19} cm^{-3} 的浓度中) 与其他半导体中的空位一样，没有可靠的证据 (理论或实验) 表明它们会增加 (更有可能) 或减少晶格常数。

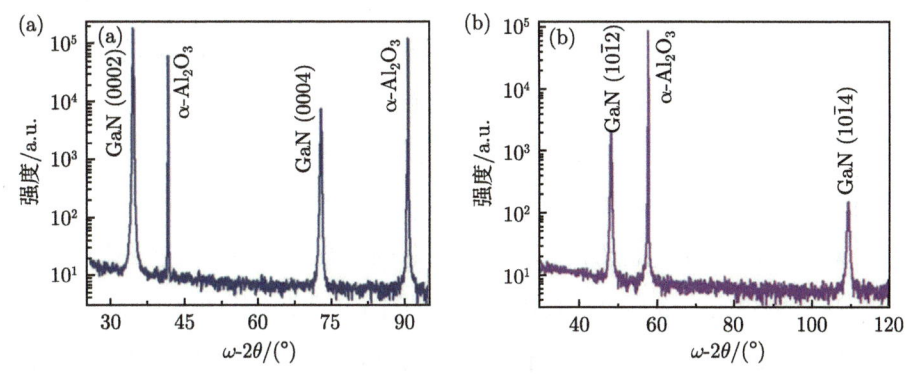

图 4.11　生长在 α-Al$_2$O$_3$ 上 GaN 层的 (a) (0002)、(0004) 和 (b) (10$\bar{1}$2)、(10$\bar{1}$4) 的衍射平面的 ω-2θ 扫描[13]

表 4.5　α-Al$_2$O$_3$(0001) 上生长的 GaN 薄膜在不同激光重复频率下的 X 射线衍射数据中获得的计算晶格常数[13] (无应变 GaN 的晶格常数 a 和 c 分别为 **0.31892 nm** 和 **0.5185 nm**[33])

样品详情信息	c/nm	a/nm
10 Hz	0.5197	0.31819
20 Hz	0.5192	0.31854
30 Hz	0.5189	0.31874
40 Hz	0.5193	0.31851

此外，随着掺杂浓度的增加，掺杂原子间的相互作用也可能变得显著，导致更复杂的晶格结构变化。在研究掺杂对晶格常数的影响时，需要特别考虑掺杂剂的类型、尺寸以及其化学性质和电子结构对基体材料的相互作用。因此，合理选择掺杂元素及其浓度对于优化薄膜的性能至关重要。

4.4.3 残余应变

残余应变是指在薄膜生长完成后, 材料内部仍然存在的应变状态。这种应变可能由生长过程中的温度变化、晶体缺陷或界面效应等因素引起。残余应变不仅影响晶格常数的测量值, 还可能对材料的电学和光学性质产生深远影响。

即使在所谓的无应变样品中, 一般也会存在残余应变。厚 GaN 薄膜通常被假定为无应变, 但即使是非常厚的独立层, 这种假定也是不正确的[34]。块状 GaN 晶体也可能存在应变, 因为 N 面和 Ga 面具有不同的生长率和不同的掺杂率, 从而产生内部应变; 根据相同的氢化物气相外延 (HVPE) 生长薄膜[35] 或块状 GaN 样品[36] 的 N 面和 Ga 面测得的晶格常数通常是不同的。点缺陷的产生、再分布和扩散被认为对残余应变有很大影响[37]。

Paskova 等[37] 研究表明, 高温退火引起的残余应变变化会显著影响自支撑 HVPE GaN 薄膜的晶格常数, 具体结果如图 4.12 所示。从图 4.12(a) 中可以看到, 在最低温度 1150℃ 时, 退火样品两面的 c 晶格常数和拉伸应变分别比生长前样品的 c 晶格常数和拉伸应变略有增加, 随后应变随着温度的升高而减小。令人惊讶的是, 在最高退火温度 (1450℃) 下退火的样品再次出现了 c 晶格常数和

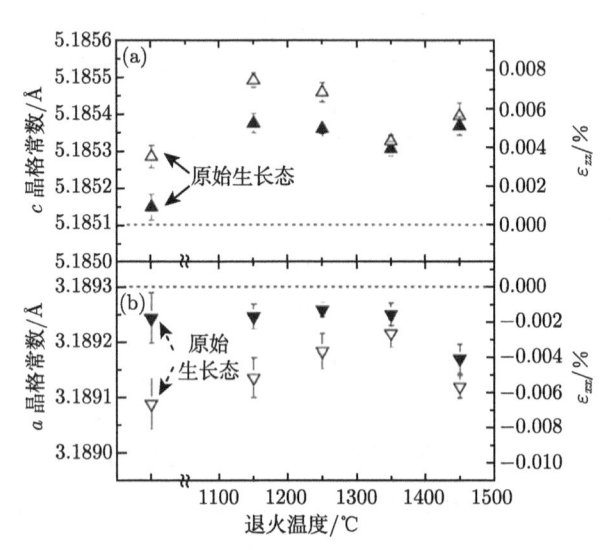

图 4.12 (a) 自支撑 GaN 薄膜两面的面外晶格常数和生长方向上的残余应变与退火温度的关系; (b) 自支撑 GaN 薄膜两面的面内晶格常数和残余应变与退火温度的关系 (实心符号表示 Ga 面的数据, 空心符号表示 N 面的数据, 虚线表示各参数的无应变位置)[37]

应变的增加。而对自支撑 GaN 薄膜两个面的面内 a 晶格常数随退火温度变化的精确估算结果如图 4.12(b) 所示，与 c 晶格常数的变化趋势基本相反。然而，在 1150℃ 退火时，面内压缩应变并没有明显增加，这与面外应变的情况相反。这种行为上的差异可能是由于与 Ga 面相比，在生长自支撑 GaN 薄膜的 N 面中所有缺陷的浓度更高，因此预计退火不会以相同的方式影响这两面中的 c/a 比值。退火温度的进一步升高会导致面内压缩应变的减小，在最高温度 1450℃ 下退火会导致面内压缩应变的增加，与图 4.12(a) 中观察到的面外拉伸应变的增加相似。

在实际测量中，准确评估残余应变是确保测量精度的关键。通常，需要结合高分辨率 X 射线衍射等技术来分辨和量化残余应变的影响，以便更准确地计算晶格常数。此外，通过对薄膜的热处理或后续应变消除工艺，可以减小残余应变的影响，从而提高晶格常数测量的准确性。

4.4.4 热膨胀的影响

在 Ⅲ 族氮化物半导体材料中，自由电荷载流子的浓度和金属液滴的存在是影响热膨胀系数的关键因素[36]。热膨胀系数用于衡量材料在温度变化下体积或长度改变的程度，直接与材料的热稳定性、热机械性能以及衬底材料的适配性相关。在高电子浓度或金属液滴的影响下，Ⅲ 族氮化物材料的热膨胀行为往往会发生变化，从而影响其晶格常数，特别是在高温环境下，可能对材料的长期可靠性和器件性能产生显著影响。

Kirchner 等[38] 在 12~600 K 宽温度范围内研究了掺杂 Mg 与未掺杂 GaN 块体晶体及同质外延层的热学性质，并测定了其晶格常数 a 与 c，重点分析了 MOCVD 生长下晶格常数对温度的依赖关系。将 X 射线衍射获得的温度范围为 12~600 K 的数据与已知文献值进行了对比。图 4.13(a) 举例说明了在 12 K、300 K 和 600 K 时，同外延系统的 (0006) 反射经主光束位置校正后的 2θ-ω 扫描结果，从图中可以明显看出，与较低温度相比，300~600 K 范围内的热膨胀效应更强。从图 4.13(b) 中可以看出，从 600 K 到 250 K，所有样品的晶格常数都呈线性下降；在 250~100 K，斜率变小，从 100 K 开始几乎消失。掺 Mg 块状晶体和同位生长层的 c 点阵参数完全相同，而未掺杂的 GaN 衬底的 c 点阵参数值要高出 0.002 Å，这反映在图 4.13(a) 中衬底和层衍射峰的明显分离上。由此可见，温度导致的热膨胀对晶格常数具有明显的影响。

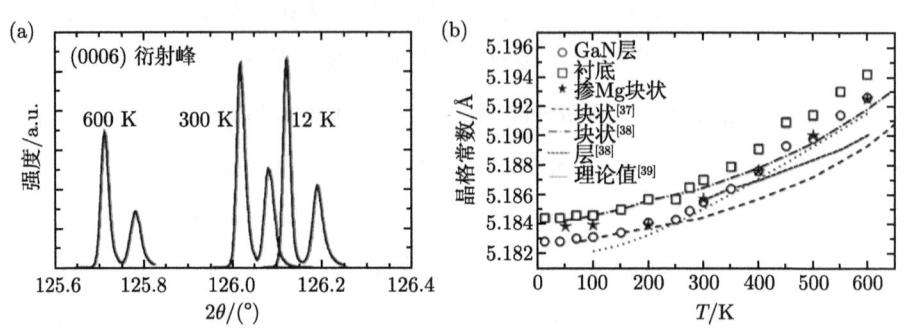

图 4.13 (a) 2θ-ω 扫描，在三个不同温度下按主光束位置校正，显示出 GaN 衬底和同外延层的峰值明显分离；(b) 同层外延生长的 GaN 层、相应衬底和掺 Mg 块状晶体的晶格参数随温度变化的曲线与文献数据的对比 [38-41]

Figge 等 [42] 用高分辨 X 射线衍射研究了 AlN 晶体在 20~1250 K 温度范围内的热膨胀。在德拜模型和爱因斯坦模型中，可以在整个温度范围内很好地描述沿 a 和 c 方向导出的各向异性晶格常数对温度的依赖性，如图 4.14 所示。两个晶格方向上，在低温下几乎没有热膨胀，而在高于 750 K 的温度下几乎线性膨胀。这种行为与基于固体系统本征声子能量的模型一致。

在掺杂 III 族氮化物的半导体中，尤其是 n 型 GaN 中，自由电子浓度较高时，电子的导电行为会与晶格产生相互作用，改变晶格的热膨胀特性。自由电子作为载流子会影响原子间的相互作用和晶格的力学响应。在高电子浓度的材料中，导带电子会引起电子-晶格耦合效应，这种效应可能导致晶格常数的变化，特别是在温度升高时。自由电子的引入通常会使得材料在高温下的热膨胀系数增大，从而导致在特定温度下测量的晶格常数相对较大。

在 III 族氮化物薄膜的生长过程中，金属液滴的形成和存在也会显著影响材料的热膨胀特性。金属液滴通常在较高温度下形成，尤其是在金属掺杂或金属源引发的生长过程中。例如，在 MOCVD 或 MBE 等生长过程中，由于金属元素的挥发性和反应性，金属液滴可能会形成并存在于薄膜表面或晶界。这些液滴的存在会改变 III 族氮化物材料的整体热膨胀行为，从而影响薄膜的晶格常数。

这种由自由电荷和金属液滴引起的热膨胀变化不仅影响材料在实验条件下的

4.4 Ⅲ族氮化物薄膜晶格常数测量的影响因素

晶格常数测量，也对器件的实际应用产生了影响。在高功率、高温的工作环境中，热膨胀系数的增大可能会导致材料与衬底之间的热应力不匹配，进而引发热裂纹、剥离或其他形式的失效。

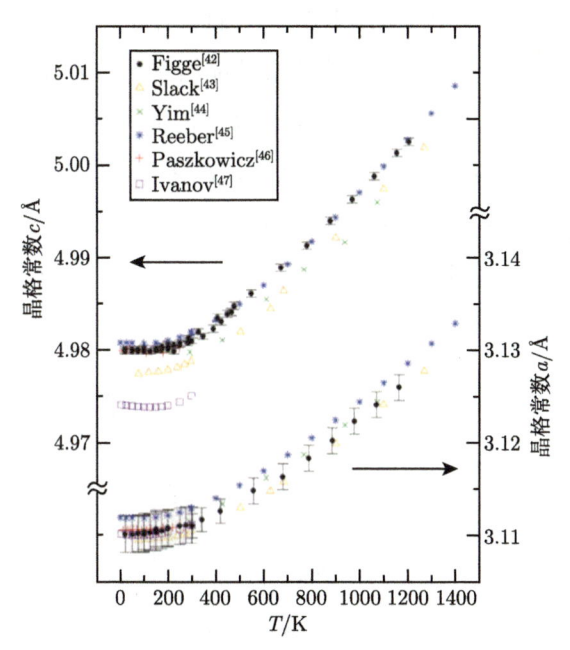

图 4.14 AlN 的晶格常数 c 和 a 对温度的依赖性 [42]

4.4.5 其他影响因素

除了上述主要因素，许多其他因素也可能对晶格常数测量产生影响。例如，薄膜的生长温度和生长速率、环境条件 (如气氛和压力)，以及材料的微观结构等都可能影响最终的测量结果。生长条件的变化可能会导致不同的晶体取向和生长模式，从而影响薄膜的晶格常数。此外，表面粗糙度和界面质量也可能影响 X 射线衍射测量的准确性。

Usikov 等 [48] 利用 HVPE 在 α-Al$_2$O$_3$ 衬底上生长 GaN，研究了 Si 掺杂对 GaN 模板结构性能的影响。通过 X 射线衍射测量 GaN 层的 c 和 a 晶格常数，结果显示，c 和 a 晶格常数随 Si 掺杂水平的变化呈非单调关系。通过调节 Si 掺杂水平及生长条件，可有效控制应变弛豫，进而影响 α-Al$_2$O$_3$ 上 GaN 模板中的缺陷形成。如图 4.15(a) 所示，当硅烷混合物流量大于 100 cm^3/min （$(N_D - N_A) \sim 6 \times 10^{17}$ cm^{-3}）

时，c 晶格常数小于块状材料。合理调控 Si 掺杂浓度和生长条件，有助于优化 GaN:Si 模板的应变工程并最小化缺陷密度。此外，通过合理选择初始生长条件，可以将优化范围扩展到更大的厚度范围内。

本团队[49]首次通过 PLD 技术在 Al(111) 衬底上生长 AlN(0001) 外延薄膜，研究发现，生长温度会显著影响薄膜的晶格常数，X 射线衍射 2θ-ω 扫描如图 4.15(b) 所示。在 450~550℃ 的生长温度范围内，仅观察到 AlN(0002) 和 AlN(0004) 的衍射峰，表明薄膜为单晶 AlN，晶格常数接近体材料，显示出较高的晶体质量。然而，随着生长温度升高至 600℃，多晶 AlN 薄膜的形成导致晶格常数轻微偏离体材料，这种变化反映了高温下多晶结构对晶格常数的影响。因此，优化生长温度对于获得具有精确晶格常数和高结晶质量的外延薄膜至关重要。

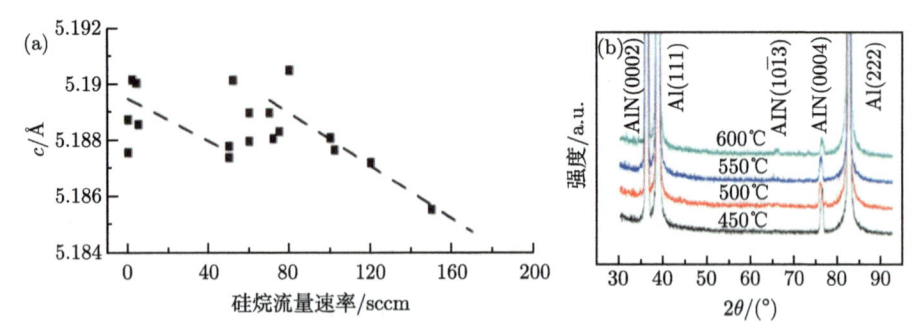

图 4.15　(a) Si 掺杂 GaN 层 c 晶格常数随掺杂能级的变化，虚线是在硅烷流量 0~50 sccm (1 sccm = 1 cm³/min) 和 70~170 sccm 范围内的线性拟合[48]；(b) 在生长温度为 450~600℃ 的 Al 衬底上生长的 AlN(0002) 的面外 X 射线衍射 2θ-ω 扫描[49]

在实际实验中，控制和优化这些变量是至关重要的。例如，通过精确控制生长过程中的温度和气氛，可以获得更均匀的薄膜，从而减少测量的误差。此外，采用合适的样品制备技术和表面处理方法，有助于提高测量结果的可靠性。对所有这些因素的综合考虑将有助于提高晶格常数测量的准确性和一致性，从而推动 Ⅲ 族氮化物薄膜在实际应用中的发展。

综上所述，变形潜势效应、掺杂剂尺寸效应、残余应变、热膨胀的影响，以及其他环境和生长条件等因素，都在 Ⅲ 族氮化物薄膜晶格常数的测量中扮演着重要角色。深入探讨这些影响因素，将有助于提高测量的准确性和可靠性，从而为材料的进一步研究和应用奠定基础。理解和控制这些因素，将为未来的材料设计提供重要的指导，促进高性能 III 族氮化物在功率射频芯片、光通信芯片和其他先进应用中的发展。

4.5 本章小结

本章主要介绍了利用 X 射线衍射技术对 III 族氮化物薄膜晶格常数进行分析的方法及其影响因素。首先，本章概述了 X 射线衍射的基本原理，详细讨论了如何利用 X 射线衍射来测量薄膜的晶格常数，阐明了相对晶格常数与绝对晶格常数的概念及其测量差异。

在晶格常数测量方法部分介绍了常规的晶格常数测量技术，如外推法、最小二乘法等，以及通过精确测量技术 (如 2θ-ω 扫描法、倒易空间图谱) 进行更加准确的晶格常数测量。这些方法为 III 族氮化物薄膜的晶格常数测定提供了可靠的实验手段。

随后，本章探讨了影响 III 族氮化物薄膜晶格常数测量的各类因素，重点分析了变形潜势效应、掺杂剂尺寸效应、残余应变和热膨胀等因素对晶格常数的影响。变形潜势效应是指由半导体材料中的电活性缺陷 (如位错、空位等) 导致晶格的变形；掺杂剂尺寸效应则通过改变晶体的原子间距对晶格常数产生影响；残余应变，尤其是由不同生长条件引起的应力差异，会使得薄膜晶格常数出现变化；而热膨胀效应则在高温环境下改变晶格常数的热稳定性，特别是在存在自由电荷和金属液滴时，材料的热膨胀行为可能更加复杂。

通过这些分析，本章为 III 族氮化物薄膜的晶格常数测量提供了理论基础和实践指导。对影响因素的系统理解可以为实际操作中提高晶格常数测量的准确性提供帮助，为进一步的性能优化和器件设计提供实践依据。

参 考 文 献

[1] Fatemi M. Absolute measurement of lattice parameter in single crystals and epitaxic layers on a double-crystal X-ray diffractometer[J]. Acta Crystallographica Section A: Foundations of Crystallography, 2005, 61(3): 301-313.

[2] 江超华. 多晶 X 射线衍射技术与应用 [M]. 北京: 化学工业出版社, 2014.

[3] Fewster P F, Andrew N L. Strain analysis by X-ray diffraction[J]. Thin Solid Films, 1998, 319(1-2): 1-8.

[4] Bond W L. Precision lattice constant determination[J]. Acta Crystallographica, 1960, 13(10): 814-818.

[5] Fewster P F, Andrew N L. Absolute lattice-parameter measurement[J]. Journal of Applied Crystallography, 1995, 28(4): 451-458.

[6] Fewster P F. A high-resolution multiple-crystal multiple-reflection diffractometer[J]. Journal of Applied Crystallography, 1989, 22(1): 64-69.

[7] Bartels W. Characterization of thin layers on perfect crystals with a multipurpose high resolution X-ray diffractometer[J]. Journal of Vacuum Science & Technology B: Microelectronics Processing and Phenomena, 1983, 1(2): 338-345.

[8] Härtwig J, Hölzer G, Wolf J, et al. Remeasurement of the profile of the characteristic Cu K$_\alpha$ emission line with high precision and accuracy[J]. Journal of Applied Crystallography, 1993, 26(4): 539-548.

[9] 潘峰, 王英华, 陈超. X 射线衍射技术 [M]. 北京: 化学工业出版社, 2016.

[10] Xiong J, Tang J, Liang T, et al. Characterization of crystal lattice constant and dislocation density of crack-free GaN films grown on Si (111) [J]. Applied Surface Science, 2010, 257(4): 1161-1165.

[11] Xiong X, Moss S C. X-ray studies of defects and thermal vibrations in an organometallic vapor phase epitaxy grown GaN thin film[J]. Journal of Applied Physics, 1997, 82(5): 2308-2311.

[12] Liu S, Peng M, Hou C, et al. PEALD-grown crystalline AlN films on Si (100) with sharp interface and good uniformity[J]. Nanoscale Research Letters, 2017, 12: 1-6.

[13] Kushvaha S, Kumar M S, Yadav B, et al. Influence of laser repetition rate on the structural and optical properties of GaN layers grown on sapphire (0001) by laser molecular beam epitaxy[J]. CrystEngComm, 2016, 18(5): 744-753.

[14] Moram M, Vickers M. X-ray diffraction of III-nitrides[J]. Reports on Progress in Physics, 2009, 72(3): 036502.

[15] Wang W, Yan T, Yang W, et al. Epitaxial growth of GaN films on lattice-matched ScAlMgO$_4$ substrates[J]. CrystEngComm, 2016, 18(25): 4688-4694.

[16] Wang W, Yang W, Liu Z, et al. Synthesis of homogeneous and high-quality GaN films on Cu (111) substrates by pulsed laser deposition[J]. CrystEngComm, 2014, 16(36):

8500-8507.

[17] Lim S H, Dolmanan S B, Tong S W, et al. Temperature dependent lattice expansions of epitaxial GaN-on-Si heterostructures characterized by in-and ex-situ X-ray diffraction[J]. Journal of Alloys and Compounds, 2021, 868: 159181.

[18] Lee H P, Perozek J, Rosario L, et al. Investigation of AlGaN/GaN high electron mobility transistor structures on 200-mm silicon (111) substrates employing different buffer layer configurations[J]. Scientific Reports, 2016, 6(1): 37588.

[19] Feng Y, Saravade V, Chung T F, et al. Strain-stress study of $Al_xGa_{1-x}N$/AlN heterostructures on c-plane sapphire and related optical properties[J]. Scientific Reports, 2019, 9(1): 10172.

[20] Hisyam M I, Shuhaimi A, Norhaniza R, et al. Study of AlN epitaxial growth on Si (111) substrate using pulsed metal-organic chemical vapour deposition[J]. Crystals, 2024, 14(4): 371.

[21] Wang W, Yang W, Liu Z, et al. Achieve 2-inch-diameter homogeneous GaN films on sapphire substrates by pulsed laser deposition[J]. Journal of Materials Science, 2014, 49(9): 3511-3518.

[22] Wang W, Zheng Y, Li Y, et al. Control of interfacial reactions for the growth of high-quality AlN epitaxial films on Cu (111) substrates[J]. CrystEngComm, 2017, 19(48): 7307-7315.

[23] Wang W, Yang H, Li G. Growth and characterization of GaN-based LED wafers on $La_{0.3}Sr_{1.7}AlTaO_6$ substrates[J]. Journal of Materials Chemistry C, 2013, 1(26): 4070-4077.

[24] Capan I. Electrically active defects in 3C, 4H, and 6H silicon carbide polytypes: a review[J]. Crystals, 2025, 15(3): 255.

[25] Krysko M, Sarzynski M, Domagała J, et al. The influence of lattice parameter variation on microstructure of GaN single crystals[J]. Journal of Alloys and Compounds, 2005, 401(1-2): 261-264.

[26] Leszcynski M, Grzegory I, Bockowski M. X-ray examination of GaN single crystals grown at high hydrostatic pressure[J]. Journal of Crystal Growth, 1993, 126(4): 601-604.

[27] Leszcynski M, Prystawko P, Suski T, et al. Lattice parameters of GaN single crystals, homoepitaxial layers and heteroepitaxial layers on sapphire [J]. Journal of Alloys and

Compounds, 1999, 286(1-2): 271-275.

[28] Yokota M, Tanimoto O. Effects of diffusion on energy transfer by resonance[J]. Journal of the Physical Society of Japan, 1967, 22(3): 779-784.

[29] Cargill III G, Angilello III J, Kavanagh K. Lattice compression from conduction electrons in heavily doped Si: As[J]. Physical Review Letters, 1988, 61(15): 1748.

[30] Willardson R K, Weber E R, Moustakas T D, et al. Gallium-Nitride (GaN) II [M]. New York: Academic Press, 1998.

[31] Ruvimov S, Liliental-Weber Z, Suski T, et al. Effect of Si doping on the dislocation structure of GaN grown on the A-face of sapphire[J]. Applied Physics Letters, 1996, 69(7): 990-992.

[32] van de Walle C G. Effects of impurities on the lattice parameters of GaN[J]. Physical Review B, 2003, 68(16): 165209.

[33] Davydov V, Kitaev Y, Goncharuk I, et al. Phonon dispersion and Raman scattering in hexagonal GaN and AlN[J]. Physical Review B, 1998, 58(19): 12899-12907.

[34] Darakchieva V, Paskova T, Paskov P, et al. Structural characteristics and lattice parameters of hydride vapor phase epitaxial GaN free-standing quasisubstrates[J]. Journal of Applied Physics, 2005, 97(1): 013517.

[35] Darakchieva V, Monemar B, Usui A. On the lattice parameters of GaN[J]. Applied Physics Letters, 2007, 91(3): 031911.

[36] Leszcynski M, Teisseyre H, Suski T, et al. Lattice parameters of gallium nitride[J]. Applied Physics Letters, 1996, 69(1): 73-75.

[37] Paskova T, Hommel D, Paskov P, et al. Effect of high-temperature annealing on the residual strain and bending of freestanding GaN films grown by hydride vapor phase epitaxy[J]. Applied Physics Letters, 2006, 88(14): 141909.

[38] Kirchner V, Heinke H, Hommel D, et al. Thermal expansion of bulk and homoepitaxial GaN[J]. Applied Physics Letters, 2000, 77(10): 1434-1436.

[39] Leszcynski M, Suski T, Teisseyre H, et al. Thermal expansion of gallium nitride[J]. Journal of Applied Physics, 1994, 76(8): 4909-4911.

[40] Leszcynski M, Teisseyre H, Suski T, et al. Thermal expansion of GaN bulk crystals and homoepitaxial layers[J]. Acta Phys. Pol. A, 1996, 90(5): 887-890.

[41] Wang K, Reeber R R. Thermal expansion of GaN and AlN[J]. MRS Online Proceedings Library, 1997, 482: 868-873.

[42] Figge S, Kröncke H, Hommel D, et al. Temperature dependence of the thermal expansion of AlN[J]. Applied Physics Letters, 2009, 94(10): 101915.

[43] Slack G A, Bartram S F. Thermal expansion of some diamondlike crystals[J]. Journal of Applied Physics, 1975, 46(1): 89-98.

[44] Yim W M, Paff R J. Thermal expansion of AlN, sapphire, and silicon[J]. Journal of Applied Physics, 1974, 45(3): 1456-1457.

[45] Wang K, Reeber R R. Thermal expansion of GaN and AlN[J]. MRS Online Proceedings Library, 1997, 482: 868-873.

[46] Paszkowicz W, Knapp M, Podsiadło S, et al. Lattice parameters of aluminium nitride in the range 10~291 K[J]. Acta Physica Polonica A, 2002, 101(5): 781-785.

[47] Ivanov S N, Popov P A, Egorov G V, et al. Thermophysical properties of aluminum nitride ceramic[J]. Physics of the Solid State, 1997, 39: 81-83.

[48] Usikov A, Kovalenkov O, Mastro M, et al. Lattice constant variation in GaN: Si layers grown by HVPE[J]. MRS Online Proceedings Library (OPL), 2002, 743: L3.41.

[49] Wang W, Yang W, Liu Z, et al. Epitaxial growth of high quality AlN films on metallic aluminum substrates[J]. CrystEngComm, 2014, 16(20): 4100-4107.

第 5 章 III 族氮化物薄膜应力的 X 射线衍射分析

5.1 引　　言

在薄膜材料的相关研究中，直接通过表征方法测定的晶格常数的数值与理论值存在一定或较大的偏差，这种理论值与实际值的偏差往往来自晶体内部存在的各种各样的缺陷，如空位、位错等。缺陷是材料内部应力作用于材料晶格结构的集中表达方式之一，比如部分低对称性材料在原位外延生长时发生面外生长，产生了许多缺陷，这些缺陷或引起晶格畸变，或引起材料的相变，从结构角度对材料产生了影响，其中包括晶格常数。因此，可以认为晶格常数实际值与理论值的偏差是晶体内部应力的直接体现，更是缺陷存在的间接体现。因此，对于 III 族氮化物内部应力的表征，既是对晶格常数表征的一种拓展，又是对缺陷表征的一种铺垫。

应力是指物体内部发生的力对其单位面积的作用，或单位面积上的力的分布情况，应力会导致材料的变形。应力循环是导致材料疲劳和损伤的主要原因之一，当材料在重复循环加载下受到应力时，可能会引起疲劳裂纹和失效。应力也会对材料和结构的刚度和振动特性产生影响。在工程中，需要考虑应力对结构刚度和振动特性的影响，以确保结构不会发生过度挠曲或共振的问题。因此，正确测量并利用 III 族氮化物薄膜的应力，在工程上具有重要意义。

应力按作用尺度分为宏观与微观两类。宏观应力源于外力、非均匀变形、温度梯度等，影响材料整体的力学性能，如强度、韧性，可能导致变形、开裂，如图 5.1(a) 和 (b) 所示。通过实验和计算可测定宏观应力的数值，从而对材料的稳定性进行评估。在工程上，宏观应力也称为"残余应力"，残余应力在释放时会改变物体的形状或体积，比较广为人知的"退火"工艺就是消除残余应力的一种方法。顾名思义，微观应力代表着存在于材料微观尺度 (如晶粒内) 的作用，通常由

5.1 引言

晶格畸变、位错、不均匀变形等引起，如图 5.1(c) 和 (d) 所示。微观应力的概念中十分强调内部受力，特别是晶粒间相互作用力，由形变、相变和多相膨胀等因素导致，需在精细表征中体现。

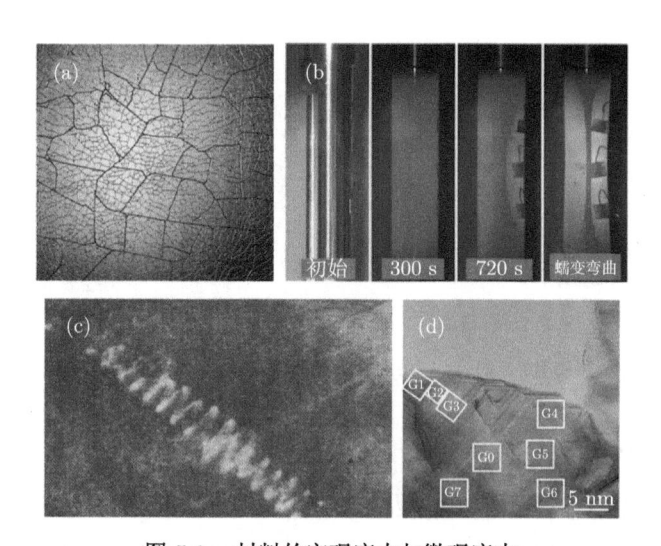

图 5.1　材料的宏观应力与微观应力
(a) 材料的宏观应力之开裂；(b) 材料的宏观应力之形变；(c) 材料的微观应力之螺位错；(d) 材料的微观应力之晶界

宏观应力按照产生原理及其特性主要分为三类。① 残余应力，即在没有外部载荷作用的情况下，材料内部仍然存在的应力。它可能由多种因素引起，如不均匀的塑性变形、热处理过程中的温度梯度、焊接或冷加工等。② 热应力，即材料在受热或冷却过程中，由温度梯度引起的各部分膨胀或收缩不均匀而产生的应力。③ 机械应力，即由外部机械载荷作用在材料上而产生的应力，它是材料在承受拉伸、压缩、弯曲等机械作用时的主要应力类型。

微观应力同样也可以细分为以下四类，如图 5.2 所示，即 ① 原子间距应力；② 电子结构应力；③ 晶格缺陷应力；④ 晶内亚结构应力。原子间距应力来源于原子排列变化，已经具有一定排列规律的原子在受外部力影响时原子间距改变，从而产生压缩、拉伸或剪切应力，即原子间距应力；电子结构应力由电子分布变化引起，当施加外部因素 (如外部电场、X 射线等) 改变原子或分子的电子云分布，从而诱导产生电场力导致应变，进而影响材料的导电、导热和磁学性能；晶格缺陷应力因晶体结构偏离理想状态而产生，缺陷处原子排列不规则导致相互作用力失衡并导致应力集中，最终影响晶体物理性质；晶内亚结构应力是在晶体局部区域内存在的应力，由剧烈塑性变形产生的缺陷造成，并在逐步累加后产生宏观的材料形变。

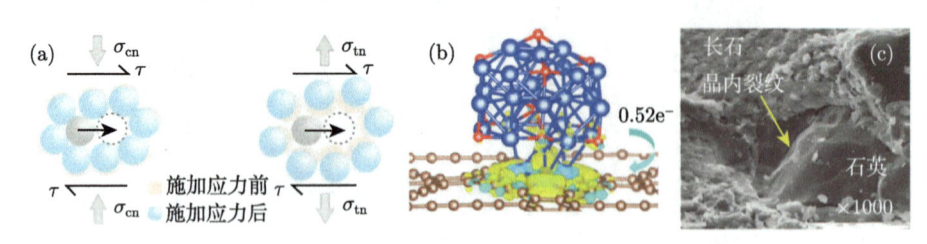

图 5.2 微观应力的细节分类

(a) 原子间距引起的应力；(b) 电子结构引起的应力；(c) 晶内亚结构应力

Ⅲ 族氮化物中存在的宏观与微观应力具有多种表现形式，其中宏观应力表现为整体形变或裂纹，微观应力则涉及原子排列和缺陷，包括晶格失配、位错、杂质与缺陷等。这些应力多产生于外延生长工艺，如磁控溅射、MBE 以及 MOCVD 等。在最传统的管式炉 CVD 工艺中，温度梯度、气体浓度和沉积速率差异会导致不均匀应力；在 MBE 工艺中，晶格失配和温度变化产生层间应力；而在相对较为尖端的 MOCVD 工艺中，温度变化、沉积速率和物质扩散同样会引起应力变化。上述介绍的这些应力可归类为：压应力 (高沉积速率或材料膨胀引起)、剪应力 (热变形或高温收缩产生) 和剪切应力 (微观结构不均匀引起)。比如 GaN 与衬底匹配程度较差，热膨胀系数差异较大或外部压力会导致原子间距变化，增强内部应力；再比如，GaN/AlGaN 量子阱中的电子云分布变化会引起局部应力，影响电子迁移率和发光效率；或是 AlN 中的位错会引起应力集中，降低机械强度、热导率和发光性能；甚至可以是 GaN 从六方相到立方相转变时，由于晶格常数不同而产生的大量内部应力，影响电学和光学性质。由此可以看出，无论是宏观应力还是微观应力都对材料的结构、性能具有深层次的影响。因此，全面测量 Ⅲ 族氮化物应力对材料研发、生产及应用至关重要，对确保其在各领域中的可靠性和效率具有理论和实际应用价值。

相比于 SEM、EBSD、拉曼光谱、纳米压痕、热重分析和差热分析等方法，X

射线衍射在应力分析上更具优势；SEM 和 EBSD 主要分析表面，内部应力测量不如 X 射线衍射精确；拉曼光谱对样品透明度要求高，不适用于不透明Ⅲ族氮化物薄膜；纳米压痕会损伤样品且仅提供局部应力信息；最后，热分析方法由于不直接测量内部应力，所以无法直观地描述内部应力。而 X 射线衍射技术在Ⅲ族氮化物内部应力分析上优势显著，其价值体现在：① 非破坏性，保留样品用于后续测试；② 高灵敏度，精确测量晶格常数和衍射角度，可靠计算残余应力；③ 多角度分析，全面了解应力分布；④ 广泛适用性，适用于多种材料和形态。本章将就Ⅲ族氮化物的宏观应力和微观应力的 X 射线衍射测量原理与方法，以及其方法的改进，进行系统性的分析与阐述。

5.2 Ⅲ族氮化物宏观应力分析

宏观应力是指在材料或结构的整体层面上显示的应力状态，通常由外部载荷引起。它提供了一个关于材料内部应力状况的总体视角，统筹考虑了整个材料或结构中应力的分布情况。以磁控溅射得到的Ⅲ族氮化物薄膜为例，即使在没有外力作用的情况下，它们也会存在宏观尺度的内应力，这种内应力称为宏观残余应力。这种宏观残余应力主要是由构件经历非均匀的塑性变形或曾经存在的温度梯度等因素造成的，并且其分布往往是不均匀的。长期的宏观残余应力会显著影响构件的强度、疲劳破坏特性、尺寸稳定性和耐腐蚀性。因此，对宏观应力进行检测和分析具有重要的现实意义。

应变是应力的直观体现，因此对应力的测量的底层原理是对应变的测量，再基于物理原理计算出相对应的应力。根据弹性物理中对各向同性材料应变与应力的关系原理，设某各向同性材料制成的棒的截面积为 A，在轴向拉力 F 的作用下，长度由 l_0 变为长度 l，如图 5.3 所示，则该棒在单轴向 (以 x 方向为例) 受到的应力为

$$\sigma_x = \frac{F_x}{A} \tag{5.1}$$

该应力对应的轴向应变为

$$\varepsilon_x = \frac{l - l_0}{l_0} \tag{5.2}$$

根据单轴向的胡克定律，x 方向上的单轴应变可以表示为

$$\varepsilon_x = \frac{\sigma_x}{E} \tag{5.3}$$

其中，E 为该棒的杨氏模量；σ_x 的正负数值具有现实意义：正值代表拉应力，而负值代表压应力。棒受到轴向力发生长度变化，同时产生沿径向的应变 ε_x 和 ε_y，上述物理量存在如下关系式：

$$-\varepsilon_y = -\varepsilon_z = \nu\varepsilon_x = \frac{\nu\sigma_x}{E} \tag{5.4}$$

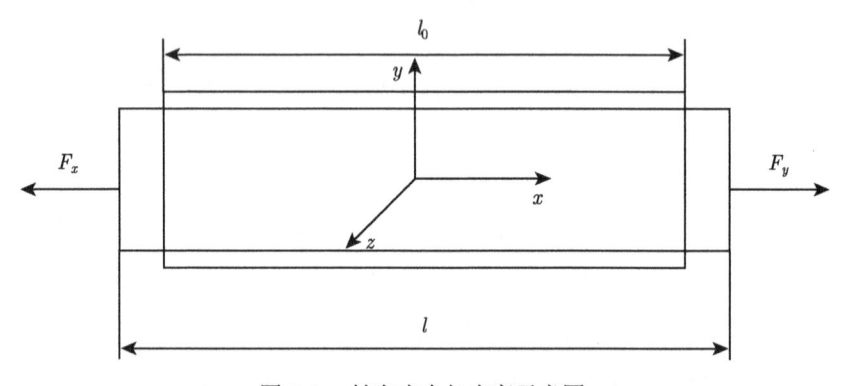

其中，ν 为泊松比。

图 5.3 轴向应力与应变示意图

上述分析仅考虑了材料在 x 轴方向上的受力与应变，而实际情况中，还需额外考虑 y 轴方向、z 轴方向及其相互作用。为此，可以参考图 5.4 所示，建立一个直角坐标系，用于描述一个各向同性材料的受力与应变情况。需要说明的是，除了三个轴向应力 σ_x、σ_y、σ_z 以外，还存在三个剪切应力（剪应力）τ_{zy}、τ_{xy}、τ_{xz}，因此该三维立方体的应力状态需要六个独立的物理量进行描述。在这里，每个剪应力 τ 的下标首字母代表应力所在的面，次字母代表该力平行于的坐标轴，比如剪应力 τ_{xy} 表示该应力存在于与 x 轴垂直的面上，同时平行于 y 轴。为了简化应力的分析，一般希望使各个面上的剪应力为 0，这样得到的三个轴向上的单轴应力的正应力称为主应力，分别为 σ_1、σ_2、σ_3，由主应力产生的应变为主应变，分别对应为 ε_1、ε_2、ε_3，满足上述情况的新的空间直角坐标系记为 $O\text{-}x'y'z'$。在微扰产生的微小形变情况下，根据力的叠加原理，主应力与主应变之间满足广义胡

5.2 Ⅲ族氮化物宏观应力分析

克定律，即

$$\begin{cases} \varepsilon_1 = \dfrac{1}{E}[\sigma_1 - \nu(\sigma_2 + \sigma_3)] \\ \varepsilon_2 = \dfrac{1}{E}[\sigma_2 - \nu(\sigma_1 + \sigma_3)] \\ \varepsilon_3 = \dfrac{1}{E}[\sigma_3 - \nu(\sigma_1 + \sigma_2)] \end{cases} \quad (5.5)$$

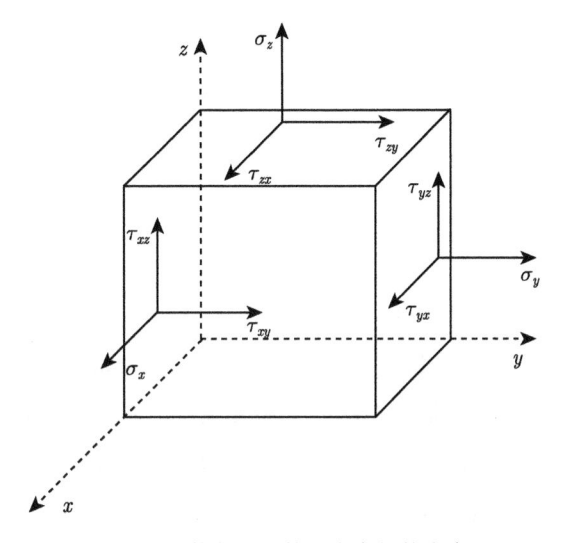

图 5.4　体积元上的正应力与剪应力

在坐标系 $O\text{-}x'y'z'$ 中，任一方向上的正应力与主应力之间满足关系式：

$$\begin{cases} \sigma_{\phi\varphi} = \alpha_1^2\sigma_1 + \alpha_2^2\sigma_2 + \alpha_3^2\sigma_3 \\ \varepsilon_{\phi\varphi} = \alpha_1^2\varepsilon_1 + \alpha_2^2\varepsilon_2 + \alpha_3^2\varepsilon_3 \end{cases} \quad (5.6)$$

其中，α 和 ε 的下标 φ 与 ϕ 对应着应力 α 和应变 ε 的方向 (图 5.5)，同时 α_1、α_2 和 α_3 为 φ 和 ϕ 所示方向的方向余弦，其表达式为

$$\begin{cases} \alpha_1 = \sin\phi\cos\varphi \\ \alpha_2 = \sin\phi\sin\varphi \\ \alpha_3 = \cos\phi \end{cases} \quad (5.7)$$

针对 $x'y'$ 平面，该平面上任一方向 ψ 的应力可以表示为

$$\sigma_{\varphi} = \cos^2\varphi\sigma_1 + \sin^2\phi\sigma_2 \quad (5.8)$$

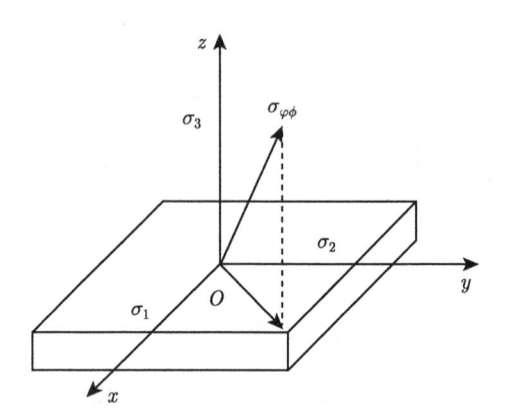

图 5.5 以主应变 (或应力) 为坐标轴时，任意方向上的应变示意图

5.2.1 Ⅲ 族氮化物宏观应力测定原理

对于 Ⅲ 族氮化物，基于 X 射线衍射的宏观应力测试方法是一种相对成熟且广泛应用的表征技术。X 射线衍射法与其他应力测量方法的主要区别在于所测量的应变类型不同。其他方法通常只能测量宏观应变，而 X 射线衍射法则关注晶面间距的变化。这意味着在某些情况下，样品可能存在宏观应变量，也可能不存在。因此，X 射线衍射法由于能够以非破坏性的方式测定宏观残余应力就显得极具优势。同时，由于 X 射线的穿透深度有限，其主要用于分析表面层的应力状态。因此 5.2 节和 5.3 节都将从 X 射线衍射的角度出发，阐述 Ⅲ 族氮化物的应力测定。

根据 Ⅲ 族氮化物的生长工艺，其外延层厚度通常较厚，因此基于穿透性较弱的 X 射线进行的分析属于 Ⅲ 族氮化物表面应力的分析。一般而言，垂直于表面的应力的合力为 0，根据图 5.6，即 $\sigma_3 = 0$，因此广义胡克定律可以简化为

$$\begin{cases} \varepsilon_1 = \dfrac{1}{E}(\sigma_1 - \nu\sigma_2) \\ \varepsilon_2 = \dfrac{1}{E}(\sigma_2 - \nu\sigma_1) \\ \varepsilon_3 = \dfrac{1}{E}(\sigma_3 - \nu\sigma_1) \end{cases} \tag{5.9}$$

至此，式 (5.6) 中的物理量均可以进行重写，即变为

5.2 Ⅲ 族氮化物宏观应力分析

$$\varepsilon_{\varphi\phi} = \frac{1+\nu}{E}\sigma_\varphi \sin^2\phi - \frac{\nu}{E}(\sigma_1+\sigma_2) \tag{5.10}$$

对于给定的材料表面上的任意方向,沿该方向上的应力 σ_φ 可以通过对 $\sin^2\varphi$ 求一阶导数获得,即

$$\sigma_{\varphi\phi} = \frac{E}{1+\nu}\frac{\partial \varepsilon_{\varphi\phi}}{\partial \sin^2\phi} \tag{5.11}$$

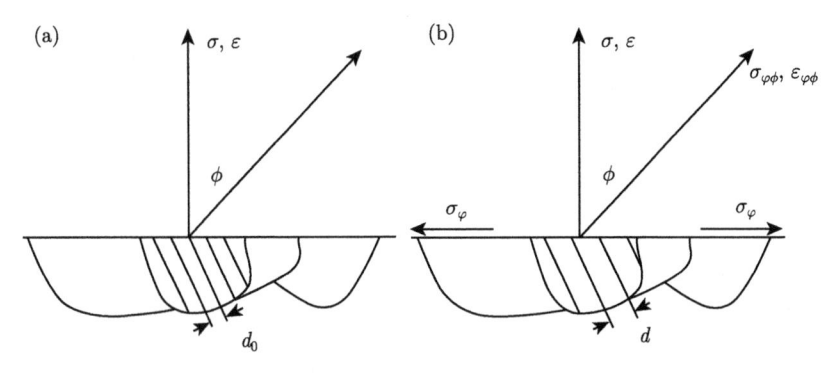

图 5.6 基于晶面间距表征应变示意图：(a) 和 (b) 分别为未施加应力和施加压力的情况

根据式 (5.11),可以测定 Ⅲ 族氮化物的表面应力。

根据本节开始时的分析：测定应力的本质是对应变的表征,因此针对式 (5.11) 中的物理量 $\varepsilon_{\varphi\phi}$ 的计算进行讨论。在利用 X 射线衍射对应变进行测量时,其本质是对材料晶面间距的表征。设 d 和 d_0 分别为尚未施加应变和已施加应变时晶面 (hkl) 的晶面间距,n、N 为该晶面所对应的法线方向,同时也是物理量 φ、ϕ 的表征的方向,如图 5.7 所示。此时,沿法线方向的,对晶面间距变化而体现的应变 $\varepsilon_{\varphi\phi}$ 的计算表达式为

$$\varepsilon_{\varphi\phi} = \left(\frac{d-d_0}{d_0}\right)_{\varphi\phi} = \left(\frac{\Delta d}{d}\right)_{\varphi\phi} \tag{5.12}$$

其中,ϕ 是表面轴向应力 σ_3 与法线 n、N 的夹角。对于给定的晶面 (hkl),ϕ 的取值不同,则所对应的应变后的晶面间距 d 也不同,如图 5.7 所示。因此,应变的表征可以转化为不同应力施加下晶面间距的表征,其计算方法为

$$2d\sin\frac{2\theta}{2} = n\lambda \tag{5.13}$$

也就是布拉格定律，此处 $n=1$。然而在式 (5.13) 中需要的是应变的变化量，因此需要对式 (5.13) 进行全微分：

$$\frac{\Delta d}{d} = -\cot\theta \Delta\theta \tag{5.14}$$

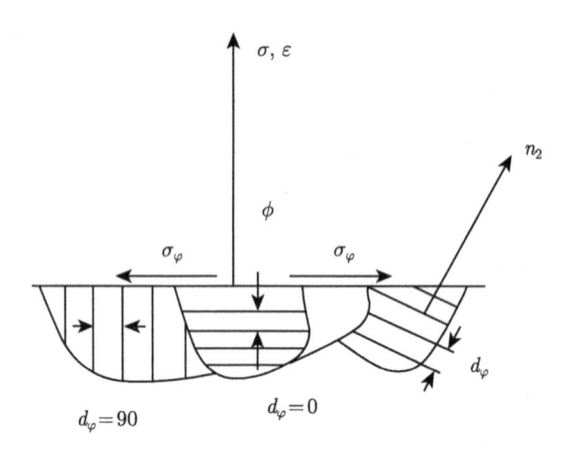

图 5.7　宏观应力测定原理分析示意图

至此，已系统建立了基于 X 射线分析方法对 III 族氮化物宏观应力进行表征的基本理论框架。根据 III 族氮化物表面的实际情况获得了式 (5.10)、式 (5.11)，其中求解应力 $\sigma_{\varphi\phi}$ 的方法需要从求解应变 $\varepsilon_{\varphi\phi}$ 的方法中获得。同时，应变 $\varepsilon_{\varphi\phi}$ 的直观体系为晶面间距的变化，即式 (5.13)。此时将式 (5.12) 与式 (5.13)、式 (5.14) 联立，可以获得使用 X 射线衍射法计算 III 族氮化物表面应力的通式：

$$\sigma_\varphi = -\frac{E}{2(1+\nu)} \cot\theta \frac{\partial 2\theta}{\partial \sin^2\phi} \tag{5.15}$$

最后指出，对于布拉格掠射角 2θ 的选取，应选择 X 衍射图谱中数值较大的数据（一般为 $2\theta > 70°$），从而获得更高的计算精确度。此外，X 射线衍射仪在工作时，X 射线掠射样品表面的入射角度对计算结果也有一定的影响，根据 X 射线掠射的角度，可以分为 0°-45° 法、45° 单斜法和 $\sin^2\phi$ 法。$\sin^2\phi$ 法是最常用而且准确性较好的方法，其原理是不断改变 X 射线入射角 ϕ 的数值，获得一系列不同的布拉格掠射角数据，然后代入式 (5.14) 进行计算，即

$$\sigma_\varphi = -\frac{E}{2(1+\nu)} \cot\theta_0 \frac{\pi}{180} \frac{\partial 2\theta_\varphi}{\partial \sin^2\phi} \tag{5.16}$$

式中，已经将布拉格掠射角从弧度制转为角度制，θ_0 为 X 射线入射角为 0 时的布拉格掠射角，其中 $\frac{\partial 2\theta_\varphi}{\partial \sin^2 \phi}$ 的计算方法为：利用 X 射线衍射仪获得多组 2θ 与 $\sin^2\phi$ 的数据，然后进行最小二乘法拟合。一般情况下拟合的结果为一次幂函数，因此 $\frac{\partial 2\theta_\varphi}{\partial \sin^2 \phi}$ 的数值可以用直线的斜率进行代替。

5.2.2 X 射线衍射法

5.2.1 节详细介绍了 X 射线衍射法测定的基本原理和计算方法，为结合实际的 III 族氮化物的宏观应力测定奠定了基础。在本节，将通过几个实际的案例，详细分析基于 X 射线方法分析 III 族氮化物宏观应力的方法。

AlN 是 III 族氮化物的代表，一般而言，AlN 的外延生长一般是在 Si、α-Al$_2$O$_3$ 等衬底上进行的。Si 衬底中，(100)、(110) 和 (111) 晶面是最常用的衬底类型。磁控溅射、MOCVD 和 MBE 是制备 AlN 薄膜的常用方法。然而，正如引言中所述，由于生长速率不均、温度梯度较大以及晶格失配等问题，常在 AlN 薄膜表面及其与衬底的界面处引发较为显著的应力现象。

使用磁控溅射制备的 AlN 薄膜很容易产生残余应力，就工艺过程而言主要有三个方面的原因。第一，沉积速率。当沉积速率过低时，原子在衬底上迁移时间长，容易在到达吸附点位置之前就被其余的小岛所俘获，形成较大的晶粒，导致薄膜表面粗糙、不致密，进而产生残余应力。相对应地，沉积速率过高会导致形核过多，形成内应力。这是由于在高速沉积下，原子或分子在衬底上的堆积速度过快，来不及进行充分的扩散和重排，导致薄膜内部产生应力。第二，溅射功率。溅射功率的升高会加快薄膜的沉积速率，并影响薄膜的残余应力。较高的溅射功率可以减少残余应力，因为高能量粒子可以更好地嵌入衬底中，减少界面处的应力积累。第三，沉积时间。沉积时间的长短也会影响薄膜的残余应力。过短的沉积时间可能导致薄膜缺陷多、密度低，从而产生较大的残余应力。而适当的沉积时间有助于形成结构完整、致密的薄膜，减少残余应力。图 5.8 为利用 99.95% 纯 Al 靶材，基于磁控溅射方法在 (100)、(110) 和 (111) 晶面的 Si 衬底表面制备的 AlN 薄膜的表面与截面 SEM 表征图 [1]。可以很明显地观察到，AlN 薄膜其实是由许多形状、大小不一的晶粒构成的，而且致密度并不很高。当材料受到挤压或拉伸时，这些晶粒之间的相互作用即能产生明显的残余应力。因此，为了实现对 AlN 薄膜质量的评估，需要对 AlN 薄膜的残余应力进行表征。

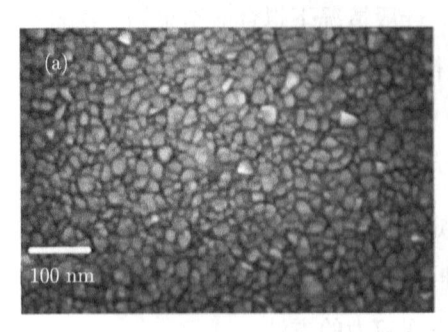

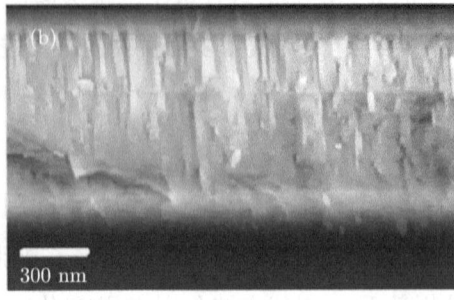

图 5.8 使用磁控溅射方法制备的 AlN 薄膜的 SEM 图 [1]
(a) 表面图；(b) 截面图

设 AlN 薄膜中 (hkl) 晶面的晶面间距为 d_{hkl}，薄膜表面的应变由下式确定：

$$\varepsilon = \frac{d_{hkl} - d_{hkl,0}}{d_{hkl}} \tag{5.17}$$

其中，$d_{hkl,0}$ 和 d_{hkl} 分别为该晶面产生应力前后的晶面间距。设 X 射线衍射表征中的倾斜角 (angle of tilt) 为 ϕ，掠射入射角为 γ，AlN 薄膜的泊松比和杨氏模量为 ν 和 E，则令 $\alpha = \theta_0 - \gamma$，其中 θ_0 是入射角为 0 时衍射图谱对应的掠射收集角，那么 AlN 薄膜的残余应力 σ 与应变 ε 之间的关系为 [2]

$$\varepsilon = \frac{1+\nu}{E}\sigma \cos^2\alpha \sin^2\psi + \frac{1+\nu}{E}\sigma \sin^2\alpha - \frac{2\nu}{E}\sigma \tag{5.18}$$

此处，计算残余应力所需要的数据由掠入射 X 射线衍射 (GIXRD) 技术提供。如图 5.9 所示，在 GIXRD 设备中，X 射线的发生器与样品表面之间的角度称为掠射入射角；探测器与样品之间的角度称为掠射收集角 2θ，为了保证表征和计算的准确性，探测器的检测范围应较大。使用 GIXRD 可以获得如图 5.10(a) 所示的衍射图谱，从图中可以看出，AlN 薄膜为多晶纤锌矿结构 [3]，其中的主要 X 射线衍射峰来自 ($10\bar{1}0$)、(0002)、($10\bar{1}1$)、($01\bar{1}1$)、($10\bar{1}2$)、($10\bar{1}3$) 和 ($11\bar{2}2$) 晶面，展现出明显的 $P6_3mc$ 空间点群类型。无论是在哪种晶面的硅衬底上进行外延生长，在 X 射线衍射图谱中均观察到强烈的 (0002) 峰，表明薄膜优先沿 c 轴取向。第

5.2 Ⅲ族氮化物宏观应力分析

二强峰出现在 (10$\bar{1}$3) 面，在约 66° 附近。在优选的取向薄膜，即单晶或外延薄膜中，当取向薄膜与其他平面的面间夹角非常接近或等于衍射角时，也会出现强的衍射峰。

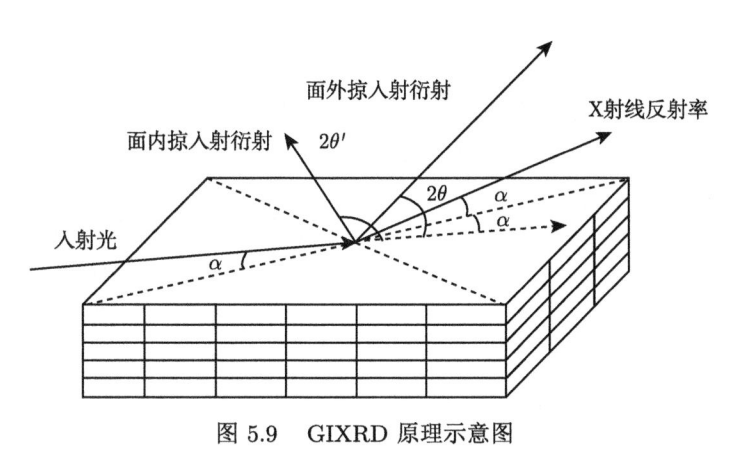

图 5.9 GIXRD 原理示意图

获取 X 射线衍射数据之后，接下来需要确定式 (5.17) 中各物理量的计算问题。对于较为均匀的残余应力导致的应变，式 (5.18) 中的 $\cos^2\alpha\sin^2\phi$ 与 ε 存在线性关系。根据图 5.10(a) 的 X 射线衍射数据，以为 $\cos^2\alpha\sin^2\phi$ 横轴、ε 为纵轴进行数据拟合，所作出的直线的斜率即为 $\dfrac{1+\nu}{E}\sigma$，设拟合数据的斜率为 b，则对应的残余应力即为

$$\sigma = \frac{bE}{1+\nu} \tag{5.19}$$

图 5.10(b)~(d) 展示了 (100)、(110) 和 (111) 晶面的 Si 衬底上外延生长的 AlN 薄膜的 $\cos^2\alpha\sin^2\phi$-ε 拟合图。需要指出的是，应变 ε 与晶面间距 d_{hkl} 之间可以根据式 (5.15) 相互替换，因此 $\cos^2\alpha\sin^2\phi$ 与 d_{hkl} 也存在线性关系，此处不再赘述。以 AlN 的 (10$\bar{1}$3) 面为例，对于 (100)、(110) 和 (111) 三种晶面的 Si 衬底，AlN 薄膜的残余应力计算值大约是 650 MPa、747 MPa 和 285 MPa，相对误差大约为 ±50 MPa。

实际上，前文介绍的方法是基于 5.2.1 节的原理开展的。而由第 4 章有关晶格常数测定的介绍可知，晶格常数测量是 X 射线衍射的一个基本应用，且施加宏观应力产生的应变必然会导致晶格常数的变化。因此，基于 X 射线衍射测量晶格常数也可以测定Ⅲ族氮化物的宏观应力，接下来介绍的这一种方法就是遵循这一

逻辑关系的典型案例。

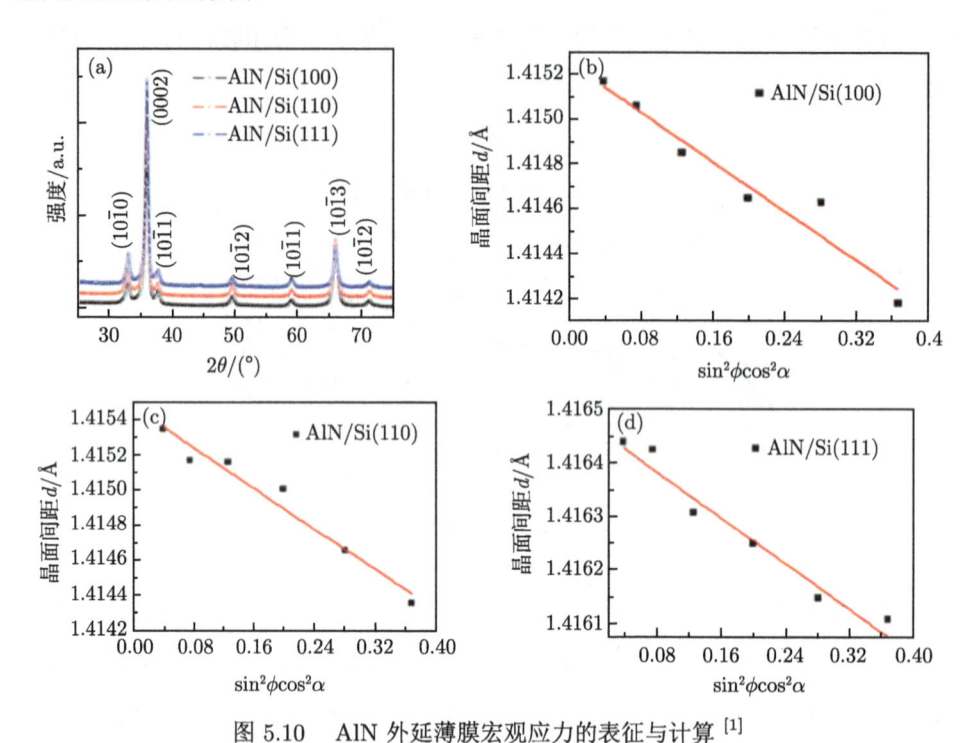

图 5.10 AlN 外延薄膜宏观应力的表征与计算 [1]

(a) 不同 Si 衬底表面外延生长的 AlN 薄膜的 X 射线衍射表征图；(b) 薄膜 (100)、(c) (110) 和 (d) (111) 三种晶面的 Si 衬底上的 AlN 薄膜 $\cos^2 \alpha \sin^2 \phi$-$\varepsilon$ 拟合图

作为宽禁带半导体，GaN 已经在多个高科技领域得到应用。与前文介绍的 AlN 一样，GaN 的常见制备工艺也是 MBE 和 MOCVD。接下来分析的案例中的 GaN 是使用 MBE 工艺制备的 GaN/Ga$_{1-x}$N$_x$/(001)α-Al$_2$O$_3$ 异质结构 [4]，其中 GaN 层和缓冲层的厚度分别为 2 μm 和 4 nm。基于这种异质结构，将介绍依靠 X 射线衍射测定晶格常数从而计算双轴应力的方法。需要提前说明的是，此处的 Ga$_{1-x}$N$_x$ 既可以理解为缓冲层，也可以理解为高温、浓度梯度等因素作用下的一部分缺陷层，具体的内容将在后续详细分析。

GaN 属于六方空间群系，以六方纤锌矿结构最为常见。尽管以 MBE 制备的 GaN 称为"薄膜"，而实际上这些在 α-Al$_2$O$_3$ 衬底上沉积的 GaN 呈现出柱状结构，柱的轴线呈六角形，且这些 GaN 纳米柱的生长方向大约是沿着 α-Al$_2$O$_3$ 衬底的 [0001] 方向 (存在略微偏差)。也就是说，这些 GaN 纳米柱的晶轴 a 和 b 可

5.2 Ⅲ族氮化物宏观应力分析

以认为是完全平行于 Al_2O_3 衬底的 (0001) 平面。因此，这样生长的 GaN 薄膜具有面内各向同性的弹性特性，其面内变形状态可以用应变分量来描述。设 GaN 薄膜的面内应变分量和面外应变分量为 ε_c 和 ε_a，即

$$\begin{cases} \varepsilon_c = \dfrac{c_r - c_0}{c_0} \\ \varepsilon_a = \dfrac{a_r - a_0}{a_0} \end{cases} \tag{5.20}$$

式中，a 和 c 代表 GaN 晶胞的晶格常量；下标 r 和 0 代表已产生应变和未产生应变。接下来通过实验表征以及计算获得 GaN 的晶格常数。其中，晶格常数 a 的获取依赖于 c，因此需要先获得 c 的数值，这由式 (5.21) 给出

$$c_h = -\frac{Dc_r}{r}p_h + c_r \tag{5.21}$$

式中，c_h 是使用 X 射线衍射图谱中 ($000h$) 衍射峰计算获得的晶格常数 c 的数值，下角 h 为反射阶数 ($h = 2, 4, 6$)，也就是说这是一个集合，即 $\{c_h\} = \{c_2, c_4, c_6\}$；$c_r$ 是晶格常数 c 的真实数值；D 是样品在水平面上相对于测角仪轴的可能位移；r 是测角仪的位移；p_h 的数值为

$$p_h = \frac{\cos^2 \theta_h^{(e)}}{\sin \theta_h^{(e)}} \tag{5.22}$$

此处，上标 (e) 代表使用弧度制，下标 h 代表利用 ($00h$) 衍射峰进行计算。因此，其计算公式可变换为

$$c_h = \frac{h\lambda}{2\sin\theta_h^{(e)}} \tag{5.23}$$

其中，λ 为 X 射线的波长。需要指明的是，考虑到 GaN 薄层的厚度以及衍射仪本身存在的误差，要获得较为准确的 c_r，需要数据集 $\{c_2, c_4, c_6\}$。表 5.1 展示了基于图 5.11 的 GaN 薄膜 X 射线衍射图谱数据计算 c_r 的数据。

表 5.1　基于 GaN 薄膜 X 射线衍射图谱数据计算 c_r 的数据 [4]

样品编号	($000h$) 衍射峰的位置/(°)			计算的晶格常数 c 的数值/nm	
	$h=2$	$h=4$	$h=6$	c_r	算术平均值
1	17.303	36.465	63.035	0.5186	0.51857
2	17.162	36.325	62.857	0.5191	0.51910
3	17.274	36.436	62.984	0.5188	0.51882

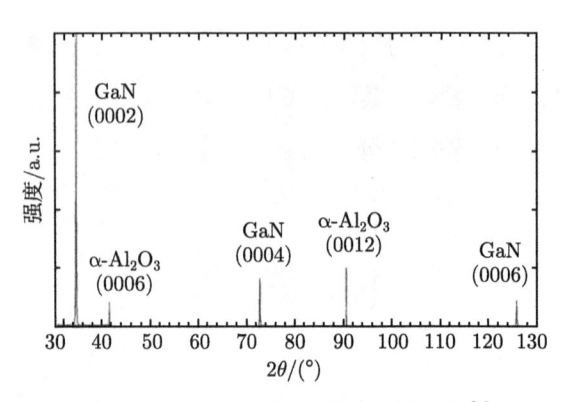

图 5.11 GaN 薄膜 X 射线衍射图谱[4]

同理，在获取晶格常数 c 的数值之后，晶格常数 a 的数值也可以按照下式计算：

$$a^{hkl} = cd_{hkl}\sqrt{\frac{4}{3} \cdot \frac{h^2 + k^2 + hk}{c^2 - l^2 d_{hkl}^2}} \tag{5.24}$$

此处使用的晶面来自图 5.11 中的 $(10\bar{1}1)$、$(10\bar{1}2)$、$(20\bar{2}2)$、$(10\bar{1}3)$、$(10\bar{1}4)$、$(10\bar{1}5)$ 和 $(20\bar{2}4)$ 衍射峰，表 5.2 给出了计算晶格常数 a 的数据。

表 5.2 计算晶格常数 a 的数据[4]

样品编号	$(10\bar{1}1)$	$(10\bar{1}2)$	$(10\bar{1}3)$	$(20\bar{2}2)$	$(10\bar{1}4)$	$(10\bar{1}5)$	$(20\bar{2}4)$	a 计算值/nm
1	18.367	24.123	31.724	39.221	41.087	52.479	54.659	0.31801
2	18.539	24.138	31.714	39.249	41.049	52.488	54.681	0.31781
3	18.391	24.063	31.719	39.239	41.020	52.489	54.584	0.31810

在没有施加应力时，GaN 薄膜的晶格常数为 $a_0 = 0.31878$ nm[5]，$c_0 = 0.5185$ nm。

GaN 薄膜中的面外和面内应变分量是双轴应变和流体应变 (hydrostatic strain) 的叠加，即[6]

$$\varepsilon_c = \varepsilon_c^{(b)} + \varepsilon_h \tag{5.25}$$

$$\varepsilon_a = \varepsilon_a^{(b)} + \varepsilon_h \tag{5.26}$$

其中，上标 (b) 代表双轴应变；ε_h 为流体应变，由下式给出：

5.2 Ⅲ族氮化物宏观应力分析

$$\varepsilon_h = \frac{1-\nu}{1+\nu}\left(\varepsilon_c + \frac{2\nu}{1-\nu}\varepsilon_a\right) \tag{5.27}$$

式中，ν 为 GaN 薄膜的泊松比，可以根据式 (5.26) 进行计算：

$$\nu = \frac{c_{13}}{c_{13}+c_{33}} \tag{5.28}$$

其中，c_{13} 和 c_{33} 均为 GaN 薄膜弹性模量矩阵中的元素，分别为 106 GPa 和 398 GPa[7]。

由于 GaN 薄膜与 α-Al$_2$O$_3$ 衬底之间的晶格失配，GaN 薄膜内部的应力大多都是双轴向的，再考虑到薄膜的厚度，计算 GaN 薄膜的内部宏观应力时应该使用 $\varepsilon_a^{(b)}$，它由式 (5.23)~式 (5.26) 联立求解确定。至此，GaN 薄膜内部的应力可表达为

$$\sigma_f = M_f \varepsilon_a^{(b)} \tag{5.29}$$

其中，M_f 为双轴弹性模量，其计算公式为

$$M_f = c_{11} + c_{12} - 2\frac{c_{13}^2}{c_{33}} \tag{5.30}$$

此处 c_{11} 和 c_{12} 的数值为 [7] 390 GPa 和 145 GPa，由此计算出 M_f 的数值为 478.5 GPa。现在以 GaN/Ga$_{1-x}$N$_x$/(0001)α-Al$_2$O$_3$ 结构中，$x=37.7\%$ 的情况为案例，根据表 5.2 的数据，可以计算出 $\varepsilon_a^{(b)}$ 数值为 -2.74×10^{-3}，此时双轴应力的数值按照式 (5.27) 计算为 -1.31 GPa，负号代表该应力的施加会使 GaN 薄膜的面积减小。

除了使用晶格常数计算Ⅲ族氮化物的残余应力之外，通过使用 X 射线衍射测量晶格间距从而间接计算得到残余应力的数值，也是一种可行的方法。Keckes 等[8]正是使用这种方法确定了 α-Al$_2$O$_3$ (0001) 衬底上的外延生长的立方型和六方型 GaN 的残余应力以及双轴应力。Keckes 等所使用的 GaN 样品是基于 MOCVD 法在 (0001) 面的 α-Al$_2$O$_3$ 衬底上生长的，厚度约为 280 nm。在 MOCVD 的工艺过程中，通过改变 Ga 源和 N 源的比例，可以制备出立方 GaN (c-GaN) 和六方 GaN (h-GaN)。在计算这两种类型的 GaN 的残余应力和双轴应力时，需要先作出一个假设——每个样品中的应力分布是均匀的，并且存在至少两个表面满足

应力平衡[9]，即

$$\sigma_{33} = \sigma_{13} = \sigma_{23} = 0 \tag{5.31}$$

由于假设存在了双轴应力状态，对于每种类型都存在三个未知的应力分量[10] σ_{11}^S、σ_{22}^S 和 σ_{33}^S，如图 5.12(a) 和 (b) 所示。这些未知量是通过测量一组特定晶面的晶面间距并结合图 5.12(a) 中所提及的物理量 ϕ 和 φ 计算得到的。这一系列的晶格间距应由下式计算得到

$$d_{hkl}^{\phi,\varphi} = d_{0,hkl}(1 + \varepsilon_{hkl}^{\varphi,\phi}) \tag{5.32}$$

其中，$d_{0,hkl}$ 代表待求解的晶面间距 (未施加应力)；$\varepsilon_{hkl}^{\varphi,\phi}$ 代表施加应力后产生的应变，同时也对应着 ε_{33}^L 以及自定义的以实验室测试设备为参考的空间坐标系 L，如图 5.12 (a) 所示。根据上述分析，ε_{33}^L 由下式定义：

$$\varepsilon_{33}^L = a_{3i}a_{3j}\varepsilon_{ij}^S \tag{5.33}$$

其中，a_{3i} 代表由坐标系 L 到以样品为参考的自定义空间坐标系 S 的变换矩阵。对于与 ε_{ij}^S 相关的未知的应力分量 σ_{op}^S，可以由下式计算得到：

$$\varepsilon_{ij}^S = S_{ijop}^S \sigma_{op}^S \tag{5.34}$$

其中，S_{ijop}^S 是坐标系 S 四阶弹性张量，由于其是定义在晶体坐标系 C 下的[11]，可以通过式 (5.33) 计算：

$$S_{ijop}^S = b_{ir}b_{js}b_{ot}b_{pu}S_{rstu}^C \tag{5.35}$$

其中，b_{ij} 是坐标系 S 和 C 之间的变换矩阵，其表达式为

$$b_{ij} = a_{ik}c_{kj}^{-1} \tag{5.36}$$

其中，c_{ij} 是坐标系 L 和 C 之间的变换矩阵，结合上述各式，晶面间距 $d_{hkl}^{\varphi,\phi}$ 的表达式可以写为

$$d_{hkl}^{\varphi,\phi} = d_{0,hkl}(1 + a_{3i}a_{3j}b_{ir}b_{js}b_{ot}b_{pu}S_{rstu}^C \sigma_{op}^S) \tag{5.37}$$

根据式 (5.35)，由于之前的平衡性假设，只有四个物理量：σ_{11}^S、σ_{22}^S、σ_{33}^S 和 $d_{0,hkl}$ 是未知的。在 GaN 的情况下，需要用 S_{mnop}^C、φ 和 ϕ 进行计算，而这些

5.2 Ⅲ族氮化物宏观应力分析

都可以通过 X 射线衍射表征获得相应的数据,在测得晶面间距的数值后,代入式 (5.35) 即可获得残余应力以及双轴应力的数值。

之前提到,在特定的 φ 和 ϕ 的取向下,GaN 层中的形变分别通过测量晶格间距 $d_{hkl}^{\varphi,\phi}$ 和 φ 样品取向来表征。每个 φ 和 ϕ 对应于特定晶体平面的取向,一般称为"极点",也就是图 5.12(b) 中展示出来的位置。换句话说,就是一个与倒易空间的晶体平面矢量 H_{hkl} 平行且由 φ 和 ϕ 确定的方向,用 L_3 表示。由于某些晶面与矢量 H_{hkl} 是平行的,甚至具有相同的模,因此无法直接通过 X 射线衍射来区分这些平面。需要指出的是,不同的晶型也要选择不同的方向进行测量。对于立方晶型,一般选择在 (422)、(440) 和 (511) 几个方向上进行反应测量,在六方晶系的情况下,在 10.6、10.5、20.5、20.4、21.4、21.3 和 21.2 个方向上测量晶面间距。

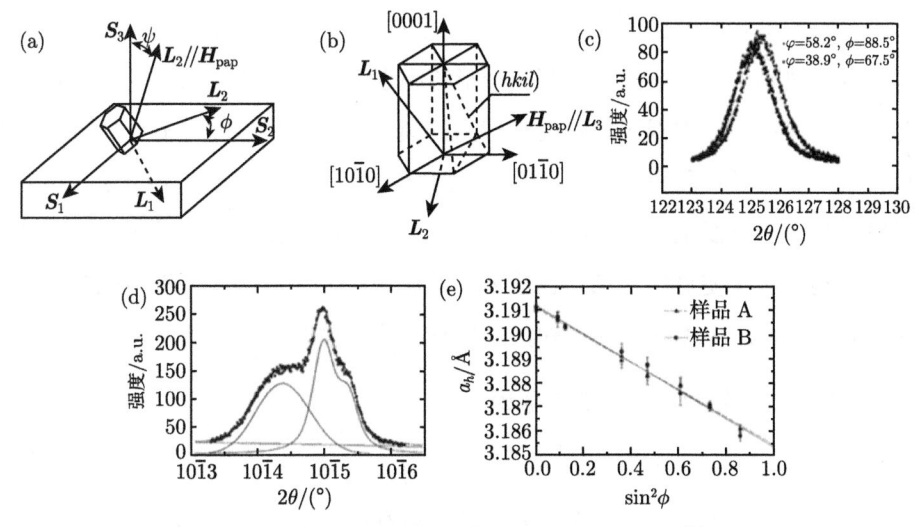

图 5.12 GaN 宏观应力的 X 射线衍射表征[8]

(a) 以测量样品为参考建立的坐标系;(b) 以晶体为参考建立的坐标系;(c) 不同 φ 和 ϕ 取向下的 h-GaN 的 X 射线衍射表征;(d) 峰叠加下的难以使用 Voigt 公式进行拟合的情况;(e) h-GaN 的晶格常数与取向角 ϕ 的关系

图 5.12 (c) 展示出了两个 h-GaN 的 X 射线衍射表征结果,且具有特定的 φ 和 ϕ 取向。需要说明的是。图 5.12(c) 的 X 射线衍射曲线利用了 Voigt 公式[12]进行了拟合。对于一些特殊的样品,若其衍射峰的形状呈现出叠加的形态,则无法直接使用 Voigt 公式进行拟合,如图 5.12(d) 所示。图 5.12(e) 展示出了两个六

方 GaN 样品的晶格常数 a 与应变后的测量取向角的关系,通过晶格常数 a 可以获得晶格常数 c 的数值,这在前文已经介绍过,故不再赘述,代入式 (5.35) 后即可获得残余应力以及双轴应力的数值,结果列在表 5.3 中。

表 5.3 h-GaN 双轴应力计算结果 [8]

样品类型和编号	σ_{11}/MPa	σ_{22}/MPa	σ_{12}/MPa	a/nm	c/nm
h-GaN 编号 A	−190.0	−197.3	2.3	3.1881	5.1831
h-GaN 编号 B	−199.4	−200.5	6.4	3.1882	5.1833

5.3 Ⅲ 族氮化物微观应力分析

在 5.2 节中主要介绍和分析了 Ⅲ 族氮化物宏观应力的方法。在 5.3 节,将介绍 Ⅲ 族氮化物微观应力的表征与分析方法。相比于宏观应力,微观应力更多地关注材料内部的微观尺度上 (如晶体结构、晶粒边界等) 所产生的应力。这种应力是由材料内部缺陷、晶体结构的排列和变形等因素造成的,通常在 nm 或 μm 尺度上测量。一般认为,宏观应力是微观应力的集中体现。材料的许多物理过程,比如材料的形变或者是晶相转变,在微观层面上实际是材料内部的滑移层、形变带、孪晶以及其附近的低维到高维缺陷 (如晶界、亚晶界、裂纹、空位等) 产生不均匀的塑性流动,从而使材料内部存在应力,即微观应力。因此,分析微观应力有助于对宏观应力形成更加深刻的认知,同样具有非常重要的实际意义。

5.3.1 Ⅲ 族氮化物微观应力测定原理

相比于宏观应力,微观应力的测定并非可以直接用公式计算那么直观。根据固体物理学的相关内容,晶格内部原子是长程有序 (单晶) 或短程有序 (多晶) 的,因此分析晶体材料,尤其是单晶材料的微观应力时,需要在倒易空间中进行——即分析应力对倒易点阵的影响。为了简化分析,先以立方晶系为研究对象,并仅考虑沿着 c 轴的单轴应力,如图 5.13 所示。

当应力施加后,原立方晶系晶胞内部的格点逐渐偏移,那么在倒易空间中的倒易格点的位置同样也会发生变化。应力施加后,晶面间距 d_{0001} 的数值增大,$d_{10\bar{1}0}$ 和 $d_{01\bar{1}0}$ 的数值减小。然而在倒易空间中,倒易矢量 $|g_{0001}| = \dfrac{1}{d_{0001}}$ 的数值减小,

5.3 Ⅲ族氮化物微观应力分析

同理 $|g_{10\bar{1}0}| = \dfrac{1}{d_{10\bar{1}0}}$ 和 $|g_{01\bar{1}0}| = \dfrac{1}{d_{01\bar{1}0}}$ 的数值增大。现在设没有应力施加时，实空间和倒易空间的应力状态为 d_0 和 g_0，施加应力之后变为 d 和 g，变化量记为 Δd 和 Δg，于是，

$$|\Delta g| = |g_0| - |g| = \frac{1}{d_0} - \frac{1}{d} = \frac{\Delta d/d_0}{d_0(1+\Delta d/d_0)} \tag{5.38}$$

又有

$$\sigma = E \cdot \varepsilon = E \cdot \frac{\Delta d}{d} \tag{5.39}$$

这说明，在给定微观应力 σ 的情况下，晶格应变是 $\dfrac{\Delta d}{d}$ 不变的，与干涉指数无关，因此又有

$$|\Delta g| \propto \frac{k}{d_0} \tag{5.40}$$

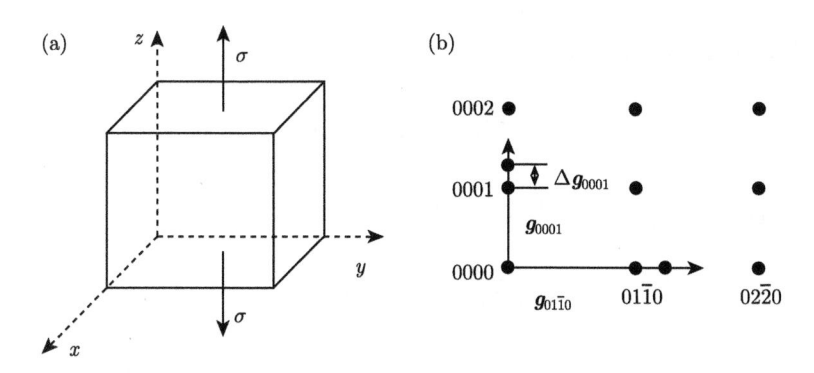

图 5.13 施加微观应力后 (a) 正空间与 (b) 倒易空间的矢量变化示意图

式 (5.38) 说明，倒易矢量的变化与晶面间距的变化成反比。此外，微观应力大多由材料内部晶粒的各向异性收缩或晶格畸变等所致，这种无定向、无定量的应力会产生衍射线宽化效应，如图 5.14 所示。

假设衍射线宽化仅由微观应力引起，记宽化后的衍射峰的 FWHM 为 β，图 5.14(c) 中 FWHM 的 $2\theta_1$ 和 $2\theta_2$ 处对应的晶面间距为 d_1 和 d_2，则平均微观应力 σ_{avg} 所对应的平均微观应变 ε_{avg} 应该是

$$\varepsilon_{\text{avg}} = \left(\frac{\Delta d}{d}\right)_{\text{avg}} \tag{5.41}$$

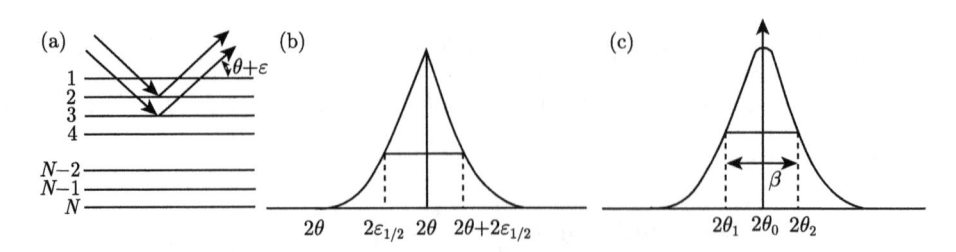

图 5.14 衍射线宽化原理示意图

(a) 晶面衍射示意图；(b) 衍射线宽化示意图；(c) 衍射峰宽化后的 FWHM 计算示意图

根据图 5.14(c)，有

$$\Delta 2\theta = 2\theta_2 - 2\theta_0 = 2\theta_0 - 2\theta_1 \tag{5.42}$$

因此，

$$\beta = 4\Delta\theta \tag{5.43}$$

对布拉格公式取全微分，则有

$$\frac{\Delta d}{d} = -\cot\theta \Delta\theta \tag{5.44}$$

而平均微观应变 ε_{avg} 与方向无关，则有

$$\left(\frac{\Delta d}{d}\right)_{\text{avg}} = \frac{\beta}{4}\cot\theta \tag{5.45}$$

将弧度制转化为角度制，则平均微观应力可以表达为

$$\sigma_{\text{avg}} = E\left(\frac{\Delta d}{d}\right)_{\text{avg}} = E\frac{\pi\beta\cot\theta}{180° \times 4} \tag{5.46}$$

同理，FWHM 可以表达为

$$\beta = \frac{180° \times 4}{E\pi}\sigma_{\text{avg}}\tan\theta \tag{5.47}$$

5.3.2 高能 X 射线衍射法

相比于宏观应力的测定，微观应力的测定所需要的条件略微苛刻一些，换言之，为了表征材料内部细致入微的结构，X 射线需要有更强的穿透能力，因此用于

5.3 Ⅲ族氮化物微观应力分析

微观应力测定的 X 射线衍射称为高能 X 射线衍射 (high-energy X-ray diffraction, HE-XRD)。使用这种设备主要有如下几个方面的考量：第一，高能 X 射线具有较高的穿透能力，可以穿透较厚的样品，从而能够对内部的微观结构和应力进行分析。这一点在研究厚材料或复杂结构时尤为重要。第二，使用 HE-XRD 可以获得更高的空间分辨率，从而能够在微观水平上研究样品的应力状态，这有助于识别材料内部的微小缺陷和应力集中现象。第三，HE-XRD 能够用于多种材料，包括金属、陶瓷和复合材料等，适用范围广泛，这一特点使其成为材料研究中的重要工具。在实际的测试表征中，相较于普通 X 射线衍射，HE-XRD 具有极高的 X 射线能量，测试时间短，定量分析更加精准，具有极高的分辨率、极高的信噪比，同时数据精度高且可做微区分析。

截至目前，HE-XRD 系列中，高能同步辐射 X 射线衍射的使用频率较高，这是一种利用同步辐射光源进行 X 射线衍射研究的技术。这些技术中所使用的同步辐射光源是一种高亮度的 X 射线光源，具有非常强的辐射能力和高度聚焦的特点。当高能电子在磁场中以接近光速运动时，如果运动方向与磁场垂直，电子将受到与其运动方向垂直的洛伦兹力的作用而发生偏转。带电粒子做加速运动时都会产生电磁辐射，因此这些高能电子会在其运行轨道的切线方向产生电磁辐射。通过将样品暴露于同步辐射光源下，可以获得非常细致的 X 射线衍射数据。下面，将基于高能 X 射线衍射的表征，介绍 Ⅲ 族氮化物材料微观应力的表征案例。

AlN 材料不仅在电子器件端有广泛应用，而且在各种氮化物和碳化物陶瓷以及耐火材料中，由于其高机械性能和绝缘性能而成为核电工程的候选材料，在复合陶瓷材料中也有其身影。除此之外，AlN 复合陶瓷材料还可以作为核电材料、抗辐射材料进行深入研究。然而这些过程都无法避免杂质引入的问题，而且当辐射作用于材料时，材料的晶体结构将伴随着空位、点缺陷、原子位移等辐射紊乱的演变，会出现复杂的缺陷形成过程[13-15]。同时，为了提升材料的抗辐射性能，往往会在 AlN 陶瓷中进行掺杂工艺，当材料表层 (1~10 μm) 中杂质浓度较高时，材料表面将会出现多孔、杂质析出和脆化现象，显著地影响了材料的物理化学性质，也加速了材料的膨胀过程和表层气泡的形成。无论是杂质还是辐射，晶格中的微应力和变形的增加等因素都将导致衍射峰强度的降低，并提高衍射峰的不对称性，有利于基于 X 射线衍射的微观应力分析。图 5.15(a) 和 (b) 展示了对 AlN 抗辐射复合陶瓷的高能 X 射线衍射表征图，从该图可以看出，AlN 抗辐射复合陶瓷的初始样品是具有六角形空间纤锌矿共形晶格的 $P6_3mc$ 多晶结构。同时，在初始结构中观察到存在属于空间点群 $P1$ 的 $\alpha\text{-}Al_2O_3$-三斜相结构，其百分比不超过 4.5%[16-18]。而在进行辐射测试后，从 X 射线衍射图谱中可以明显观察到归属于空间点群 $R3m$ 的 Al_4C_3-菱形体的附加相特征：① 近表面层中植入了 C^{2+}；② 晶格中的碳离子取代了氮离子。当辐照剂量增加到 10^{15} 离子/cm² 时，AlN 衍射谱线强度急剧下降，衍射谱线宽度变宽，衍射谱线不对称，极大值向小角区域偏移。在这种情况下，观察到 $\alpha\text{-}Al_2O_3$ 和 Al_4C_3 杂质相的贡献增加。除此之外，由于辐射的影响，AlN 抗辐射复合陶瓷样品的结构中出现具有较高能量的点缺陷和空位缺陷，导致了次级缺陷的级联形成。同时，由于碳离子在晶格间隙中的溶解度较低，因此在结构中易形成杂质包裹体。

当入射离子的能量小于 0.5 MeV 时，由于入射离子与晶格的相互作用，系统的主要能量向原子核转移 (能量损失)，从而导致原子的位移。在这种情况下，如果入射离子的能量足以产生第一个被击出的原子，晶格中就会相对应地出现一个空位。这个空位可以被入射离子占据，产生明显的应力集中。同时复合陶瓷结构中杂质相浓度的增加会导致额外的面间距离畸变和晶体变形，这种畸变 (微观应变) 可以采用威尔逊公式进行计算[19]：

$$\varepsilon = \frac{\beta_{hkl}}{4\tan\theta} \tag{5.48}$$

其中，β_{hkl} 是 X 射线衍射图谱中 (hkl) 晶面对应的衍射峰的 FWHM；θ 是掠射角的一半。图 5.15 (c) 展示了不同辐射处理后的 AlN 复合陶瓷内部的微观应力计算图，从图中可以看出，由于杂质原子存在于晶格间隙之中，并在结构中引起轻微的畸变，因此初始样品中的晶格畸变幅度不超过 2%。对于辐照处理之后的样品，当辐照剂量为 10^{14} 离子/cm² 时，观察到畸变迅速增加至 5%，这可能是因为结构中出现了额外的杂质相，所以引发了晶格内部的剧烈形变。

如图 5.15(c) 所示，当照射幅度为 10^{15} 离子/cm² 时，衍射峰出现明显的宽化与不对称化，通过分析最强烈衍射峰线的宽度和面积，可以估计不同类型的缺陷

5.3 Ⅲ 族氮化物微观应力分析

对材料性能变化的贡献。与此同时，由于辐射之后在样品的晶体结构中产生了大量微观应力，衍射线的宽化可能会更加明显，这也与位错的积累以及与再结晶过程相关的晶体破碎有关。除此之外，晶格微应变的增加是由于碳离子进入晶格节点和晶格位置的原子位移导致新相结构中 Al_4C_3 的形成，从而导致结构的额外扭曲和变形。为了进一步表征这种微观应变，采用了 Williamson-Hall 方法对衍射峰进行更加细致的分析，此方法中的衍射峰的 FWHM 可以表达为 [20,21]

$$\beta^2 = W_{\text{size}}^2 + W_{\text{strain}}^2 \tag{5.49}$$

其中，W_{size}^2 为晶体尺寸对应变的贡献：

$$W_{\text{size}}^2 = \left(\frac{\lambda}{D \cdot \cos\theta}\right)^2 \tag{5.50}$$

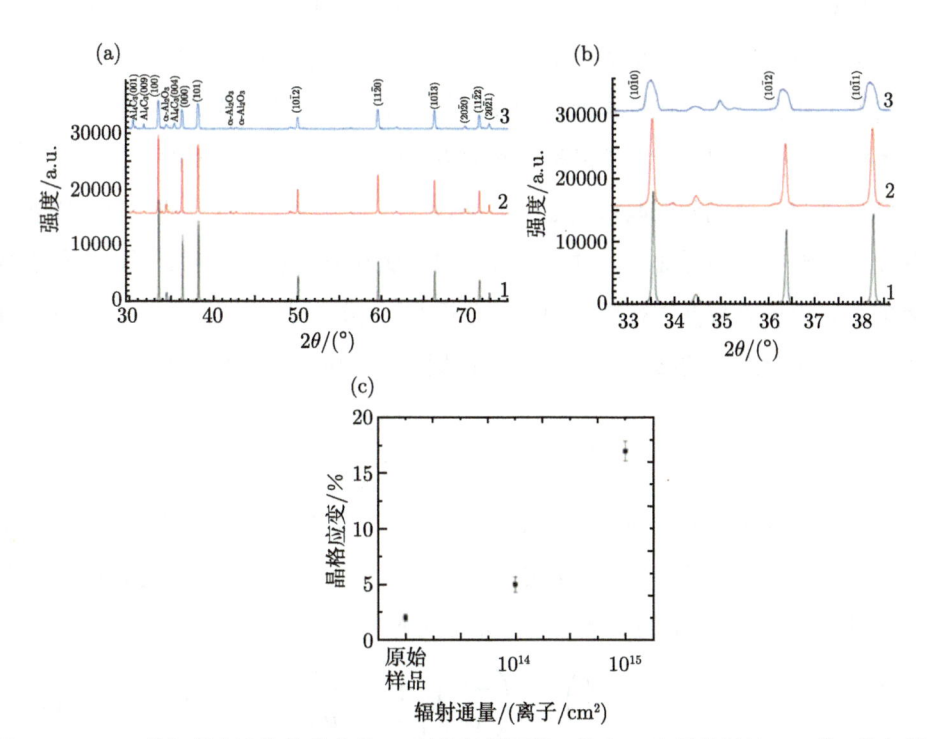

图 5.15 AlN 抗辐射复合陶瓷的高能 X 射线衍射图谱，其中 1 为原始样品，2 到 3 的辐射强度有显著增加 [13]

(a) 三种样品的 X 射线衍射全谱；(b) 为 (a) 的局部放大图；(c) 三种样品的晶格微观应变计算数值对比图

其中，D 为晶体尺寸；λ 为 X 射线的波长 (0.154 nm)；W_{strain}^2 为晶格内部微观应力对应变的贡献：

$$W_{\text{strain}}^2 = (4\varepsilon \tan\theta)^2 \tag{5.51}$$

Williamson-Hall 方法能够更好地表征材料内部的形变，并充分考虑了材料的微观尺寸。

对于微观应力的表征，还有一个比较重要的应用就是表征掺杂，Ⅲ 族氮化物中如 AlGaN 和 InGaN 都是掺杂材料。这个过程中就涉及晶格匹配的问题。由于 Ⅲ 族氮化物的禁带宽度较大，一般都能够在高温、高辐射、高压的环境中工作，这进一步放大了异质结材料晶格匹配的问题。外延结构中组成材料热膨胀系数差异较大，也是放大此问题影响程度的一个关键因素。由于热膨胀系数的较大差异，在温度变化时会引起材料内部的应力积累和热应力裂纹的形成，降低材料的性能。对于异质材料或者外延结构，晶格失配是无法避免，因此在许多外延材料结构的表征中会观察到譬如螺位错等缺陷的聚集。此外，外延材料的异质界面并非完美，界面之间的相互作用，包括扩散、相变和化学反应等可能导致界面的不稳定性和材料性能的变化。因此，对于晶格失配的表征同样具有十分重要的意义。

精确测定合金成分或晶格失配一般都是在双晶衍射仪上进行的，首先需要通过仪器获得材料的衍射曲线，并从中分析出衬底和外延层的对应衍射峰，最后从二者的分离距离等数据进行更加细致的分析[22]。相关理论指出，二者衍射峰的分离可以通过微分形式的布拉格定律与晶格失配进行联系，如下式所示：

$$\left(\frac{\Delta a}{a}\right)_{\perp} = \cot\theta \frac{\Delta\omega}{\cos^2\phi} \tag{5.52}$$

其中，公式左侧代表的是与晶体表面垂直的失配，即与晶面 [0001] 垂直；θ 代表布拉格衍射中的掠射角；ϕ 代表衍射发生的晶面与晶体表面的倾斜角。除此之外，还有一种"弛豫状态"下的晶格失配，如下式所示：

$$\left(\frac{\Delta a}{a}\right)_{\text{r}} = \left(\frac{\Delta a}{a}\right)_{\perp} \left(\frac{1-\nu}{1+\nu}\right) \tag{5.53}$$

其中，公式左侧代表"弛豫状态"下的晶格失配，ν 代表材料的泊松常数。根据经验规则 Vegard 定律，这种"弛豫状态"下的失配与材料的组分有关。根据 Vegard

定律，在某些固溶体合金中，当两种成分 A 和 B 以一定比例混合时，合金的晶格常数可以近似地通过加权平均两种纯成分 A 和 B 的晶格常数得到。简单来说，Vegard 定律认为晶格常数与成分之间呈线性关系，如下式所示：

$$a_{\text{alloy}} = xa_{\text{A}} + (1-x)a_{\text{B}} \tag{5.54}$$

根据上述公式，以 $\text{In}_{0.5}\text{Ga}_{0.5}\text{N}$ 材料为例，其晶格常数 a 应该是 InN 和 GaN 的晶格常数 a 的算术平均值。

根据前述内容计算获得晶格失配度是比较容易的，布拉格掠射角可以在确定衍射晶面后从 X 射线衍射图谱中获取，而其对应的和晶体表面的倾斜角可以通过理论计算获得。然而这是基于一个重要假设而成立的，即衬底和外延层能够独立地衍射 X 射线。在实际情况中则需要额外考虑两点因素。第一，假设忽略弹性散射，这就导致了异质结材料中的外延层，在指定一种材料后，其单独的 X 射线衍射图谱与其外延在某一种衬底上的衍射图谱是一致的。换言之，忽略衬底效应。这意味着，实际表征中获得的衍射峰数据与理论计算得到的标准数据之间必然因此而存在偏差。第二，X 射线在进入衬底和外延层时发生一系列光学现象的边界条件是不一致的。简单而言，在异质材料 A/B 中，X 射线在 A 材料和 B 材料发生衍射、反射等过程中，由于异质界面的影响，衍射图谱中衬底特征峰与外延层特征峰之间的衍射角差不准确。因此，需要一种合适的方法去进行修正。

为了修正两种材料的布拉格掠射角数值，需要引入新的理论进行分析。根据 Takagi-Taupin 方程[23,24]，引入新概念——偏差参数 (deviation parameter)，如下式所示：

$$a_h(\omega) = -\frac{2\lambda(\theta - \theta_0)\cos\theta_0}{d} \tag{5.55}$$

其中，a_h 代表偏差参数；θ_0 代表布拉格掠射角；d 代表 θ_0 所对应的晶面间距；θ 代表经过偏差修正后的布拉格掠射角。在这里，需要分别对异质结材料的衬底和外延层进行修正，求出较为准确的 θ，因此首先要求出偏差参数的具体数值。理论研究指出，偏差参数的计算与衍射前后 X 射线的振幅比有关。然而，振幅比的理论计算极其复杂，涉及微观状态下各种理论的综合，这里不过多叙述。这种修正是具备可靠性的，一方面，在振幅比计算中，以材料的边界作为条件；另一方面，振幅比计算数据需要以材料的反射率 R 作为依托。图 5.16(a) 展示了 $Al_{0.5}Ga_{0.5}As$ (位于 GaAs 衬底上) 的反射率与偏差角的模拟图，利用该结果可以计算出材料的偏差参数。然而，该模拟结果仍具备一定的限制条件：在使用反射率 R 进行计算时，需要确保材料的厚度是足够引起反射的。图 5.16(b) 展示了在不同厚度下，异质材料衍射峰分离计算结果与厚度的关系。可以看出，在材料足够厚时，其数值趋于稳定。根据前述的所有内容，可以较为准确地计算出材料的晶格失配数值。

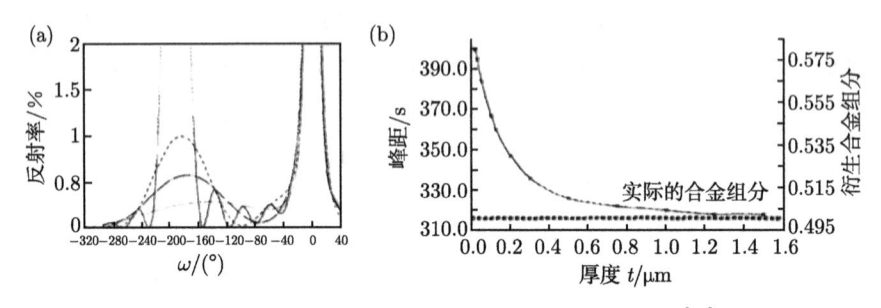

图 5.16 $Al_{0.5}Ga_{0.5}As$ 异质材料微观应力的计算[22]

(a) $Al_{0.5}Ga_{0.5}As$ 的反射率与偏差角的模拟图；(b) 异质材料衍射峰分离计算结果与厚度的关系

5.4 影响 III 族氮化物薄膜应力的因素

前面详细地介绍并分析了 III 族氮化物的宏观应力与微观应力的分析方法；实际上，影响基于 X 射线衍射的应力仍然存在一系列亟待解决的问题，其中最关键的就是 III 族氮化物材料在生长和加工过程中常常会受到各种应力的影响。因此，本节将紧密围绕 III 族氮化物的原位生长工艺的主体，细致分析影响 III 族氮化物应力的因素。

根据前文的分析，III 族氮化物的应力受到多个因素的影响，最为典型的则是生长方法、衬底选择和温度。针对生长方法，不同的生长技术 (如 CVD、MBE 等) 会产生不同的应力状态；针对衬底材料的选择，衬底的晶格匹配程度及其热膨胀系数与材料之间的差异都会影响应力的产生；针对温度，在生长和后处理过程中，温度的升高或降低会导致热应力的产生，进而影响材料的应力状态。下面，将对这三个关键因素进行详细的分析。

5.4.1 外延生长方法

Ⅲ 族氮化物的生长方法主要包括 MOCVD、物理气相沉积 (physical vapor decomposition，PVD)、MBE 等。其中，MOCVD 因其能够实现高质量薄膜的生长，并且具有良好的可控性而被广泛使用。同时，MBE 因更为精确的生长控制，能够实现单层原子的控制等优势而受到青睐。除了上述几种原位生长方法外，"磁控溅射与氮化"的复合工艺也广泛运用于多晶 Ⅲ 族氮化物的生长。无论是 CVD 法还是磁控溅射法，都存在着原位生长法本身的各种缺陷。因此，本节将对 CVD 法和磁控溅射法两种原位生长对 Ⅲ 族氮化物应力的影响进行讨论。

首先对 MOCVD 法进行讨论，MOCVD 法生长 Ⅲ 氮化物基本上遵循"二维生长模式"，这是一种严格服从"形核–迁移–成膜"的生长过程。在这个过程中，Ⅲ 族氮化物的生长形核过程最先发生，然后横向或是垂直生长为粒子，粒子在衬底上发生迁移并与其他粒子衔接，成为大面积的薄膜。从这个过程的描述中可以发现，形核、横向生长与迁移是形成大面积 Ⅲ 族氮化物薄膜的关键，这对于衬底的质量、晶格匹配提出了很高的要求，这一点在后文中会更加详细地分析，因此这里仅做浅析。比如使用 MOCVD 生长 GaN 薄膜时，若衬底采用 α-Al$_2$O$_3$，则由于 GaN 的晶格常数比 α-Al$_2$O$_3$ 大，晶格失配可能导致最初几层的 GaN 产生压应力。但随着生长的深入，薄膜的厚度增加，这种应力会达到饱和状态，最终可能导致材料发生脆性断裂或剥离。此外，调整生长温度可以有效控制应力的生成。从这个例子中可以认识到，晶格失配以及衬底表面质量较差会导致生长界面产生明显的应力聚集，而在此基础上产生的螺旋位错甚至是高维的裂痕就是这种内部微观应力在宏观尺度上的集中体现。如果从 MOCVD 这种工艺本身审视对应力的影响，依赖射频源产生的等离子将前驱体转移到衬底上，势必会产生不均匀的情况，这将导致局部形核密度过高或者过低的问题，最终在薄膜内部产生较大的应力，直接体现就是各种横向位错。其实 MBE 法也存在这种问题，比如通过 MBE 生长 AlN 薄膜时，如果衬底材料选择硅，则会面临严重的晶格失配问题。由于 AlN 与硅之间的晶格常数差异较大，AlN 薄膜在生长过程中会积累很高的应力。这种应力不仅影响薄膜的光学和电子性能，同时也可能导致位错的形成。

磁控溅射法可以看作是将"形核"与"生长"在宏观层面上人为分离的一种方

法。以生长 GaN 薄膜为例，先在衬底上溅射一层 Ga_2O_3 薄膜，紧接着置于高浓度的 NH_3 气氛中氮化获得 GaN 薄膜。与 MOCVD 和 MBE 不同，这种方法制备出来的薄膜一般具有多晶性质，这里主要存在三个因素：首先，从磁控溅射后的氮化温度而言，该过程通常在相对较低的衬底温度下进行，这不足以提供足够的原子迁移率以形成大尺寸、高度有序的晶体结构。也就是说，较低的温度限制了原子在衬底表面扩散和重新排列的能力，从而导致晶粒尺寸较小且取向随机的多晶结构；从磁控溅射本身具有的缺陷而言，该方法是一个高度非平衡的过程，溅射出来的原子具有广泛的能量分布，这使得原子在衬底表面沉积时难以形成高度有序的晶格结构；从生长机理而言，附着在衬底表面的原子没有足够的时间在衬底表面扩散和排列成有序的晶格结构。对于多晶材料而言，其长程无序性更容易和底部衬底形成应力集中，从而造成与单晶材料界面应力截然不同的情况。

图 5.17(a) 和 (b) 展示了 Zhang 等[25] 使用磁控溅射法在 Si(100) 衬底表面生长的 AlN 薄层，他们的工作中指出，随着磁控溅射的强度不同，AlN 薄膜与 Si 衬底之间的晶格匹配存在差异从而影响到了界面应力，即影响到了基于 X 射线衍射方法的应力表征。与此同时，图 5.17(c) 和 (d) 展示了 Liu 等[26] 使用 MOCVD

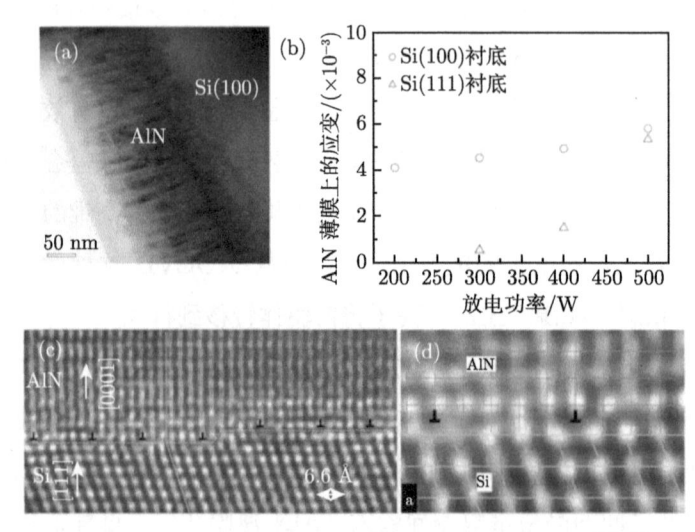

图 5.17 制备方法对材料生长以及应力表征的影响[25,26]

(a) 和 (b) 利用磁控溅射在 Si(100) 表面生长的 AlN 薄膜以及磁控溅射射频源强度对 AlN 薄膜界面应变的影响；(c) 和 (d) 是利用 MOCVD 制备的高质量 AlN 薄膜的截面 TEM 图

在 Si(111) 衬底表面生长的高质量 AlN 薄膜，可以清楚地观察到，以此方法生长的材料比磁控溅射生长的材料的晶格匹配更好，更有利于 X 射线衍射对应力的表征。由图 5.17(a) 的 TEM 图可以明显发现，磁控溅射的 AlN 薄膜在界面上存在"倒伏"和"突出"，这就是磁控溅射的不均匀性以及不完整性所导致的，抑或是界面应力的直接微观体现；对比图 5.17(c) 的单晶生长，则没有明显的位错，晶格匹配也更易获得高质量薄膜。

5.4.2 衬底材料选择

衬底材料对 III 族氮化物的应力分析具有重要影响，由于该类材料与常用衬底材料之间存在晶格失配和热膨胀系数不匹配等问题，在生长过程中会不可避免地产生应力并对其分析产生影响。在本节，将就衬底材料的选择对应力的影响进行介绍。

衬底对应力分析的影响其实大部分都是在"异质界面"上的体现，也就是常说的"晶格匹配"。这个过程对于 CVD 类遵循"形核–迁移–成膜"的材料影响尤为明显，这主要是三个原因的体现：① 衬底对形核的影响；② 衬底对粒子迁移的影响；③ 衬底对生长取向的影响。对于薄膜类材料的形核过程，在满足"衬底表面前驱体浓度充足"和"表面载气流速适中"的两大前提下，形核过程可以简化为形核颗粒的"吸脱附"过程。吸脱附过程对于表面的形态要求很大，这包括晶格匹配以及表面极性。就晶格匹配而言，失配率小于 5% 可以认为是较为完美的情况，大于 10% 则认为是较差的匹配情况。表面极性更多影响的是表面能，不同极性面的表面能不同，这会影响外延层成核过程。低表面能的极性面通常更容易成核，但成核密度也可能更高，导致晶粒尺寸更小。高表面能的极性面则可能导致成核困难，但形成的晶粒尺寸可能更大。需要额外指出的是，表面能影响的不仅仅是形核，在一些材料体系中，外延层的生长速率会依赖于衬底表面的极性，这在 III-V 族半导体材料中的影响尤为显著。举两个比较典型的例子，ReS_2 是典型的低维半导体薄膜材料，而这种对称性极差的材料对衬底的选择性效应十分明显，在二氧化硅衬底上由于界面应力较大，导致了面外生长，呈现出"玫瑰花"似的不规则形状；而在氟晶云母衬底上却能生长出大面积薄膜。MoS_2 也是一类典型的低维半导体薄膜层状材料，且能够在 c-GaN 上采用 CVD 法大面积生长；相反地，却在 a-GaN 上难以生长出高质量单晶薄膜，这就是 a 面和 c 面在晶格匹配和表面能上对 MoS_2 的形核与生长产生了较大的差异。除此之外，不同的衬底材料具有不同的晶格常数和热膨胀系数，这使得原位外延生长过程中的温度也可以进一步加大晶格匹配的影响，这一点同样在这里简单分析并在后续详细介绍。

在 III 族氮化物的生长中，常用的衬底材料包括 α-Al_2O_3、Si、SiC 和 Ge 等。α-Al_2O_3 是最早用于 GaN 外延生长的衬底材料，其晶格常数约为 4.76 Å，与 GaN 的 3.19 Å 晶格失配较大。这种晶格失配会导致在生长过程中产生较大的压应力。此外，α-Al_2O_3 的热膨胀系数相对较低，则在冷却过程中，会使 GaN 薄膜受到更大的拉应力。关于在 α-Al_2O_3 衬底上外延生长 GaN 的研究指出[27]，使用不同生长条件可以有效减少应力，同时当生长温度提高至 1100°C 时，GaN 薄膜的晶格缺陷密度显著下降，压应力得到缓解，最终有效提升了器件的性能。此外，通过优化生长气氛 (例如引入微量的 N_2 气体)，可以调整气体分压，进一步减小薄膜中的内部应力。相比之下，SiC 的晶格常数较接近 GaN (SiC 约为 4.36 Å)，因此，在生长 GaN 时，SiC 衬底能够有效减少晶格失配带来的应力。同时，SiC 的热膨胀系数比较接近 GaN，有助于降低温度变化所引起的应力。除此之外，当 SiC 作为衬底时，薄膜的应力状态更为稳定，尤其在高温操作条件下，SiC 的热稳定性保证了器件的长期可靠性。相对于以上两种衬底，Si 衬底具有更广泛的应用价值。其原因在于 Si 的廉价和广泛应用以及 Si 衬底外延工艺的成熟。然而，Si 的晶格常数与 GaN 存在一定差距，且 Si 的热膨胀系数又明显低于 GaN，这会导致在生长和冷却过程中产生较大的应力，使得 GaN/Si 结构在高温环境下容易出现翘曲和剥离现象，限制了其应用潜力。因此，在目前能够生长的晶圆级 III 族氮化物薄膜中，尤其是在 Si 衬底上外延生长 GaN 材料的工艺中，需要使用缓冲层来改善应力状态。

图 5.18 展示了 Iriarte 等[28]使用磁控溅射法在不同衬底上生长 AlN 薄膜的研究结果。在前几节中已经提到，III 族氮化物薄膜的 X 射线衍射峰的 FWHM 可以间接体现出其内部应力，具体到 CVD 和磁控溅射这两种表征方法上主要是两点：一个是晶粒尺寸不均匀带来的内部应力，另一个是晶格畸变带来的局部应力

5.4 影响 III 族氮化物薄膜应力的因素

集中。对于前者，较小的晶粒尺寸会导致较大的 FWHM，这是由于晶粒尺寸的缩小代表着横向生长限度较低，换言之就是其生长方向上存在阻碍应力；对于后者，内部应力会导致晶格发生畸变，即晶格常数偏离其平衡值。这种晶格畸变也会导致 FWHM 增大。而根据式 (5.46) 可知，微观应力/应变与 FWHM 存在一定的数学关系，在 X 射线衍射图谱上呈现出"衍射峰宽化"的现象，这在前几节同样已经分析过，此处不再赘述。根据图 5.18(a) 和 (b)，在不同衬底上生长的 AlN 薄膜，其摇摆曲线的 FWHM 存在很大差异，这种不同衬底带来的影响主要来自晶格失配和热膨胀系数失配，主要是外延界面处发生热膨胀时会因为不同的热膨胀系数而产生不同的应变数值，从而增强晶格失配。表 5.4 展示了 Wang 等[29]在使用 MBE 法生长 GaN 时总结的有关衬底选择方面的关键参数，这也充分说明了目前工业中在生长大面积、高质量晶圆级 GaN 时常常采用 α-Al$_2$O$_3$ 和 6H-SiC 作为衬底的原因。

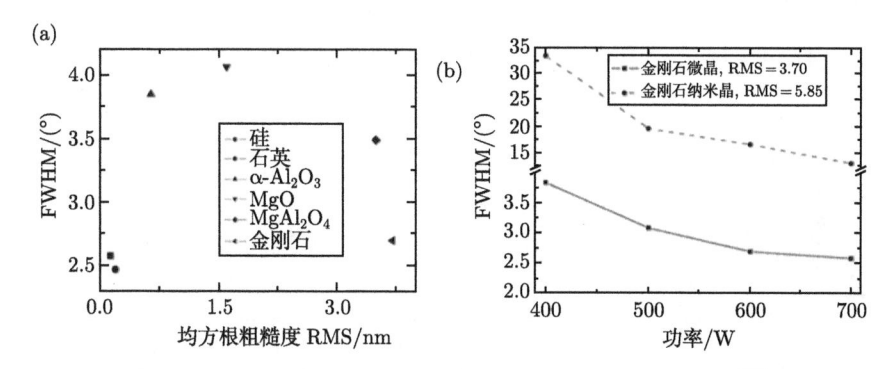

图 5.18 不同衬底对使用磁控溅射法生长 AlN 薄膜的影响 [28]

(a) 不同表面粗糙度上生长的 AlN 薄膜摇摆曲线的 FWHM；(b) 不同表面微观结构的金刚石衬底表面生长的 AlN 薄膜摇摆曲线的 FWHM

表 5.4 MBE 生长 GaN 工艺中常用的衬底与其核心参数 [29]

衬底材料	结构类型	晶格失配度	晶格热膨胀系数/($\times 10^{-6}$ K^{-1}) a	c
SiC-6H	纤锌矿	约 3.5%	4.3	4.7
Si	金刚石	约 21%	— 2.62	—
GaAs	闪锌矿	约 20%	— 6.03	—
α-Al$_2$O$_3$	菱形	约 16%	5.0	9.03

图 5.19 展示了本团队[30,31]在 ScAlMgO$_4$ 衬底和 AlN/Al 衬底上外延生长 GaN 的相关工作。首先关注图 5.19(a) 和 (d) 所示的截面 TEM 图，相比于 ScAlMgO$_4$ 衬底，仅从图像上的直接契合度进行分析，AlN/Al 外延生长构筑的界面的晶格畸变相对不那么明显。这一点同样可以通过对比图 5.19(c) 和 (f) 的 FWHM 数值得知，即 AlN/Al 衬底原位生长的样品比 ScAlMgO$_4$ 衬底原位生长的样品的 FWHM 整体上要低，或者说衍射峰的宽化不那么明显，代表着内部残余应力水平较低。关注图 5.19(c) 可知，PLD 工艺下的较高温度带来较低的 FWHM，这可能是由于较高的温度一方面增强了晶粒的生长尺寸，同时也为粒子在衬底上的迁移提供了较高的能量，使得薄膜的均匀性更加完整。进一步关注图 5.19(f) 可知，PLD 工艺下原位生长的激光重复频率并非越高或越低越好，而是存在极值，这是由于频率过慢会导致局部晶粒尺寸较小或缺失，过快会导致局部堆垛现象严重而在氮化过程中产生面外应力，因此只有适当选取激光重复频率才能有效提高晶体质量。除此之外，从该系列组图可以看出，GaN 在 ScAlMgO$_4$ 衬底和 AlN/Al 衬底上外延生长具有截然不同的生长性质。这种差异最直观地来自 GaN

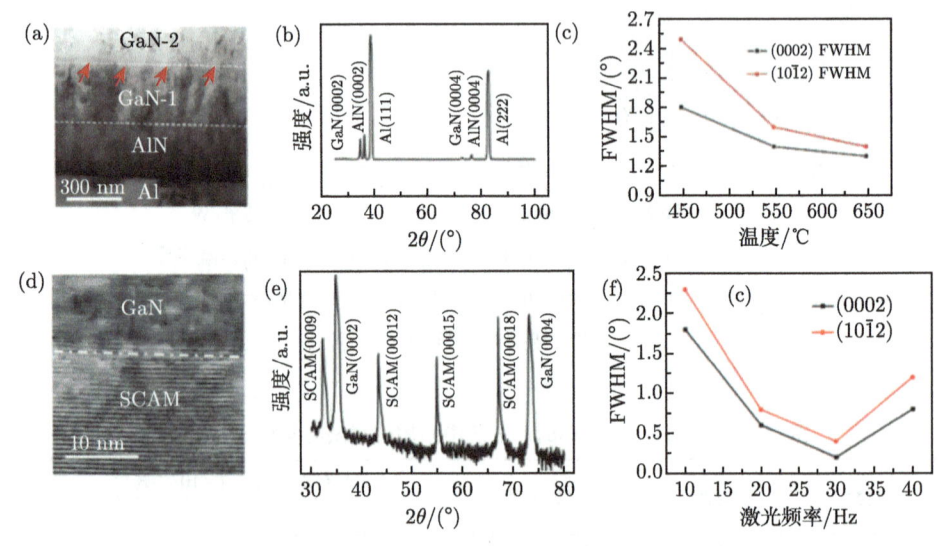

图 5.19 本团队在不同衬底上外延生长 GaN 的工作[30,31]

(a)~(c) 分别为在 ScAlMgO$_4$ 上生长 GaN 的截面 TEM 图、X 射线衍射图和 X 射线衍射峰 FWHM-生长温度关系图；(d)~(f) 分别为在 AlN/Al 衬底上生长 GaN 的截面 TEM 图、X 射线衍射图和 FWHM-激光重复频率关系图

5.4 影响 III 族氮化物薄膜应力的因素

和 ScAlMgO$_4$ 与 AlN/Al 之间的在晶格匹配与热膨胀系数上存在的差异,这也导致了温度对其外延生长的影响程度。表 5.5 展示了在 ScAlMgO$_4$ 衬底和 AlN/Al 衬底上外延生长 GaN 所产生的残余应力与应变,可以看出,AlN/Al 衬底更适合于生长 GaN,与前文的分析一致,而更多有关于热膨胀系数以及温度对应力的影响则在 5.4.3 节进行细致的分析。

表 5.5 ScAlMgO$_4$ 衬底和 AlN/Al 衬底外延生长 GaN 产生的残余应力与应变 [30,31]

样品编号	生长衬底	残余应力/GPa	残余应变/%
1	ScAlMgO$_4$	1.34	0.28
2		0.91	0.19
3	AlN/Al	−0.35	−0.12
4		−0.90	−0.25

5.4.3 温度工艺

温度对应力分析的影响其实在 5.4.1 节和 5.4.2 节中已经有些许提及了,主要是就外延生长中衬底与 III 族氮化物之间的热膨胀系数的差异进行了一些讨论。由于 III 族氮化物与其衬底材料之间的热膨胀系数差异可能导致在温度变化过程中的不匹配应力,从而在界面处产生明显的应力集中或缺陷。以 GaN 的外延生长为例,通常情况下,GaN 的热膨胀系数较低,相对于一些常用衬底材料 (如 Si 或 Al$_2$O$_3$ 等) 可能导致热应力积累。当温度升高时 [30],外延结构中的"不同步"形变会导致其中一方受到压迫。在 GaN 的例子中,衬底材料膨胀更快,III 族氮化物层可能会受到压缩应力。反之,如果采用的某种衬底材料膨胀较慢,则氮化物层可能会受到拉伸应力。这种应力状态不仅会影响材料的晶体结构,还可能导致位错的产生。具体到工艺上,采用 MOCVD 或者 MBE 的原位生长工艺时,通常是在 580~1000 ℃ 的高温下进行,随着温度的降低,GaN 和衬底之间的应力状态会发生变化。在实际应用中发现,随着冷却速率的变化,GaN 层中出现了不同类型的位错。这些位错与热应力密切相关。例如,快速冷却会导致大的热梯度,该梯度会造成材料内部产生巨大的拉伸或压缩应力。研究表明,在相同的衬底条件下,快速冷却的 LED 器件表现出更多的位错密度,而温和的冷却则减少了缺陷的生成。

除了热膨胀系数的差异外，还有一个不能忽视的关键点就是温度会导致缺陷的迁移，在此处对常见的点缺陷和线缺陷进行分析。对于点缺陷，在 MOCVD 和 MBE 这类原位生长工艺中主要存在四种常见的缺陷：① 空位，主要包括 N 原子空位或 III 族原子空位 (如 Ga 空位和 In 空位)；② 替换原子，也称为取代原子或替换杂质，主要是生长过程中杂质元素的引入 (如常见的 Mg 元素) 或者温度梯度和浓度梯度导致衬底的原子进行了迁移和空位填补 (如 Si 衬底上 Si 进入外延层产生了 Si 杂质原子取代)；③ 间隙原子，顾名思义就是 III 族原子和 N 原子存在于晶格间隙中，通常会导致晶格常数的变化；④ 反位缺陷，这种缺陷是指 III 族原子占据 N 原子位点，或 N 原子占据 III 族原子位点的情况。这种点缺陷比较少见，但也会显著影响晶格结构和光电学性质。点缺陷的迁移遵循阿伦尼乌斯方程 (Arrhenius equation)：

$$k = Ae^{-\frac{E_a}{RT}} \tag{5.56}$$

其中，k 和 A 分别代表速率常数和指前因子，具有相同的单位，用于衡量点缺陷迁移的速率；E_a 是活化能，代表着点缺陷迁移所要跨越的迁移势垒；R 和 T 分别为普适气体常量和热力学温度。从阿伦尼乌斯方程中可以明显看出，温度的升高有利于缺陷的迁移，使得点缺陷所引起的应力集中发生再分配。

对于线缺陷，这里着重分析"位错"的情况。位错在 III 族氮化物中广泛存在，比如线性位错和螺旋位错，这些位错的产生一方面与晶格匹配有关，另一方面与热膨胀系数的相近度有关，选用晶格匹配度较高的衬底能够有效降低位错的生成。与点缺陷类似，位错的迁移速率也遵守与阿伦尼乌斯方程类似的数学规律——与玻尔兹曼因子成正比，即

$$v \propto e^{-\frac{E_a}{kT}} \tag{5.57}$$

其中，v 代表位错的迁移速率；E_a 是活化能，代表着位错迁移所要跨越的迁移势垒；k 和 T 代表玻尔兹曼常量和热力学温度。在高温下，晶格原子具有较高的热振动能量，使得原子更容易克服位错迁移过程中遇到的能量势垒，位错更容易发生滑移；在低温下，原子热振动能量较低，位错要克服能量势垒变得更加困难。而位错迁移速率显著降低会形成位错塞积，从而导致严重的应力集中。与点缺陷的

5.4 影响 III 族氮化物薄膜应力的因素

分析类似，高温有利于位错的迁移，但这并不意味着低温迁移不会给晶体结构带来明显损害，较高的应力集中会降低载流子的迁移速率，显著降低其光电学性质。

图 5.20(a)~(c) 展示了本团队[33] 使用 MOCVD 在 Si 表面于不同温度下外延的 AlN 薄膜的截面 TEM 表征图。可以很清楚地观察到，在不同温度下，AlN 薄膜内部产生出不同种类以及不同密度的缺陷，这些缺陷会在其周围产生较大的应力集中，对于那些靠近界面的缺陷，将会显著影响界面处多轴应力的分析。如图 5.20(a) 所示，在温度较高的情况下，位错和堆垛层错的分布更加广泛，同时形成了更加明显的 SiN_x 层，该层形成的本质就是前文提到的，Si 原子在温度能量注入以及原子浓度梯度下的迁移；而位错和堆垛层错的广泛分布则是温度提供了高维缺陷迁移所需要的能量，这与前文的分析都是一致的。图 5.20(d) 展示了 Simsek 等[34] 在不同的温度下外延生长的 AlN 薄膜的拉曼 (Raman) 光谱表征图，设 ω_0 代表应变时 AlN 薄膜 Raman 光谱中 E_2 特征峰的位置，ω 代表不同温度下 AlN 薄膜的 E_2 特征峰的位置，则形核层双轴应力的计算公式如下：

$$\sigma = \frac{\omega - \omega_0}{\kappa} \tag{5.58}$$

图 5.20(e) 给出了计算的不同温度下 AlN 薄膜形核层界面应力的数值。该结果说明，温度对界面应力的影响十分明显，因此在分析微观应力时需要特别注意温度的影响。

除此之外，温度对 X 射线衍射分析在图像上也有直接的体现：图 5.21 展示了本团队[35] 针对生长温度对 GaN 外延生长的相关研究成果。其中图 5.21(a) 清晰地展现出了不同温度影响下，X 射线衍射峰形态和峰值的变化。其中最明显的就是 FWHM 的变化。FWHM 变化的原因之一是热膨胀系数，已经在 5.4.2 节分析过，因此不再赘述。晶格本身的热振动也是一个原因，温度的升高会增强晶格原子的热振动幅度。这些振动会扰乱晶格的周期性，导致衍射峰的宽化。较强的振动相当于增加了晶格的无序性，从而降低了衍射峰的锐度。与热膨胀系数这种影响因素相比，这是一种动态效应，与静态的晶格畸变具有显著区别。除此之外，高温下发生的应力弛豫也是一个不可忽视的原因，该原理与金属工艺中的退火 (annealing) 是相似的，高温可能会使薄膜中的内应力发生部分弛豫，导致峰位移动而非直接导致峰宽变宽。需要指出的是，这种弛豫的程度受到衬底的影响较大，晶格匹配度较高的外延结构，其弛豫效果更加显著。根据上述分析以及图 5.21(b) 所示的内容和式 (5.47)，FWHM 的变化就是微观应力的直接体现，进一步反映了温度对于 X 射线衍射法测定微观应力的影响。

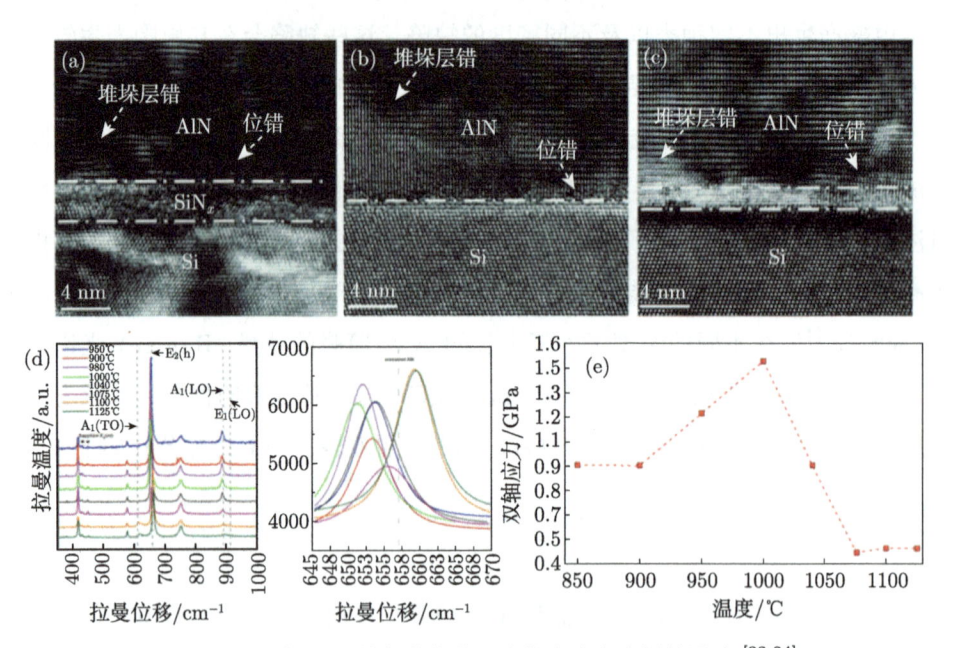

图 5.20　温度对 III 族氮化物外延生长中应力分析的影响[33,34]

(a)~(c) 分别为 1100℃、800℃ 和 700℃ 下于 Si 衬底表面外延生长 AlN 薄膜的截面 TEM 图像；(d) 和 (e) 为不同温度下，使用 AlN 薄膜外延生长内部的双轴应力计算

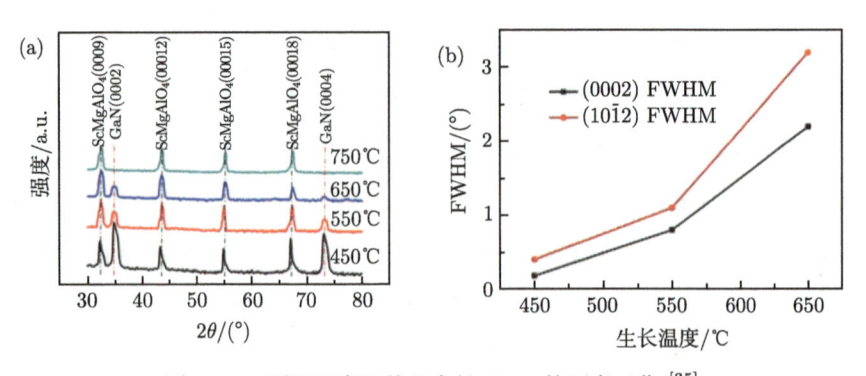

图 5.21　不同温度下外延生长 GaN 的研究工作[35]

(a) 不同温度下外延生长 GaN 的 X 射线衍射图谱；(b) 不同温度下外延生长 GaN 的 X 射线衍射图的 FWHM

5.5 影响 III 族氮化物薄膜应力分析的因素及优化方法

5.5.1 影响 III 族氮化物薄膜应力分析的因素

5.4 节重点分析了影响 III 族氮化物薄膜中宏观应力与微观应力的因素，并基于多组典型案例深入探讨了其中的原理。实际上，以上因素的存在确定会对 III 族氮化物薄膜的测量过程产生影响，最终导致应力分析结果出现不同的误差，根据实践经验的总结，这些影响主要来源于"样品制备"和"仪器设置"两个方面。在本节，将从这几个角度介绍影响 III 族氮化物应力分析的因素，并进一步分析产生这种影响的原理。

1. 样品制备

对于薄膜样品而言，其制样过程中表面处理 (或清洁) 及样品尺寸切割最为关键，这两个过程都可能对 X 射线衍射的测量产生影响，其中最主要的原因就是改变了样品表面形态，包括表面粗糙度、平整度等，这同样也是大多数情况下应力分析产生误差的直接原因。接下来，将从"表面形态"的角度分析样品制备对于 X 射线衍射应力分析的影响。

表面粗糙度和表面平整度是影响测量结果的最直接因素。对于表面粗糙度较高的 III 族氮化物薄膜样品，其表面会导致 X 射线在样品表面发生更多的散射，而不是布拉格衍射原理中所涉及的规则的衍射。这种散射会降低衍射峰的强度并增加 X 射线的路径长度，使得信号变得模糊和弱化。除此之外，同高度的表面区域会导致 X 射线的入射角度和衍射角度有微小差异。这种展宽会降低衍射峰的分辨率，增加应力分析的误差，在 X 射线衍射图谱上的直观体现就是衍射峰的过度宽化。根据式 (5.46)，微观应力的数值大小与 X 射线衍射峰的 FWHM 是直接相关的，从而造成一定的误差。对于表面平整度而言，其影响 X 射线衍射应力分析的原理和表面粗糙度类似，都是在样品表面引起更多不规则散射。然而平整度的影响还有一个直接体现就是产生入射角偏差。表面不平整会导致 X 射线的入射角度在实际测量中与设定值有偏差，换言之，X 射线衍射图谱中的横坐标"2θ"的精度受到了影响，这种情况会造成样品表面不同位置的测试结果存在严重偏离，从而导致数据一致性的下降。

上述内容主要是从 X 射线的角度进行介绍的，实际上表面粗糙度和平整度影响的还有材料表面的应力分布，这同样是分析精度下降的一个重要原因。对于表面存在褶皱、凸起或凹陷的样品，由于不同高度的表面区域可能承受不同的应力状态，在这些地方的外围轮廓处会产生十分明显的应力集中，就整个局部区域而言产生"应力梯度"，这对于 X 射线衍射应力分析是极为不利的。比如，现在需要测定 GaN 薄膜内部由螺旋位错而产生的微观应力集中现象，但是，由于切割时可能存在的操作失误，表面平整度下降，进而使得表面的应力集中优先反馈在 X 射线衍射图谱上 (如衍射峰宽化、峰位移等)，此时再利用 FWHM 计算得到的微观应力就不再具备高可信度。从以上介绍可以看出，制样过程作为 X 射线衍射分析的第一步，需要做到严谨和准确，因此优化制样过程对于准确测量 X 射线衍射数据而言十分必要，这部分内容将在 5.5.2 节进行介绍。

2. 仪器设置

除了制样因素外，X 射线衍射设备本身也是产生误差的主要原因之一，这体现在 X 射线波长的选择和探测器、测角仪的精度与校准。由前文有关应力测量原理的内容可知，无论是微观应力还是宏观应力，都需要对 X 射线衍射峰的位置、峰强和 FWHM 数据进行采集，如果 X 射线衍射峰发生缺失或重叠，将严重影响应力分析的准确度。

X 射线本身的性质是需要优先考虑的，从布拉格衍射方程的角度而言，衍射峰的位置由波长 λ 和晶面间距 d 决定，对于特定的晶面间距，如果入射波波长的 2θ 的范围超出探测器的最大限度，则会造成衍射峰的缺失；从吸收效应的角度而言，这主要体现在某些材料对于特定波长的 X 射线吸收较强。对于那些能量大于禁带宽度的 X 射线而言，较高的被吸收概率使得衍射信号过弱，导致衍射峰难以被探测而缺失；就衍射峰重叠的角度而言，可以从多级衍射和晶面间距相近的角度进行解释。在布拉格衍射方程中，存在一个变量"n"——衍射级数。比如采用 Cr K$_\alpha$ 产生的长波长 X 射线 ($\lambda = 0.23$ nm) 时，随着衍射级数 n 的增加，衍射角 θ 的数值会降低，从而导致多级衍射峰的重叠。

此外，探测器、测角仪的精度与校准也是不可忽视的问题。比如，探测器直接决定了测量的范围，大部分 X 射线衍射仪器的测试范围是固定的，一般为 $2\theta =$ 5°~120°，但对于特殊的仪器，比如平行光掠射或小角度、多角度掠射 XRD，其探测范围通常不同，此时需要对应地选择入射波长。再比如测角仪，其精度将直接影响角度，尤其是 FWHM 的测量，从而间接影响应力分析的正确性。综上所述，X 射线衍射设备本身也是不可忽视的重要误差来源，选择合适的测试参数是准确分析应力的关键。

5.5.2 应力分析方法的优化

5.4 节详细介绍了可能影响 III 族氮化物应力分析的因素，本节将基于 X 射线衍射的应力分析方法的三个典型优化策略进行介绍。

1. 制样过程以及测试过程的优化

5.5.1 节中提到，样品表面粗糙度和表面平整度会对 X 射线衍射应力分析产生直接影响，这个过程主要发生在制样过程中。一方面，采用各种方法制备的薄膜样品，其表面粗糙度是不一样的，甚至还可能存在合成过程中的残留物，因此表面清洗尤其是利用超声清洁等方式进行深度清洗就显得尤为重要；另一方面，在使用机械剥离转移法转移薄膜以及对薄膜样品进行切割时，会造成表面平整度下降，这就要求我们尽可能采用原位法制备材料以及利用金刚石划片机或激光切割机切割薄膜样品。

在 5.5.1 节中也曾详细分析了 X 射线的选择对于 X 射线衍射应力分析的影响，其中有一个很关键的因素是"吸收效应"。对于 III 族氮化物而言，以 AlN 和 GaN 为例，其禁带宽度为 6.28 eV 和 3.40 eV，而 Al 和 Ga 的 K 吸收边大约为 1.56 Å (7.95 keV) 和 1.20 Å (10.37 keV)，因此需要根据这两项关键物理量选择 X 射线的波长。对于 AlN 而言，波长大于 1.56 Å 的 X 射线较容易被吸收，从而造成衍射峰的缺失。同理，对于 GaN 而言，波长大于 1.20 Å 的 X 射线也是较容易被吸收的。需要额外补充的是，InN 中 In 的 K 吸收边为约 0.45 Å (27.94 keV)，与 GaN 和 AlN 相差较大，同时其对于波长大于 0.45 Å 的 X 射线吸收较为明显。在 X 射线衍射测试中，一般选择波长略大于材料吸收边的 X 射线源，获得较强衍射信号的同时又不至于产生明显的多级衍射重叠效应。就 III 族氮化物而言，AlN

和 GaN 通常使用 Cu K$_\alpha$ ($\lambda = 1.54$ Å) 产生的 X 射线, 而 InN 采用 Mo K$_\alpha$ ($\lambda = 0.71$ Å) 产生的 X 射线。

2. 多角度 X 射线衍射分析

多角度 X 射线衍射测量技术, 包括 2θ-ω 扫描、ω 扫描以及其他组合角度的测量, 可以从不同的方向获得样品的衍射信息。这种方法能够捕捉到材料内部的非均匀应力分布, 通过分析不同角度下衍射峰的位移和形状变化, 研究应力对晶体结构的影响。其中 2θ-ω 扫描常用于确定材料的晶体结构和相对应力状态; ω 扫描侧重于观察样品表面与衍射图之间的相互作用, 从而提供有关样品外部应力的信息。选择高分辨率的 X 射线衍射设备, 配备自动化的角度调节系统, 可以方便地进行多角度测量。在硬件方面, 使用高灵敏度探测器能有效提高信噪比, 增强对微小应力变化的检测能力。

在多角度 X 射线衍射分析中, 散射角的选择对于 X 射线衍射的精确表征十分重要, 如果能在此基础上结合入射 X 射线能谱的能量范围, 则无异于确定了测量过程中可观测的范围。因此为了保障 III 族氮化物内部应力表征的准确性, 在某些情况下通过一个能够在不同角度进行测试的 X 射线衍射表征手段来获得更大掠射范围是十分有必要的。图 5.22(a) 展示了 Marticke 等[36] 设计的一种能量色散 X 射线衍射 (energy dispersive X-ray diffraction, EDXRD) 设备, 该设备通过扩大掠射范围, 并结合不同能量的电子的散射, 提升 X 射线衍射表征的分辨率。图 5.22(b)~(d) 展示了对 NaCl 样品的 X 射线衍射表征, 其中 (d) 是采用多角度 EDXRD 的结果, 可以看出, 该设备表征的 X 射线衍射峰更加清晰, 有利于精细的结构以及应力分析。

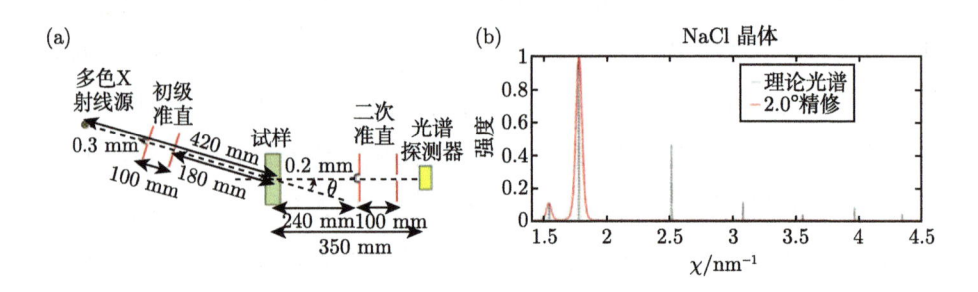

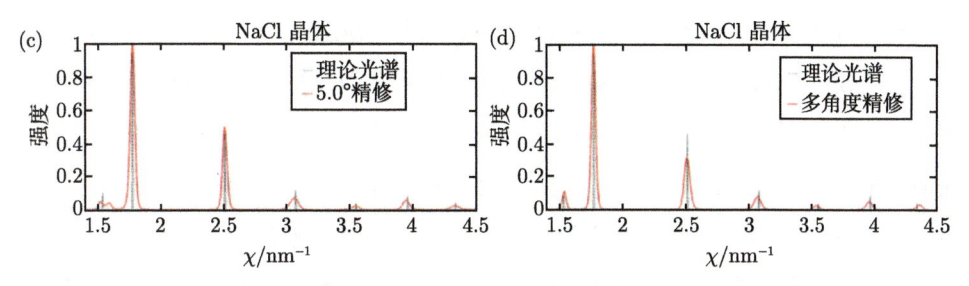

5.5 影响 III 族氮化物薄膜应力分析的因素及优化方法

图 5.22 多角度重构的 EDXRD 衍射增强 X 射线衍射精度 [36]

(a) 多角度 EDXRD 的工作示意图；(b)~(d) 为不同设备对 NaCl 的 X 射线衍射表征精度分析，其中 (d) 为采用多角度 EDXRD 的结果

3. 非均匀应力模型优化

在许多情况下，III 族氮化物的应力分布并不是均匀的，而是受到生长条件、衬底材料及外部环境等多种因素的影响。因此，采用非均匀应力模型进行分析具有重要意义。这种方法基于以下内容。① 应力分布建模。非均匀应力模型可以通过有限元分析或解析方法建立。具体而言，可以根据材料的几何形状、边界条件和加载方式，采用数值模拟的方法获得应力场分布。这些模拟结果为 X 射线衍射数据分析提供了重要的理论基础。② 应力-晶格常数关系。需要明确非均匀应力与晶格常数变化之间的关系。根据泊松效应和材料的弹性模量，可以建立应力与晶格常数的相关性，从而实现数据的校正。

在 X 射线衍射实验中，通常使用布拉格定律来计算晶面间距。然而，当考虑非均匀应力时，需要对传统的 X 射线衍射数据处理方法进行改进，主要包括以下内容。① 波峰位置的修正。在非均匀应力情况下，不同方向的应力会导致波峰位置的偏移。可以通过在 X 射线衍射数据处理中引入应力张量的概念，对不同晶面进行单独处理，从而更准确地计算应力。② 峰形分析。通过对 X 射线衍射峰形的细致分析，可以提取更多信息。例如，非均匀应力可能导致峰宽度的变化，结合谢乐 (Scherrer) 公式，可以对晶粒尺寸和应力状态进行联合分析。其中，有限元分析法就是一种常用的优化方法。

有限元分析微观应力与宏观应力已经具有十分多的案例，如图 5.23 所示。图 5.23(a) 和 (b) 展示了 Hutapea 等 [37] 基于微观极性理论 (micro-polar theory) 指导的有限元分析法绘制的纤维材料与衬底之间微观应力的结果，可以清晰地分辨出由应力导致的多种应变情况；图 5.23(c) 展示了 Isbuga 等[38] 利用联合 Drucker-Prager (combined Drucker-Prager，CDP) 屈服准则模型函数辅助的有限元分析法，分析不同受力情况下、材料构件不同位置的应力大小，并可以从图中十分直观地表现出来；图 5.23(d) 和 (e) 展示了 Himmlová 等[39] 利用有限元分析法分析构件连接处应力与构件长度和直径之间的关系，并以清晰的热力图进行展示。综上所述，充分利用有限元分析法，不但能够更加精确地分析 III 族氮化物的内部应力，还能够更加直观地予以展示和表达。

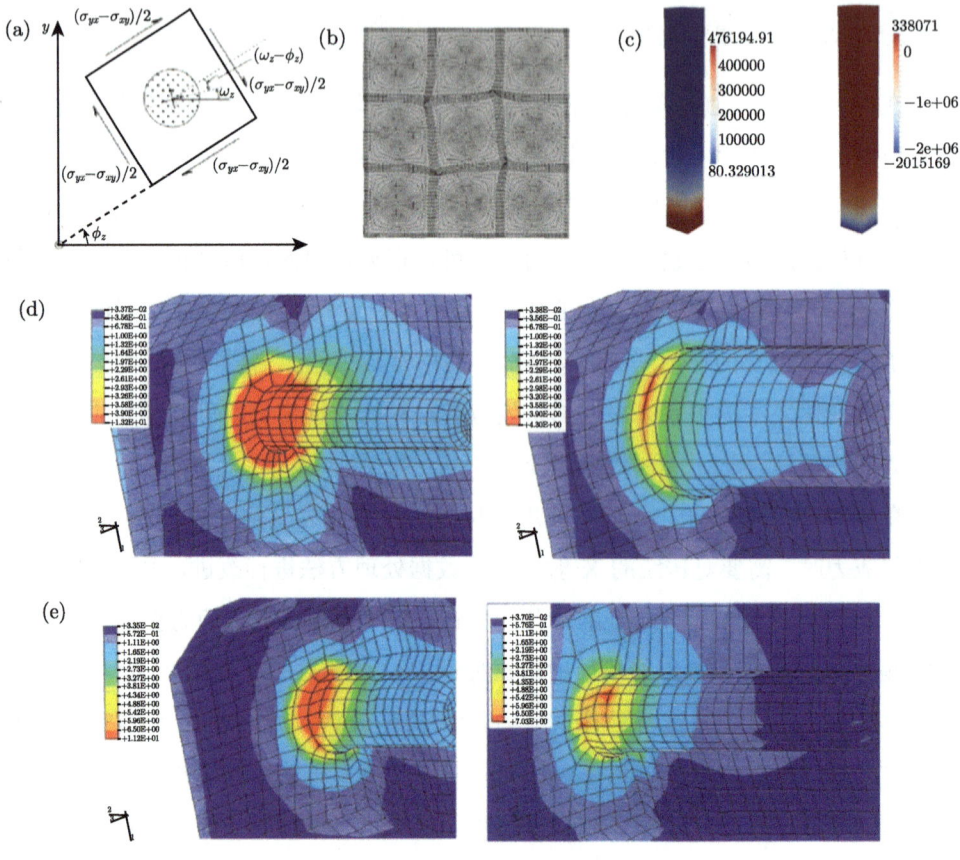

图 5.23　有限元分析法分析应力的案例 [37−39]

(a) 和 (b) 基于微观极性理论和有限元分析法分析的纤维材料-衬底微观应力的结果；(c) 基于 CDP 函数以及有限元分析法分析的样品受力下不同位置的应力；(d) 和 (e) 基于有限元分析法，分析构件长度与直径对应力的影响

5.6 本章小结

本章针对Ⅲ族氮化物的应力，包括宏观应力与微观应力进行了分析。基于 X 射线的分析方法，详细剖析了Ⅲ族氮化物中宏观应力与微观应力的测定原理，并介绍了几种测定Ⅲ族氮化物中宏观应力与微观应力的实际案例。其中，宏观应力的测定依赖于对晶面间距的表征，而微观应力的测定依赖于微观的晶格畸变，或者说晶格常数的变化的表征。在实际中，Ⅲ族氮化物的宏观应力与微观应力测定同样也会受到各种因素的影响，比如温度变化、衬底选择、缺陷密度等，通过不断优化 X 射线的测定方法，能够提升宏观应力与微观应力测定的准确性。无论使用何种优化分析方法，其最终目的都是对Ⅲ族氮化物薄膜内部的各种缺陷进行表征，并研究出一种可行的缺陷调控方法。第 6 章将从应力分析的基础上，过渡到基于 X 射线衍射方法的缺陷分析。

参 考 文 献

[1] Pandey A, Dutta S, Prakash R, et al. Growth and comparison of residual stress of AlN films on silicon (100), (110) and (111) substrates[J]. J. Electron. Mater., 2018, 47: 1405-1413.

[2] Ma C H, Huang J H, Chen H. Residual stress measurement in textured thin film by grazing-incidence X-ray diffraction[J]. Thin Solid Films, 2022, 418(2): 73-78.

[3] Yao T, Hong S K. Basic Oxide and Nitride Semiconductors[M]. Berlin: Springer, 2009.

[4] Harutyunyan V S, Aivazyan A P, Weber E R, et al. High-resolution X-ray diffraction strain-stress analysis of GaN/sapphire heterostructures[J]. J. Phys. D: Appl. Phys., 2000, 34: A35-A39.

[5] Grzegory I, Bockowski M, Luczntx B, et al. GaN crystals: growth and doping under pressure[J]. MRS Online Proceedings Library, 1997, 482: 115-126.

[6] Kisielowski C, Krüger J, Ruvimov S, et al. Strain-related phenomena in GaN thin films[J]. Physical Review B, 1996, 54(24): 17745.

[7] Polian A, Grimsditch M, Grzegory I. Elastic constants of gallium nitride[J]. Journal of Applied Physics, 1996, 79(6): 3343-3344.

[8] Keckes J, Gerlach J W, Rauschenbach B. Residual stresses in cubic and hexagonal GaN grown on sapphire using ion beam-assisted deposition[J]. Journal of Crystal Growth, 2000, 219(1-2): 1-9.

[9] Noyan I C, Cohen J B, Noyan I C, et al. Analysis of Residual Stress Fields Using Linear Elasticity Theory[M]. New York: Springer, 1987.

[10] Ortner B. Simultaneous determination of the lattice constant and elastics strain in cubic single crystal[J]. Advances in X-ray Analysis, 1985, 29: 387-394.

[11] Nye J F. Physical Properties of Crystals[M]. Oxford: Oxford University Press, 1957.

[12] Langford J I. A rapid method for analysing the breadths of diffraction and spectral lines using the Voigt function[J]. Journal of Applied Crystallography, 1978, 11(1): 10-14.

[13] Kang W, Chun C. Aluminum vacancy related dielectric relaxations in AlN ceramics[J]. J. Am. Ceram. Soc., 2018, 101(5): 2009-2016.

[14] Crespillo M L, Agulló-López F, Zucchiatti A. Cumulative approaches to track formation under swift heavy ion (SHI) irradiation: phenomenological correlation with formation energies of Frenkel pairs[J]. Nuclear Instruments and Methods in Physics Research Section B: Beam Interactions with Materials and Atoms, 2017, 1(394): 20-27.

[15] Kraft S, Schattat B, Bolse W, et al. Ion beam mixing of ZnO/SiO_2 and Sb/Ni/Si interfaces under swift heavy ion irradiation[J]. Journal of Applied Physics, 2002, 91(3): 1129-1134.

[16] Shlimas D I, Kozlovskiy A L, Zdorovets M V, et al. Effects of C^{3+} ion irradiation on structural, electrical and magnetic properties of Ni nanotubes[J]. Materials Research Express, 2018, 5(3): 035021.

[17] Kaniukov E, Bundyukova V, Yakimchuk D, et al. Radiation-resistant magnetic field sensors based on SiO_2 (Ni)/Si structures[J]. Nuclear Instruments and Methods in Physics Research Section B: Beam Interactions with Materials and Atoms, 2019, 460: 209-211.

[18] Snead L L, Nozawa T, Ferraris M, et al. Silicon carbide composites as fusion power reactor structural materials[J]. Journal of Nuclear Materials, 2011, 417(1-3): 330-339.

[19] Biju V, Sugathan N, Vrinda V, et al. Estimation of lattice strain in nanocrystalline silver from X-ray diffraction line broadening[J]. Journal of Materials Science, 2008, 43(4): 1175-1179.

[20] Zak A K, Majid W A, Abrishami M E, et al. X-ray analysis of ZnO nanoparticles by Williamson-Hall and size-strain plot methods[J]. Solid State Sciences, 2011, 13(1):

251-256.

[21] Mote V D, Purushotham Y, Dole B N. Williamson-Hall analysis in estimation of lattice strain in nanometer-sized ZnO particles[J]. Journal of Theoretical and Applied Physics, 2012, 6: 1-8.

[22] Fewster P F, Curling C J. Composition and lattice-mismatch measurement of thin semiconductor layers by X-ray diffraction[J]. Journal of Applied Physics, 1987, 62(10): 4154-4158.

[23] Takagi S. A dynamical theory of diffraction for a distorted crystal[J]. Journal of the Physical Society of Japan, 1969, 26(5): 1239-1253.

[24] Taupin D. Théorie dynamique de la diffraction des rayons X par les cristaux déformés[J]. Bulletin de Minéralogie, 1964, 87(4): 469-511.

[25] Zhang J X, Cheng H, Chen Y Z, et al. Growth of AlN films on Si (100) and Si (111) substrates by reactive magnetron sputtering[J]. Surface and Coatings Technology, 2005, 198(1-3): 68-73.

[26] Liu R, Ponce F A, Dadgar A, et al. Atomic arrangement at the AlN/Si (111) interface[J]. Applied Physics Letters, 2003, 83(5): 860-862.

[27] Zhou Y, Gong H, Luo H, et al. Study on the performance of GaN homoepitaxial films grown on polished substrates by different slurries [J]. ECS Journal of Solid State Science and Technology, 2025, 14: 024004.

[28] Iriarte G F, Rodríguez J G, Calle F. Synthesis of c-axis oriented AlN thin films on different substrates: a review[J]. Materials Research Bulletin, 2010, 45(9): 1039-1045.

[29] Wang X Q, Yoshikawa A. Molecular beam epitaxy growth of GaN, AlN and InN[J]. Progress in Crystal Growth and Characterization of Materials, 2004, 48-49: 42-103.

[30] Wang W, Yan T, Yang W, et al. Epitaxial growth of GaN films on lattice-matched ScAlMgO$_4$ substrates[J]. CrystEngComm., 2016, 18(25): 4688-4694.

[31] Wang W, Zheng Y, Zhang X, et al. Design and epitaxial growth of quality-enhanced crack-free GaN films on AlN/Al heterostructures and their nucleation mechanism[J]. CrystEngComm., 2018, 20(5): 597-607.

[32] Lim S H, Dolmanan S B, Tong S W, et al. Temperature dependent lattice expansions of epitaxial GaN-on-Si heterostructures characterized by *in-* and *ex-situ* X-ray diffraction[J]. J. Alloys Compd., 2021, 868: 159181.

[33] Li Y, Wang W L, Li X C, et al. Nucleation layer design for growth of a high-quality

AlN epitaxial film on a Si(111) substrate[J]. CrystEngComm, 2018, 20: 1483-1490.

[34] Simsek I, Yolcu G, Koçak M, et al. Nucleation layer temperature effect on AlN epitaxial layers grown by metalorganic vapour phase epitaxy[J]. Journal of Materials Science: Materials in Electronics, 2021, 32: 25507-25515.

[35] Wang W, Yan T, Yang W, et al. Effect of growth temperature on the properties of GaN epitaxial films grown on magnesium aluminate scandium oxide substrates by pulsed laser deposition[J]. Materials Letters., 2016, 183: 382-385.

[36] Marticke F, Paulus C, Montemont G, et al. Multi-angle reconstruction of energy dispersive X-ray diffraction spectra[C]. 2014 6th Workshop on Hyperspectral Image and Signal Processing: Evolution in Remote Sensing (WHISPERS). IEEE. 2014: 1-4.10.1109/WHISPERS.2014.8077640.

[37] Hutapea P, Yuan F G, Pagano N J. Micro-stress prediction in composite laminates with high stress gradients[J]. International Journal of Solids and Structures, 2003, 40(9): 2215-2248.

[38] Isbuga V, Regueiro R A. Finite element analysis of finite strain micromorphic Drucker-Prager plasticity[J]. Computers & Structures, 2017, 193: 31-43.

[39] Himmlová L, Dostálová T, Kácovský A, et al. Influence of implant length and diameter on stress distribution: a finite element analysis[J]. The Journal of Prosthetic Dentistry, 2004, 91(1): 20-25.

第 6 章　Ⅲ 族氮化物缺陷的 X 射线衍射分析

6.1　引　言

在第 5 章提及,目前在衬底上异质外延生长仍然是得到 Ⅲ 族氮化物薄膜的主流方法 [1],但由于 Ⅲ 族氮化物通常与异质衬底之间存在着较大的晶格失配和热失配 (例如,GaN 与常见的 Si 衬底之间的晶格失配和热失配分别达到 16.9% 和 57.0%,GaN 与 c 面 α-Al$_2$O$_3$ 衬底之间的晶格失配和热失配则分别达到 13.9% 和 30.0%[2]),导致外延生长过程中 Ⅲ 族氮化物薄膜中存在较大的应力,应力的形成与积累会诱导缺陷的形成和演化,并对 Ⅲ 族氮化物薄膜的力学、光学以及电学特性造成负面影响,进而影响基于 Ⅲ 族氮化物薄膜的各种光电子器件和功率电子器件的性能和可靠性 [3]。以穿透位错为例,穿透位错是 Ⅲ 族氮化物薄膜中最常见的一种缺陷类型,对于光电二极管 (light emitting diode, LED) 和探测器 (photodetector, PD) 这类光电子器件来说,穿透位错作为一种非辐射复合中心,会捕获光生载流子,使得器件的光电转换效率降低,进而影响器件的发光效率或响应度;而对于高电子迁移率晶体管 (high electron mobility transistor, HEMT) 来说,穿透位错会形成局部的电场增强点,并在高电压情况时形成电流的泄漏路径,降低器件的击穿电压,导致器件的可靠性降低。

因此,想要提高 Ⅲ 族氮化物薄膜质量以及优化器件性能,就必须在应力分析的基础上了解 Ⅲ 族氮化物外延生长过程中缺陷形成和演化的机制。目前通常使用 X 射线衍射、AFM、光致发光 (photoluminescence, PL) 光谱、TEM 以及化学刻蚀法等技术对 Ⅲ 族氮化物薄膜中的缺陷类型、密度以及分布等信息进行表征 [4,5],其中 X 射线衍射技术作为一种非破坏性技术,能够在不损伤样品的情况下提供大范围平均的缺陷信息,计算样品的缺陷密度,从而了解 Ⅲ 族氮化物薄膜的晶体质量以及在生长过程中缺陷的演化过程。本章节将对 Ⅲ 族氮化物薄膜缺陷类型、X 射线衍射缺陷表征原理与方法、Ⅲ 族氮化物薄膜缺陷的 X 射线衍射分析，以及 X 射线衍射薄膜缺陷分析的误差与优化等多个方面进行详细的阐述。

6.2　Ⅲ 族氮化物薄膜缺陷概述

根据尺寸和维度的不同，Ⅲ 族氮化物薄膜中存在的缺陷可划分为四大类，这些缺陷从原子尺度到微米尺度不等，且在不同的维度上表现出不同的特性，其具体划分如下[6]。

(1) 三维缺陷 (体缺陷)：主要是析出物、裂纹以及 V 形坑。

(2) 二维缺陷 (面缺陷)：主要涉及晶体结构中大面积的晶格排列不规则，包括堆垛层错 (stacking fault)、孪晶以及晶界 (grain boundary) 等。

(3) 一维缺陷 (线缺陷)：主要是失配位错和穿透位错。穿透位错根据其位错线和伯格斯矢量 (Burgers vector) 的相对取向，又可分为螺位错、刃位错以及混合位错。

(4) 零维缺陷 (点缺陷)：主要是空位、间隙原子、反位缺陷以及各种点缺陷形成的复合体。

下面根据缺陷从大到小的维度顺序介绍这些不同类型缺陷的微结构特征。

6.2.1　三维缺陷 (体缺陷)

三维缺陷，又称为体缺陷，顾名思义是指在三维尺度上与基质晶体具有不同结构、不同化学成分或是不同密度的区域。Ⅲ 族氮化物薄膜中主要存在的体缺陷包括有析出物、裂纹以及孔洞等。

与体单晶的生长方式不同，采用气相外延生长的 Ⅲ 族氮化物薄膜一般不会出现析出物这类大型体缺陷。只有当外延设备真空度未达到要求或是衬底表面杂质未清洗时，才有可能出现包含 C 和 O 杂质的析出物。这类析出物并不一定位于外延薄膜内部，有时在其表面也能观察到这类缺陷，这是因为 Ⅲ 族氮化物前驱体在体积较大的析出物周围难以成核和生长，导致析出物暴露在外延薄膜表面[7]。

由析出物引起的表面凹坑通常面积较大，并且形状并不规则，图 6.1(a) 所示为在 α-Al_2O_3 衬底上外延生长的 GaN 薄膜表面析出物的高分辨透射电子显微镜

6.2 Ⅲ族氮化物薄膜缺陷概述

(HRTEM) 图像,该析出物呈现出不规则的条状[8]。通过能量散射 X 射线能谱仪 (EDS) 对析出物进行成分分析,结果如图 6.1(b) 所示。从 GaN 外延薄膜和析出物的能谱图对比中可以看出,析出物的 O 元素含量很高;同时,在 O 元素特征 X 射线的低能量侧可以观察到弱且宽的肩峰,该肩峰归属于低含量的 C 元素与 N 元素,证实了析出物是 GaN 外延薄膜中的 N 元素被 O 元素替代而形成的。

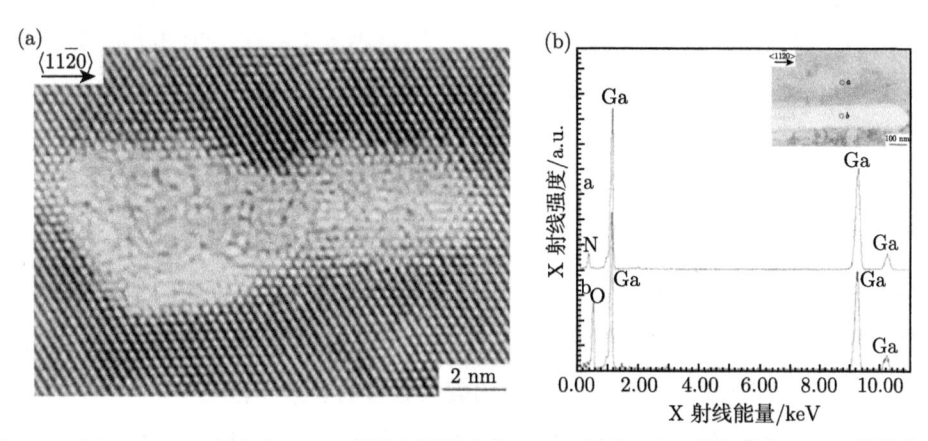

图 6.1 (a) α-Al$_2$O$_3$ 衬底上 GaN 薄膜表面析出物 TEM 图像;(b) 析出物与 GaN 薄膜的 X 射线能谱对比[8]

裂纹是Ⅲ族氮化物薄膜中另一种常见的体缺陷形式,外延生长过程中Ⅲ族氮化物薄膜与衬底因晶格失配和热膨胀系数差异而累积的应力及其释放过程是产生裂纹的主要原因。因此,为了得到高质量的Ⅲ族氮化物薄膜,通常需要在衬底表面先低温生长一层 GaN 或 AlN 缓冲层,而后再高温生长Ⅲ族氮化物薄膜。缓冲层虽然能够释放一部分由晶格失配产生的应力,但也带来了新的形式的应力:在缓冲层之上高温生长Ⅲ族氮化物薄膜时,初期的生长模式为岛状生长,由于相邻岛之间存在微小的取向差,所以这些岛在合并时会产生张应力,这种张应力的释放形式之一是在晶粒的交界处产生大量的位错,另一种释放形式就是产生裂纹。因此,一般有裂纹存在的区域,其位错密度也相对较低。

图 6.2 所示是在 GaN/α-Al$_2$O$_3$ 模板衬底上生长的 InAlN 的 SEM 图像和裂纹处的 TEM 明场像,InAlN 薄膜与 GaN 模板之间的晶格失配导致在外延生长的过程中 InAlN 受到压应力,应力不断累积最终产生裂纹以释放应力[9]。从 SEM

图像中可以看出，裂纹之间形成的夹角仅为 60° 或 120°，反映了 InAlN 晶体结构沿 c 轴方向的六次旋转对称性。

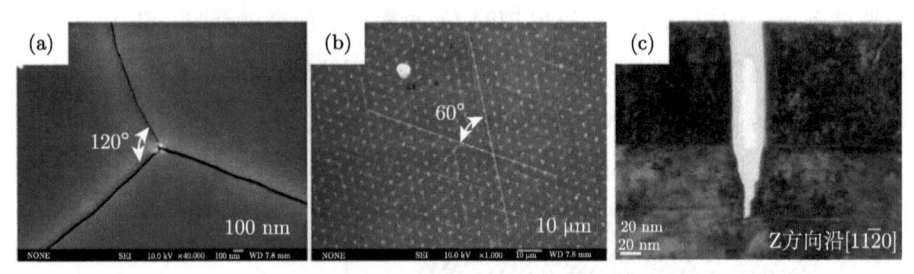

图 6.2　GaN/α-Al$_2$O$_3$ 模板衬底上 InAlN 薄膜的 SEM 图像[9]
(a) 放大倍数 40000 倍；(b) 放大倍数 1000 倍；(c) InAlN 薄膜裂纹处的 TEM 明场像

同时，有研究表明，析出物对裂纹的产生具有显著的促进作用[10]：析出物的边缘处容易产生应力集中效应，导致析出物周围的晶格产生较大的塑性形变，这就使得裂纹容易在析出物周围形成，并扩展出去，交叉成网。由此可见，减少或者消除析出物是减少 Ⅲ 族氮化物薄膜内裂纹数量的有效手段之一。

除了上述体缺陷类型之外，Ⅲ 族氮化物薄膜中还有一种常见的体缺陷为 V 形坑 (V-pit) 缺陷。V 形坑缺陷通常伴随位错的产生而产生在 Ⅲ 族氮化物表面的交界处，一般来说表现为倒置的六角锥结构，其六角锥侧面由 Ⅲ 族氮化物的 (10$\bar{1}$1) 或 (11$\bar{2}$2) 面构成，与 c 面 (0002) 的面间夹角约为 62°，如图 6.3(a) 所示。另外，在 Ⅲ 族氮化物薄膜中也能观察到底部为钝角的 U 形坑缺陷，以及侧面由 (10$\bar{1}$1) 和 (11$\bar{2}$2) 面一同构成的十二面坑缺陷，其形貌如图 6.3(b)~(d) 所示。

目前，对于 V 形坑缺陷的形成机理尚无明确的定论，根据不同研究者从不同角度的分析，大致可以认为 Ⅲ 族氮化物薄膜中 V 形坑缺陷的形成可能与以下不同因素有关。① 从质量运输方面考虑，常规外延生长时较高的生长温度和较低的 V/Ⅲ 原子比会增加金属原子表面迁移速率，在岛状生长过程中，沉积在岛顶部的金属原子向岛的边缘迁移，并入岛的侧面形成新的晶面，最终与岛的底部合并形成 V 形坑缺陷，并在合并区域形成位错团簇，其具体形成过程如图 6.4 所示。② 从结构观察角度考虑，V 形坑缺陷的出现总是伴随着穿透位错的终止，因此部分研究认为穿透位错是形成 V 形坑缺陷的原因，但是引起 V 形坑缺陷的穿透位错类型仍然存在争议。③ 同样从结构观察角度考虑，认为 V 形坑缺陷的形成与

6.2 Ⅲ族氮化物薄膜缺陷概述

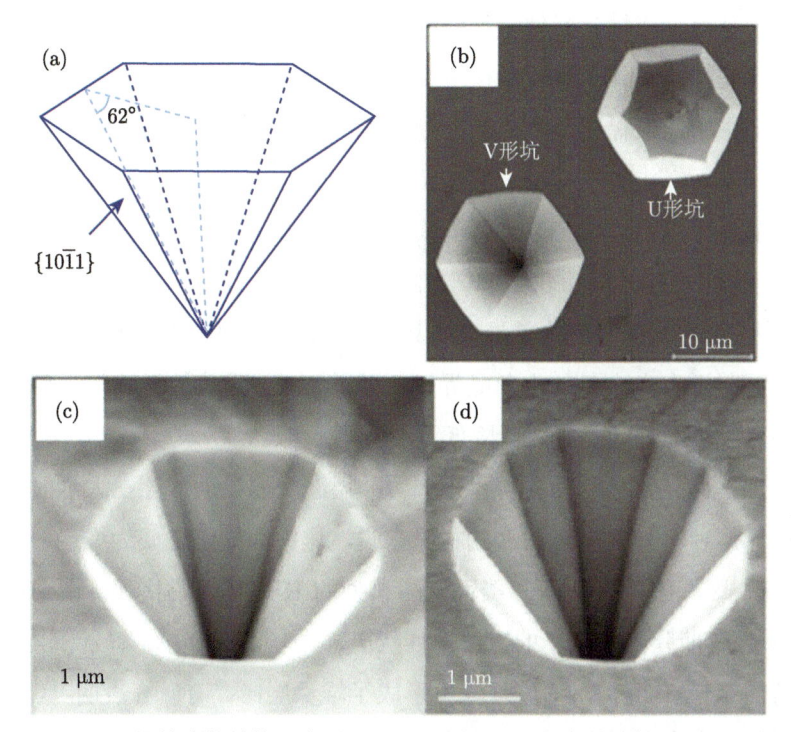

柱状反向畴 (ID) 或堆垛层错相关。Matsubara 等 [13] 研究了 GaN 外延薄膜的会聚束电子衍射花样 (CBED)，发现 V 形坑缺陷底部出现了反向畴的存在，认为由于 N 极性面反向畴的生长速度小于周围的 GaN，最终导致 V 形坑缺陷的形成。除此之外，Cho 等 [14] 在 InGaN/GaN 量子阱结构中发现，由堆垛层错产生的堆垛层错边界也可以引入 V 形坑缺陷。V 形坑缺陷与位错等其他种类缺陷不同，位错缺陷被证明是引起Ⅲ族氮化物光电子器件漏电的主要原因。此外，位错会降低Ⅲ族氮化物光电子器件的发光效率、寿命等，但是 V 形坑缺陷在基于 InGaN/GaN

图 6.3 (a) V 形坑缺陷的结构示意图；(b) V 形坑和 U 形坑缺陷的 SEM 形貌图 [11]；(c) 和 (d) 分别为六面和十二面锥形坑缺陷的 SEM 形貌图 [12]

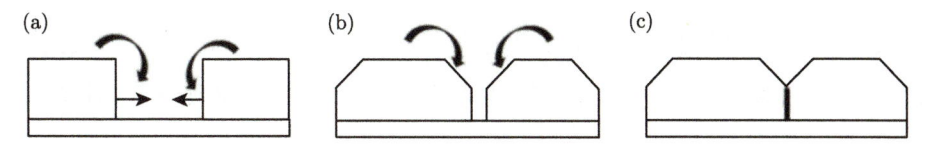

图 6.4 Ⅲ族氮化物薄膜中 V 形坑缺陷形成机制示意图

量子阱结构的 LED 器件中被证明有利于增强蓝绿光 LED 的发光效率，因此深入理解 V 形坑缺陷行为一直受到研究者们的关注。

6.2.2 二维缺陷 (面缺陷)

二维缺陷，又称为面缺陷，通常存在于外延薄膜的内部，但有时也会对其表面形貌产生影响。Ⅲ族氮化物薄膜中的面缺陷主要存在于薄膜内部的晶界处以及与衬底或缓冲层之间的相界处。Ⅲ族氮化物薄膜的外延生长模式是在缓冲层上的岛状生长。低温生长的缓冲层一开始为无定形结构，在高温退火的条件下发生固相重结晶，从而形成柱状晶体，这些柱状晶体之间存在着微小的取向差，而外延层就是在这些柱状晶体上进行成核生长的。随着生长过程的进行，晶粒长大并发生合并，但由于晶粒保留了生长初期存在的取向差，所以其合并之后形成了小角晶界。

小角晶界可以通过 TEM 进行观察或是通过湿法腐蚀表征，图 6.5(a) 和 (b) 分别展示了操作矢量 g= [0002] 和 [11$\bar{2}$0] 时 GaN 外延薄膜横截面的 TEM 双束明场像[15]。图中衍射衬度的差异说明其属于不同取向的晶粒，导致 GaN 薄膜与缓冲层界面附近存在大量的小角晶界，而随着 GaN 晶粒的合并，晶界数量逐渐减少，外延层表面处的晶界数量降低了 1 个数量级。

另外，在Ⅲ族氮化物薄膜与衬底或缓冲层之间的界面处存在大量的平移边界和反向边界，对于 α-Al$_2$O$_3$ 衬底的样品来说，这些面缺陷主要为堆垛层错，如图 6.5(c) 所示[16]。图 6.5(d) 是这类面缺陷典型的 HRTEM 晶格像，图中清楚地显示了 AlN 外延薄膜内部原子的错位排列状况，单个面心立方堆积 ABC 插入 AlN 晶体正常的 ABABAB··· 六方堆积中形成了堆垛层错。有研究表明[17]，对于Ⅲ族氮化物三元合金来说，堆垛层错处容易发生合金元素的偏析，从而影响外延薄膜的光学特性。

对于以 6H-SiC 作为衬底的Ⅲ族氮化物薄膜来说，这些面缺陷的主要形式为反向边界、双位边界以及孪晶，其形成与衬底的表面状况 (如极性) 有很大的关系[18]。相对于堆垛层错来说，这些面缺陷并不常见，并且对外延薄膜的性质影响不大。

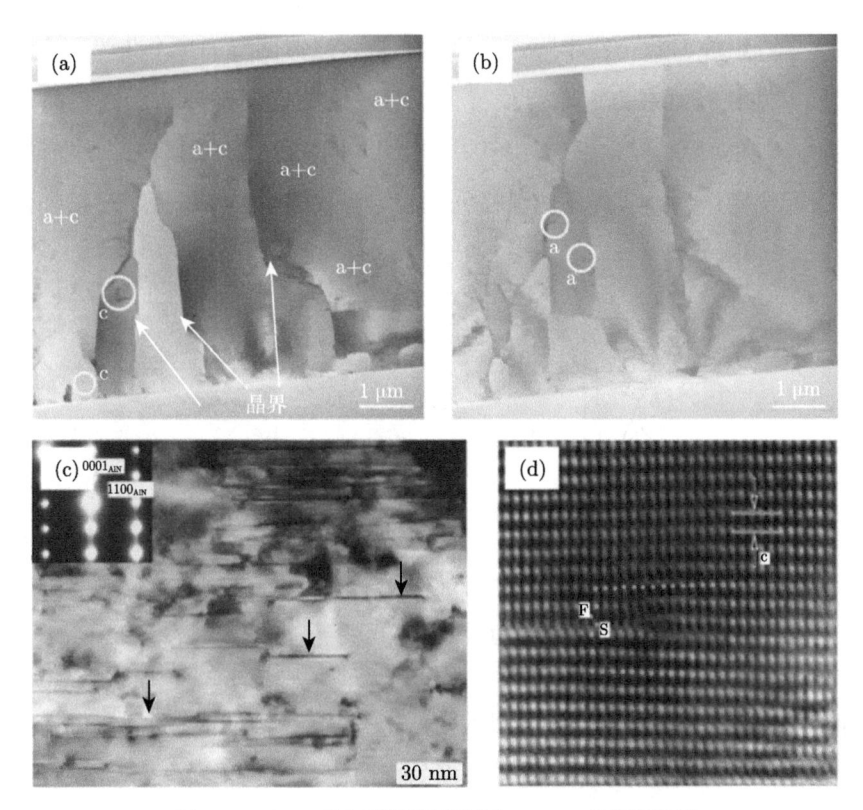

图 6.5 GaN 外延薄膜横截面的 TEM 双束明场像

(a) g=[0002]; (b) g=[11$\bar{2}$0][15]; AlN 外延薄膜的 (c) 截面 TEM 图像和 (d) 内部堆垛层错的 HRTEM 晶格像[16]

6.2.3 一维缺陷 (线缺陷)

一维缺陷，又称为线缺陷，是指二维尺度很小而在第三维度尺度很大的缺陷，其集中表现形式为位错。外延生长的 III 族氮化物薄膜中主要存在两种位错形式，分别是失配位错和穿透位错。

失配位错，顾名思义产生于晶格失配，因此其主要存在于衬底与外延层或是不同组分层之间的界面处。图 6.6(a) 为异质界面表面凹坑处失配位错半环产生过程的示意图，在异质界面和自由表面的交点处，由于失配剪应力的作用，原子键被重新排列，在自由表面形成突起的边缘型失配位错，失配应变的进一步演化形成了顺序的位错半环。图 6.6(b) 和 (c) 为 InGaN/GaN 异质材料的平面 TEM 像，在 g=[11$\bar{2}$0] 的衍射条件下拍摄的图像 (图 6.6(b)) 显示，在六边形表面凹坑周围出现了一组放射状位错半环,位错半环从六边形凹坑的每个角沿六个 [११$\bar{2}$0] 方向延展,并且其延展方向与异质界面平行,这些位错半环的形成是晶格失配应力塑性松弛的结果[19]。图 6.6(c) 中还可以观察到沿 [10$\bar{1}$0] 方向线形的失配位错。失配位错作为异质外延的晶格失配应力释放的结果,保证了后续外延层的质量。

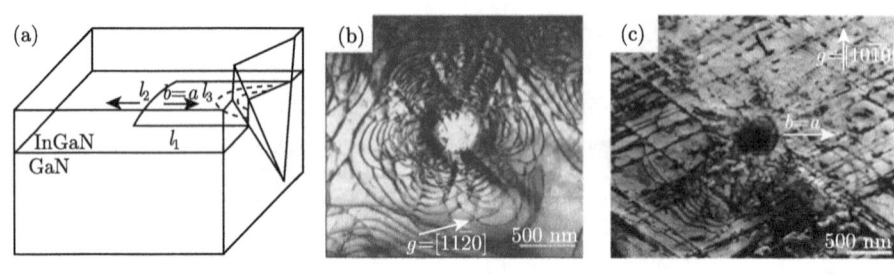

图 6.6 (a) 异质界面表面凹坑处位错半环的形成过程示意图;InGaN/GaN 异质材料的平面 TEM 像: (b) g=[११$\bar{2}$0]; (c) g=[10$\bar{1}$0][19]

除了前文提到的平行于界面的失配位错,异质外延生长的Ⅲ族氮化物薄膜中更多地存在另一种线缺陷,即垂直于界面的穿透位错,这种位错主要沿 c 面 [0001] 延展,是在Ⅲ族氮化物薄膜中分布最广,同时也是对材料与器件各种性能影响最大的缺陷[20]。根据其位错线方向与伯格斯矢量的相对取向,穿透位错又可以分为螺位错 (b = [0001])、刃位错 $\left(b=\frac{1}{3}[11\bar{2}0]\right)$ 以及混合位错 $\left(b=\frac{1}{3}[11\bar{2}3]\right)$。其中,Ⅲ族氮化物薄膜中主要为刃位错以及混合位错,而螺位错的占比较低。图 6.7 展示了在 α-Al$_2$O$_3$ 衬底上外延生长的 GaN 薄膜中三种不同类型的穿透位错以及其密度的分布。穿透位错源于生长过程中 GaN 成核岛的岛间合并过程,具有微小取向差的柱状亚晶粒合并形成的小角晶界促成了大量穿透位错的形成,并随着生长过程的继续,从外延层与衬底之间的界面一直延伸到薄膜的表面。

位错对Ⅲ族氮化物性能的影响非常显著,尤其是在光电子器件和功率电子器件中。在光电子器件中,位错会充当非辐射复合中心,使得电子和空穴在位错处复合,降低器件的载流子迁移率和导电性能,进而影响器件的效率。而在功率电子器件中,位错可能会形成局部的电场增强效应,降低材料的击穿电压;同时,在高电压情况下,位错会成为电流泄漏的路径,使得器件的漏电流增加,进而导致器件的可靠性降低。因此，降低位错密度是提升 III 族氮化物材料与器件性能的关键，也是目前研究的重要方向。

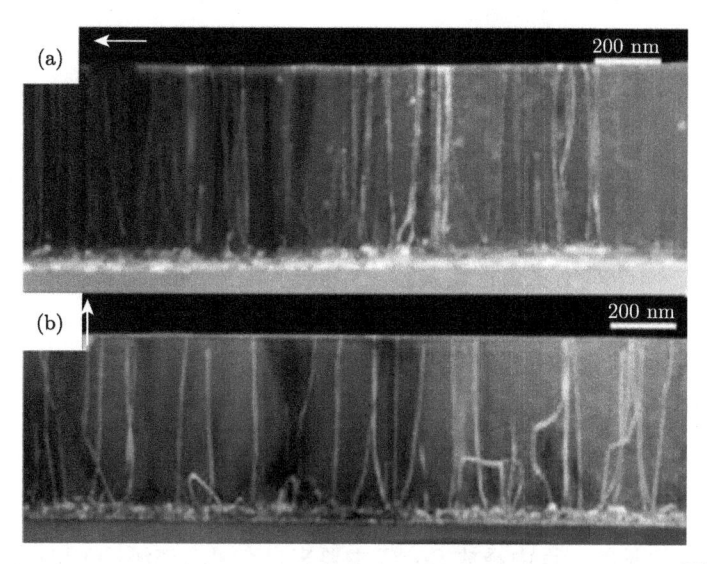

图 6.7 α-Al$_2$O$_3$ 衬底上 GaN 薄膜横截面的弱光束暗场 TEM 像 [21]
(a) g =[11$\bar{2}$0]；(b) g=[0002]

6.2.4 零维缺陷 (点缺陷)

零维缺陷，又称为点缺陷，是 III 族氮化物薄膜中另一大类型的缺陷，根据缺陷原子的类型可以分为本征缺陷与杂质缺陷。本征缺陷是一类由晶格原子的热振动引起的固有缺陷，当材料的温度升高时，这种缺陷的密度也会随之升高，因此又称为热缺陷。对 III 族氮化物来说，其本征缺陷主要包含以下六种 (以 GaN 为例)：氮空位 V$_N$、镓空位 V$_{Ga}$、反位氮 N$_{ant}$、反位镓 Ga$_{ant}$、间隙氮 N$_{int}$ 以及间隙镓 Ga$_{int}$[22]。关于 GaN 中点缺陷形成能的模拟计算结果表明，得益于空位带有电荷的特性，空位缺陷具有更低的形成能，其结构示意图如图 6.8 所示；在 n 型 GaN 中，V$_{Ga}$ 具有最低的形成能；而在 p 型 GaN 中，V$_N$ 有着最低的形成能。相比于空位缺陷，反位缺陷和间隙缺陷的形成能更高，并且其较低的扩散势垒导致这些缺陷容易迁移到表面或是发生湮灭。因此，这两类缺陷并不容易产生，且对 GaN 性质的影响较小。

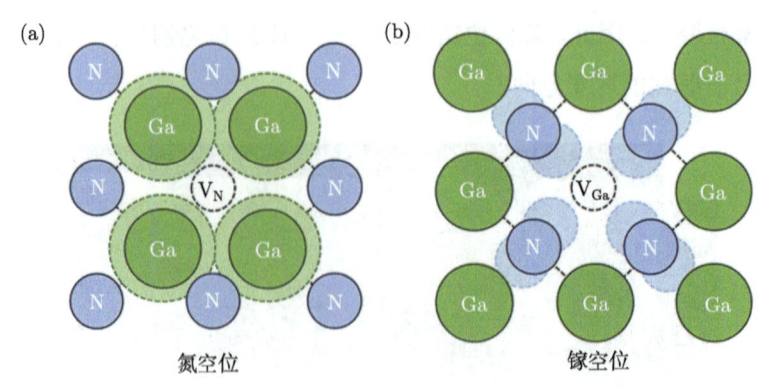

图 6.8 GaN 内部空位缺陷的结构示意图 [23]
(a) 氮空位 V_N; (b) 镓空位 V_{Ga}

除了本征缺陷之外，在 Ⅲ 族氮化物外延生长的过程中会不可避免地引入一些杂质原子形成杂质缺陷，以常见的 MOCVD 技术为例，其主要会引入 Si、C、O 和 H 等非故意掺杂。其中，Si 来自受其污染的实验原料，反应腔体的石英玻璃壁也可能在高温生长的过程中释放 Si；C 主要来自有机金属源；O 可能来源于 NH_3 前驱体或是载气中的杂质，也有研究表明，$\alpha\text{-}Al_2O_3$ 衬底中的氧杂质沿着界面无序区域的扩散也是 Ⅲ 族氮化物中氧杂质缺陷的形成原因之一；H 的可能来源很多，在前驱体、载气以及金属源中都含有氢原子，在 p 型材料中，H 杂质原子充当施主 (H^+)，由于其形成能比 V_N 还要低，导致 V_N 的补偿作用被抑制，p 型掺杂的 Mg 受主被 H^+ 补偿，从而降低了 Mg 的掺杂效率，这也是 Ⅲ 族氮化物高质量 p 型掺杂形成困难的主要原因之一，但是 H 杂质原子可以通过高温退火的方式除去。

6.3 Ⅲ 族氮化物薄膜中缺陷的 X 射线衍射分析

6.3.1 X 射线衍射缺陷表征原理

6.2 节详细介绍了 Ⅲ 族氮化物薄膜中常见的缺陷类型及其大致分布，其中位错是 Ⅲ 族氮化物外延材料中分布最广的，同时也是对材料与器件各种性能影响最大的。因此，表征和测定材料中的位错密度对材料生长和后续的器件制备研究具有重要的意义。X 射线衍射技术在 Ⅲ 族氮化物外延材料缺陷研究中起到了重要

6.3 Ⅲ族氮化物薄膜中缺陷的 X 射线衍射分析

的作用,可以被用于无损伤地探测材料内部的缺陷,其具体原理如下所述。

位错的存在会引起其局部晶格发生畸变,使外延薄膜成为由多个亚晶粒组成的镶嵌结构。在沿 (0001) 面生长的极性 c 面 GaN 中,沿 [0001] 的螺位错产生会导致晶格发生倾转 (tilt),沿 [11$\bar{2}$0] 方向的刃位错以及失配位错会导致晶格发生扭转 (twist),沿 [11$\bar{2}$3] 方向的混合位错则会同时导致晶格的倾转和扭转,如图 6.9 所示 [24]。

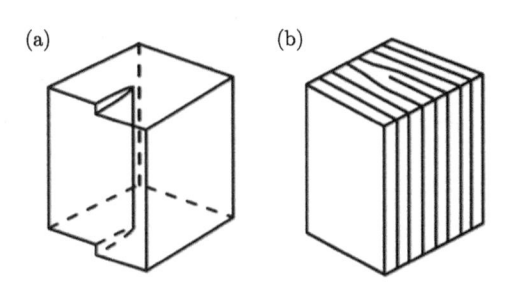

图 6.9 (a) 由螺位错引起的倾转和 (b) 由刃位错引起的扭转 [24]

从布拉格定律来看,对于完美晶体的某一平面来说,进行 X 射线衍射 ω 扫描时只有当 $\omega = 0$ 时才能发生衍射,$\omega \neq 0$ 时的衍射强度应该为 0。但是位错引起 Ⅲ 族氮化物薄膜的局部晶格发生畸变,进而导致 Ⅲ 族氮化物薄膜的 X 射线衍射 ω 扫描曲线 (也称为 X 射线摇摆曲线) 具有一定的展宽。Gay 等 [25] 首先将位错密度与 X 射线摇摆曲线的 FWHM 联系起来,提出了一个假设位错位于晶界处的镶嵌结构模型。根据该模型,位错密度 (N_s) 可以近似为

$$N_s = \frac{\beta}{3bt} \tag{6.1}$$

其中,b 为位错的伯格斯矢量关联长度;β 为 X 射线摇摆曲线的 FWHM;t 则为晶粒的平均尺寸。在此基础上,Kurtz 等 [26] 假设位错是随机分布的,得到位错密度的计算公式:

$$N_s = \frac{\beta^2}{9b^2} \tag{6.2}$$

Dunn 和 Kogh 等 [27] 则进一步考虑了位错与周围晶格的相互作用,并对模型进行了修正,得到下式:

$$N_s = \frac{\beta^2}{4.35b^2} \tag{6.3}$$

通常来说，螺位错导致平行于 c 轴的晶面的 X 射线摇摆曲线的展宽，因此通常使用平行于 c 轴的晶面 (如 (0002) 面) 的 X 射线摇摆曲线的 FWHM 来表征 Ⅲ 族氮化物的螺位错密度。对于 GaN 来说，其螺位错的伯格斯矢量关联长度 $b_\mathrm{s} = 0.5185\,\mathrm{nm}$，代入式 (6.3) 可知，螺位错密度仅与平行于 c 轴的衍射晶面的 X 射线摇摆曲线的 FWHM β_s 相关。而刃位错则导致垂直于 c 轴的衍射晶面的 X 射线摇摆曲线 FWHM 的展宽，同样可以代入式 (6.3) 计算刃位错密度。但是在实际的 X 射线衍射测试过程中难以直接得到垂直于 c 轴的衍射晶面的 X 射线衍射摇摆曲线，所以通常选取与 c 轴成一定角度的非对称面，这种晶面的 X 射线衍射摇摆曲线展宽是由螺位错和刃位错共同导致的。如选取 $(10\bar{1}2)$ 面作为衍射晶面，则该晶面与 c 轴的夹角为 $43.19°$。假设各个晶面 X 射线摇摆曲线的 FWHM 满足高斯分布，$(10\bar{1}2)$ 面 X 射线摇摆曲线的 FWHM 则可以表示为

$$\beta_{(10\bar{1}2)}^2 = \beta_\mathrm{s}^2 + \beta_\mathrm{e}^2 \tag{6.4}$$

其中，$\beta_{(10\bar{1}2)}$ 是 $(10\bar{1}2)$ 面 X 射线摇摆曲线的 FWHM；β_s 代表与螺位错对 $(10\bar{1}2)$ 面 X 射线摇摆曲线的 FWHM 的贡献；β_e 则代表与刃位错对 $(10\bar{1}2)$ 面 X 射线摇摆曲线的 FWHM 的贡献。螺位错对 $(10\bar{1}2)$ 面 X 射线摇摆曲线的 FWHM 的贡献可以通过下式计算：

$$N_\mathrm{s} = \frac{\beta_{(10\bar{1}2)}^2}{4.35 \times b_\mathrm{s}^2} = \frac{\beta_\mathrm{s}^2}{4.35 \times b_\mathrm{c}^2} \tag{6.5}$$

其中，N_s 代表 $(10\bar{1}2)$ 面中螺位错的密度；b_c 代表螺位错的伯格斯矢量关联长度在 $(10\bar{1}2)$ 面上的分量，$b_\mathrm{c} = b_\mathrm{s} \times \cos 43.19°$ ($43.19°$ 是 $(10\bar{1}2)$ 面和 (0002) 面的夹角)。由式 (6.5) 计算出的 β_s 代入式 (6.2) 可以得到 β_e。对于刃位错，式 (6.3) 也成立，因此将得到的 β_e 代入式 (6.3) 就可以计算出刃位错密度。

除了通过 X 射线 ω 扫描的摇摆曲线的 FWHM 来估算 Ⅲ 氮化物外延薄膜的位错密度，还可以通过 X 射线形貌术 (X-ray topography, XRT) 对 Ⅲ 氮化物外延薄膜进行缺陷检测，如图 6.10 所示[28]。

与传统的 X 射线衍射技术相似，XRT 也是通过 X 射线照射晶体，然后利用布拉格衍射得到衍射光斑，而这两项技术的区别在于：X 射线衍射测量得到的是

光斑的强度及位置信息，从而确定样品的晶体结构以及所有原子的坐标，而 X 射线形貌术测量得到的是光斑的衬度信息，如结构、位置、种类等[29]。对于理想的完整晶体来说，其发生衍射的 X 射线强度应该是完全均匀的，此时在 XRT 的底片或者平面探测器上就会得到衬度均匀的衍射图像；反之，当晶体内部有缺陷存在时，缺陷会使得原晶面的面间距或是角度发生改变，导致 X 射线在该区域的衍射强度相对于无缺陷区域发生改变，并在底片或者平面探测器上发生可以观测到的局部波动 (即衬度波动)，从而提供晶体内部缺陷的类型和位置等信息。与 X 射线衍射技术相比，X 射线形貌术的优点在于可以直观地对尺寸较大的晶体样品进行非破坏性的整体内部观察，因此 X 射线形貌术已经成为半导体晶圆检测领域的重要分析工具之一。

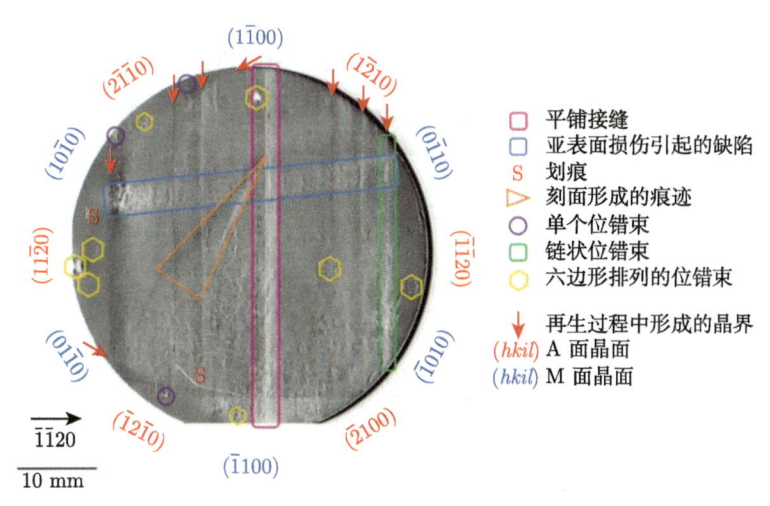

图 6.10　1.8in GaN 晶圆的 X 射线衍射形貌[28]

6.3.2　X 射线衍射技术在缺陷表征中的应用

1. X 射线衍射在位错表征中的应用

X 射线衍射是 Ⅲ 族氮化物薄膜位错表征中最常用的表征手段之一，其具备对样品无损伤无污染，快捷且高精度的优点，能够获取大范围内样品的位错密度信息。Ene 等[30] 就利用高分辨 X 射线衍射得到的数据进行数学建模，定量地得到了 GaN 外延薄膜的位错密度和关联长度，从而确定了 GaN 外延薄膜、AlN

缓冲层和 Si 衬底和结构及其生长关系。该团队使用了 Kaganer 等建立的理论模型[31]进行处理，使用的积分形式为

$$I(\omega) = \frac{I_i}{\pi} \int_0^\infty \exp\left[-Ax^2 \ln\left(\frac{B+x}{x}\right)\right] \cos(\omega x) \, dx$$
$$+ I_{\text{backgr}} \quad (6.6)$$

其中，I_i 和 I_{backgr} 表示积分峰的峰值强度和背景强度；A 和 B 可以通过 X 射线衍射实验数据的积分拟合得到，分别用于描述位错的密度和关联长度，计算公式如下：

$$A = f\rho_d b^2 \quad (6.7)$$

$$B = \frac{gL}{b} \quad (6.8)$$

其中，b 代表位错的伯格斯矢量长度；ρ_d 代表位错密度；L 代表位错的关联长度；而 f 和 g 是两个无量纲常数，其大小取决于 X 射线衍射装置的倾斜几何形状，表达式如下：

$$f^e = \frac{0.7\cos^2\psi\cos^2\phi}{4\pi\cos^2\theta_B} \quad (6.9)$$

$$f^s = \frac{0.5\sin^2\psi\cos^2\phi}{4\pi\cos^2\theta_B} \quad (6.10)$$

$$g^e = \frac{2\pi\cos\theta_B}{\cos\phi\cos\psi} \quad (6.11)$$

$$g^s = \frac{2\pi\cos\theta_B}{\cos\phi\sin\psi} \quad (6.12)$$

式中，ψ 是测试样品表面与散射矢量之间的夹角；ϕ 是测试样品表面与入射或散射矢量之间的夹角；而 θ_B 则是发生衍射干涉的布拉格角；上标 e 与 s 则分别代表刃位错和螺位错。6.3.1 节提到，对称晶面的布拉格衍射对螺位错敏感，此时 $\psi = 2\pi$，$\phi = \theta_B$，可以得到 f 和 g 分别为 $\frac{1}{8}\pi$ 和 2π。

该团队为了计算不同厚度的 GaN 外延薄膜的位错密度和关联长度，采用 ω 扫描模式测试了两组 X 射线摇摆曲线，一组的测试晶面为 GaN(0004) 面，用于计算 GaN 外延薄膜中螺位错的密度和关联长度；另一组的测试晶面为 GaN(10$\bar{1}$5) 面，用于计算 GaN 外延薄膜中刃位错的密度和关联长度。选择 (0004) 面和 (10$\bar{1}$5)

面是因为这两个晶面的 X 射线衍射峰附近没有来自缓冲层和衬底衍射峰的干扰。刃位错和螺位错的伯格斯矢量长度分别为 $b^e = 0.32\,\text{nm}$ 和 $b^s = 0.52\,\text{nm}$。结合 (0004) 面和 $(10\bar{1}5)$ 面 X 射线摇摆曲线的 FWHM 数据，根据式 $(6.7)\sim$ 式 (6.12) 可以计算得到不同厚度 GaN 外延薄膜的位错信息，结果如表 6.1 所示。

表 6.1　不同厚度 GaN 外延薄膜的位错信息

样品	ρ_d^e/cm^{-2}	ρ_d^s/cm^{-2}	ρ_d^t/cm^{-2}	R_d/nm	L^e/nm	L^s/nm
GaN300/AlN/Si	4.19×10^{11}	1.85×10^{10}	4.37×10^{11}	15	27	107
GaN700/AlN/Si	2.24×10^{11}	1.35×10^{10}	2.35×10^{11}	21	41	220

X 射线衍射分析除了可以得到 III 族氮化物薄膜的位错密度信息之外，还可以得到薄膜的成分、厚度、应力等一系列的信息，结合这些信息以及其他的表征手段 (如 SEM 和 TEM 等) 就能够对 III 族氮化物薄膜的生长过程和生长机制进行揭示。Qin 等 [32] 就通过同步辐射 X 射线衍射研究了 AlN 中间层对 AlGaN 外延薄膜晶体质量的影响。

图 6.11(a)~(c) 为不同条件生长的 AlGaN 外延薄膜的 SEM 图像。在没有添加 AlN 中间层的情况下，500 nm 厚的 $\text{Al}_{0.25}\text{Ga}_{0.75}\text{N}$ 外延层直接生长在 GaN 缓冲层上，由于 $\text{Al}_{0.25}\text{Ga}_{0.75}\text{N}$ 和 GaN 之间的晶格失配较大，外延层表面可以观察到大量的裂纹，如图 6.11(a) 所示。而通过插入 AlN 中间层，可以得到无裂纹的高 Al 组分 AlGaN，Al 组分含量最高达到 0.5。

通过 X 射线衍射得到的 AlGaN 外延薄膜位错信息如图 6.11(d) 和 (e) 所示，可以看出，与在 GaN 缓冲层上直接外延生长的 AlGaN 外延薄膜相比，插入 AlN 中间层之后，外延薄膜的 (0002) 面 X 射线摇摆曲线出现了一定程度的上升，表明 AlN 中间层导致了 AlGaN 外延薄膜螺位错密度的提高。但 AlN 中间层的插入能够有效地降低 AlGaN 外延薄膜中刃位错的位错密度，使得总体的位错密度呈现下降的趋势，说明 AlN 中间层的插入提高了 AlGaN 外延薄膜的晶体质量。通过 X 射线衍射还得到了不同外延结构和组分 AlGaN 的晶格常数。晶格常数的变化与 AlGaN 外延薄膜受到的应力相关，由图可知，在 GaN 缓冲层上外延生长的 AlGaN 外延层，由于与 GaN 之间的晶格失配，在生长过程中受到较大的压缩应力，当该应力超出材料的强度极限时，就会产生裂纹以释放应力。当插入 AlN

中间层之后，AlGaN 外延薄膜受到的压缩应力得到了有效的释放，转化为拉伸应力，这证实了 AlN 中间层对 AlGaN 外延薄膜晶体质量的提升效果。

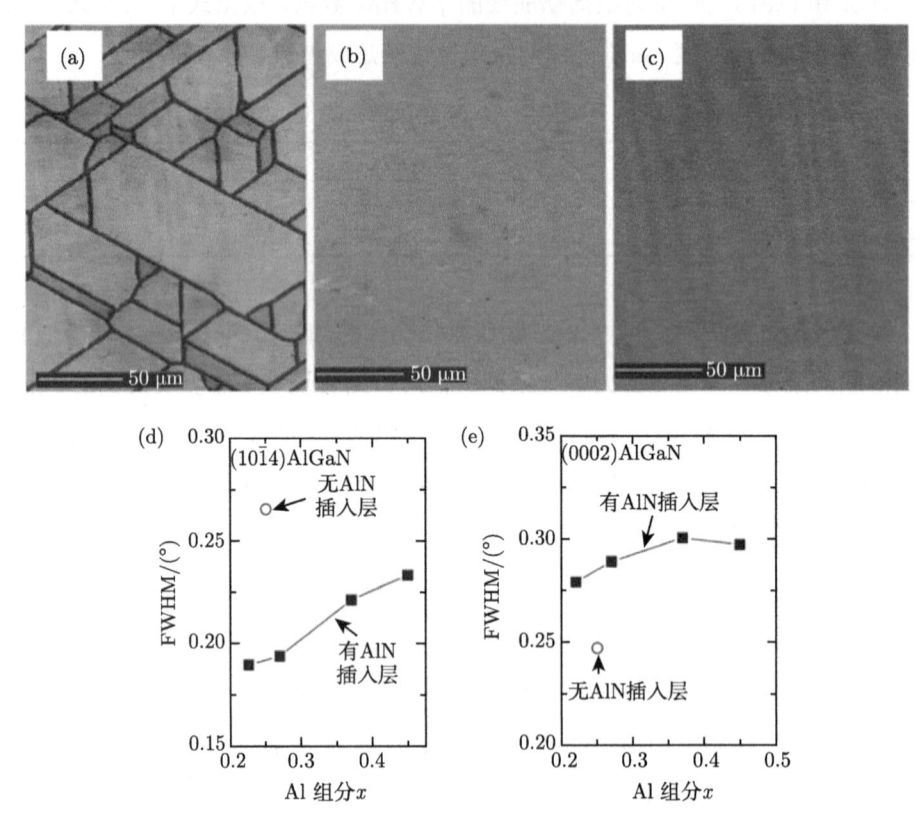

图 6.11　不同条件下生长的 AlGaN 外延薄膜的表面 SEM 图像以及对应的外延结构 [32] (a) 无 AlN 中间层；(b) 插入一层 AlN 中间层；(c) 插入两层 AlN 中间层。不同结构和 Al 组分 AlGaN 的 X 射线摇摆曲线的 FWHM: (d) $(10\bar{1}4)$ 晶面；(e) (0002) 晶面

本团队也就 III 族氮化物位错的 X 射线衍射分析以及位错密度调控机制开展了相关的研究 [33]。针对 III 族氮化物高温异质外延时易发生界面反应、位错密度高等问题，本团队提出了一种 PLD 低温外延结合 MOCVD 高温外延的两步生长技术 (外延结构如图 6.12(a) 所示)，并通过 X 射线衍射技术结合其他表征手段系统地研究了衬底表面状态、生长温度、缓冲层厚度与结构等因素对 III 族氮化物薄膜位错的影响。首先，本团队研究了 Si 衬底表面形貌对 III 族氮化物外延薄膜位错的影响 [34]，采用不同浓度的氢氟酸对 Si 衬底进行了清洗，并在衬底上外延生

6.3 Ⅲ 族氮化物薄膜中缺陷的 X 射线衍射分析

长了 AlN 薄膜，通过 X 射线衍射分析对 AlN 薄膜的位错进行了分析，结果如图 6.12(b) 和 (c) 所示。AlN 薄膜 (0002) 面 X 射线摇摆曲线的 FWHM 数据表明，随着氢氟酸浓度的增加，AlN 薄膜的位错密度呈现先降低后增加的趋势，当氢氟酸浓度为 1.5% 时，位错密度达到最低值。结合 AFM 和 SEM 对 Si 衬底表面形貌的表征，发现氢氟酸浓度较低时，Si 衬底表面仍存在大量原生的 SiO_2 颗粒，外延生长时 SiO_2 颗粒阻碍了 AlN 的成核和岛的聚集，使得 AlN 薄膜的位错密度较高；随着氢氟酸浓度增加，Si 衬底表面原生的 SiO_2 颗粒逐渐被清除，AlN 薄膜通过二维生长模式实现了高质量外延生长，位错密度逐渐降低；而当氢氟酸浓度过高时，对 Si 衬底的刻蚀导致表面的刻蚀坑增多，导致 Al 和 N 原子在刻蚀坑周围的聚集，位错密度反而增加，如图 6.12(d) 所示。

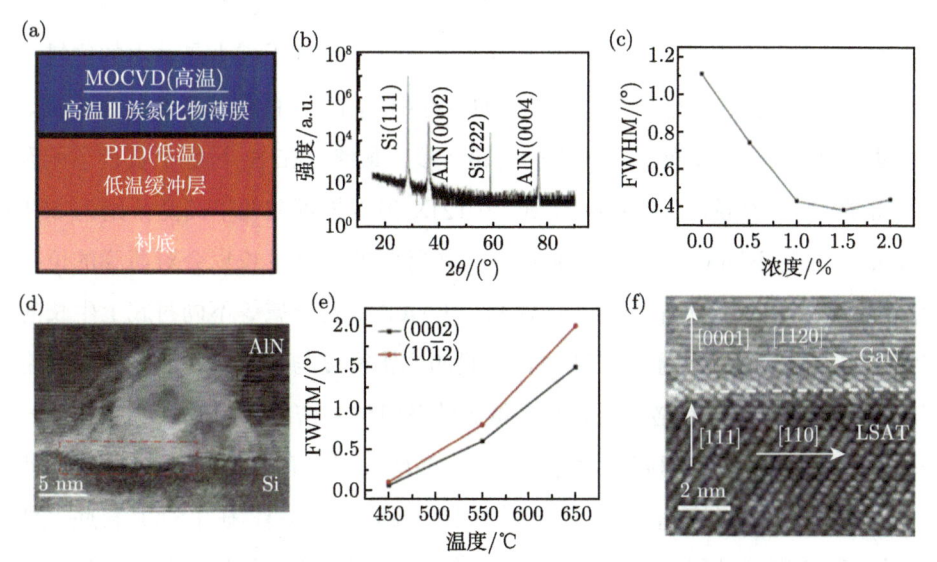

图 6.12 (a) PLD 低温外延结合 MOCVD 高温外延两步生长法的外延结构示意图；(b) AlN 薄膜的 X 射线衍射 2θ-ω 曲线[33]；(c) 不同氢氟酸浓度下 AlN 薄膜 (0002) 面 X 射线摇摆曲线的 FWHM；(d) 氢氟酸浓度为 2.0% 时 AlN/Si 异质结构的截面 TEM 图像[34]；(e) 不同生长温度下 GaN 薄膜 (0002) 面和 (10$\bar{1}$2) 面 X 射线摇摆曲线的 FWHM；(f) 生长温度为 450 ℃ 时 GaN/LSAT 异质结构的截面 TEM 图像，表现出突变的异质界面[35]

同样地，本团队也通过 X 射线衍射分析研究了生长温度对 Ⅲ 族氮化物薄膜位错密度的影响[35]，如图 6.12(e) 和 (f) 所示。在铝酸锶钽镧 (LSAT) 衬底上 PLD

生长 GaN 时，随着生长温度的提高，GaN 薄膜的 X 射线摇摆曲线的 FWHM 逐渐上升，即位错密度增加，而且当温度超过 750 ℃ 时得到了无定形的 GaN 薄膜，无法通过 X 射线衍射进行分析。结合 HRTEM 表征可以发现，由于 PLD 激光具有较高的能量，能够为 GaN 薄膜在 LSAT 衬底上沿着理想方向生长提供足够的动能，而低温条件又能够很好地抑制 GaN 薄膜与 LSAT 衬底之间的界面反应，从而得到界面突变的异质结构，减少因界面反应形成的位错，如图 6.12(f) 所示。另外，本团队以 PLD 低温外延得到的 AlN 模板层作为 MOCVD 高温外延 GaN 的生长模板，研究了不同生长阶段的外延形貌变化及缺陷演变过程[36]。研究表明，在 MOCVD 高温外延阶段，以表面平整的低温 AlN 模板层作为生长模板，能够提高 AlN 外延表面的浸润性，降低 Al 吸附原子的表面迁移势垒，从而促进了 AlN 缓冲层的二维生长，获得表面高度愈合的高质量 AlN 缓冲层。GaN 在缓冲层上的迁移势垒低，所形成形核岛密度低，有利于减少晶体中的位错；同时，在 GaN 三维生长向二维生长转变的过程中，晶体中的穿透位错发生弯曲、合并，从而降低了 GaN 外延薄膜中的位错密度。最终，在 Si 衬底上获得了无裂纹的高质量 GaN 薄膜，GaN(0002) 和 (10$\bar{1}$2)X 射线摇摆曲线半高宽分别为 394.1″和 474″。而在不同衬底上进行 Ⅲ 族氮化物薄膜的外延生长也会对薄膜的位错密度产生影响，本团队研究了 Si、α-Al$_2$O$_3$、LSAT 以及金属等不同衬底上生长的 Ⅲ 族氮化物薄膜，在生长条件一致时，薄膜的位错密度与薄膜和衬底之间的晶格失配表现出强相关性，晶格失配越小，得到的薄膜位错密度就越低。以 LSAT 衬底为例，其与 GaN 具有相同的六方对称性，晶格失配仅有 0.1%，远低于普遍使用的 Si 和 α-Al$_2$O$_3$ 衬底 (晶格失配分别为 16.9% 和 13.8%)，在 LSAT 衬底上外延生长的 GaN 薄膜位错密度低于 10^7 cm^{-2}。而对于晶格失配较大的衬底来说，插入缓冲层进行晶格失配的优化是降低 Ⅲ 族氮化物薄膜位错密度的主要方法之一。

缓冲层厚度和结构是影响 Ⅲ 族氮化物薄膜位错的重要因素，缓冲层厚度的影响更多表现在缓冲层表面形貌对 Ⅲ 族氮化物薄膜位错的影响上。本团队研究了 Si 衬底上不同厚度的非原位低温 AlN 缓冲层对 MOCVD 高温外延 GaN 薄膜晶体质量的影响[37]，结果表明，随着缓冲层厚度的增加，GaN 薄膜的晶体质量先提高后降低，如图 6.13(a) 所示。结合图 6.13(b) 和 (c) 中 AFM 对 AlN 缓冲层表

6.3 III族氮化物薄膜中缺陷的X射线衍射分析

面形貌的表征，可以发现，当AlN缓冲层厚度较低时，表面存在许多细小的AlN颗粒，起到成核点的作用，促进了GaN薄膜的横向生长，使得薄膜晶体质量提高；而随着缓冲层厚度逐渐增加，表面细小的AlN颗粒逐渐生长合并形成岛状结构，导致缓冲层表面粗糙度的急剧上升，阻碍了生长前驱体在表面的迁移，导致薄膜的晶体质量降低。另一方面，对缓冲层结构进行设计也是降低III族氮化物薄膜位错密度的重要手段之一。本团队在Si衬底上设计了具有Al组分梯度的AlGaN缓冲层代替普通的AlN缓冲层，外延生长得到的GaN薄膜(0002)面和(10$\bar{1}$2)面，其X射线摇摆曲线的FWHM分别由360″和399″降低至298″和324″，对应的螺位错密度和刃位错密度分别为1.7×10^8 cm^{-2}和2.7×10^8 cm^{-2}。其位错密度降低的原因可以归结为以下两个方面：① 随着Al组分的渐变，GaN薄膜与缓冲层之间的晶格失配减小，应力得到了释放；② 随着Al组分的渐变，原本从Si衬底向上延伸至GaN薄膜中的螺位错在各个缓冲层界面处以一定的角度弯曲，促进了位错的湮灭，如图6.13(d)所示。

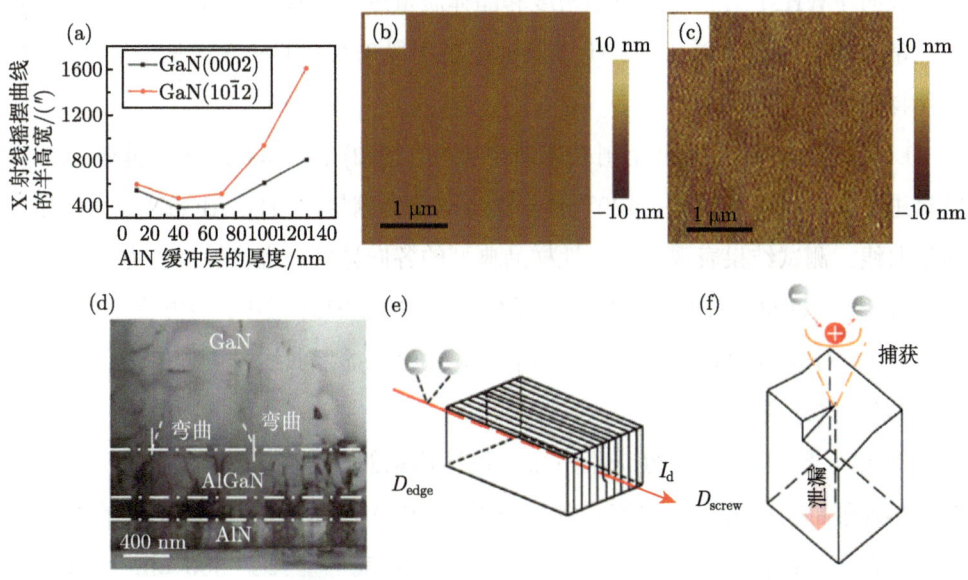

图6.13 (a) 不同AlN缓冲层厚度下GaN薄膜(0002)面和(10$\bar{1}$2)面的X射线摇摆曲线的FWHM；AlN缓冲层的表面AFM图像：(b) 厚度为2 nm，(c) 厚度为180 nm[37]；(d) 在Al组分渐变的AlGaN缓冲层上生长GaN薄膜的截面TEM图像[33]；(e) 刃位错和(f) 螺位错对载流子运动影响的示意图[38]

进一步地，本团队还研究了不同位错类型对基于Ⅲ氮化物的光电探测器性能的影响[38]，如图 6.13(e) 和 (f) 所示。研究发现，刃位错代表带负电荷的位错线，在探测器中充当额外的电流通道，对光暗电流均有贡献。与刃位错相比，螺位错对探测器性能的影响更为显著。位于表面上的螺位错充当受体陷阱，会捕获光生载流子，导致探测器响应时间的增加。另外，部分光生载流子从螺位错处泄漏，会促使器件暗电流的提升，进而导致器件响应度降低。

上述 X 射线衍射缺陷表征的对象均是沿着 c 轴 [0001] 方向生长的极性Ⅲ族氮化物，总体来说，X 射线衍射技术已经被广泛应用于极性Ⅲ族氮化物的缺陷表征，特别是极性Ⅲ族氮化物位错密度的测定中。但是 X 射线衍射技术在非极性或是半极性的Ⅲ族氮化物薄膜的缺陷表征中的应用较少，这是因为对于非极性或是半极性的Ⅲ族氮化物来说，外延生长时并不是沿着 [0001] 方向生长的，使得非极性或是半极性Ⅲ族氮化物在缺陷密度和晶体质量上会表现出各向异性，导致其位错密度与 X 射线摇摆曲线的测试结果没有很好的相关性，只能通过 X 射线摇摆曲线的 FWHM 对整体的缺陷密度和晶体质量进行大致的说明。因此，在实验中通常会使用 TEM 以及 AFM 等其他表征手段来获取非极性或是半极性Ⅲ族氮化物的缺陷密度信息。

Li 等[39] 使用 X 射线衍射技术对半极性 (11$\bar{2}$2) 面 AlGaN 外延薄膜的晶体质量进行了表征，在 0°～180° 的方位角范围内测量半极性 AlGaN 的 X 射线摇摆曲线。测试结果表现出半极性样品典型的各向异性加宽特性，当方位角达到 90° (即沿着 [11$\bar{2}$3] 方向) 时，X 射线摇摆曲线的 FWHM 最小；而方位角为 0° 或 180° (分别对应 [1$\bar{1}$00] 和 [$\bar{1}$100] 方向) 时，X 射线摇摆曲线的 FWHM 最大，如图 6.14(a)~(c) 所示。

本团队[40] 也就非极性 a 面 GaN 位错信息的 X 射线衍射表征以及位错对探测器性能的影响开展了研究。首先是采用 PLD 和 MOCVD 相结合的两步生长方法在不同缺陷密度的 (10$\bar{1}$2) 面 α-Al$_2$O$_3$ 衬底上生长了 600 nm 厚的非极性 a 面 GaN，并通过 X 射线衍射 ω 扫描对 GaN(11$\bar{2}$0) 面和 (10$\bar{1}$1) 面进行了表征，得到 X 射线摇摆曲线的 FWHM 分别为 300″ 和 330″。但是对于非极性 GaN 来说，螺位错和刃位错的密度与 X 射线摇摆曲线的 FWHM 并没有很好的

6.3 Ⅲ族氮化物薄膜中缺陷的X射线衍射分析

相关性，想要进一步获取非极性Ⅲ族氮化物薄膜的缺陷信息，通常采用选择性化学湿法刻蚀结合TEM和AFM等表征手段。这是因为螺位错和刃位错在取向上具有各向异性，其刻蚀速率也各不相同，通过选择性化学湿法刻蚀可以将不同类型的缺陷(如螺位错、刃位错和堆垛层错)暴露出来，如图6.14(d)~(f)所示。通过对位错类型与密度和光电探测器性能之间关系的研究，本团队发现，螺位错主要降低了非极性GaN与金属电极之间的肖特基势垒，从而使得器件的暗电流升高；刃位错与堆垛层错则降低了非极性GaN的电子迁移率，使得器件的响应度降低；而这三种类型的缺陷及其密度对探测器响应时间具有协同效应，这主要是

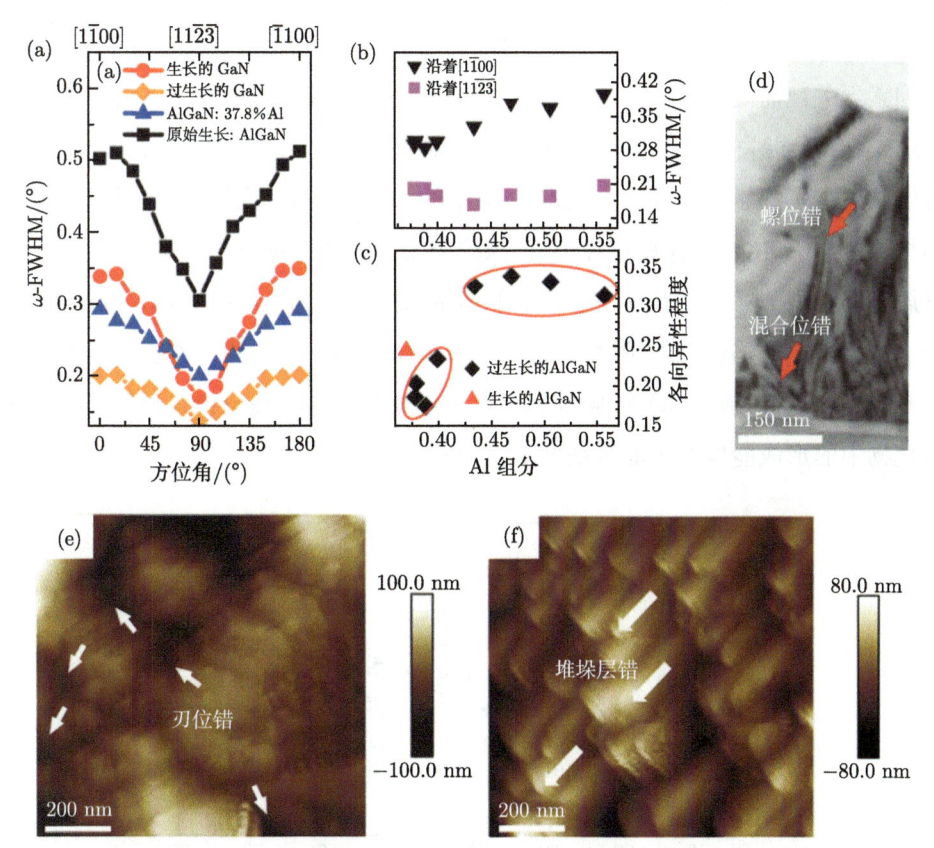

图6.14 (a) 半极性AlGaN的X射线摇摆曲线与方位角的关系；(b) 不同Al组分的过生长AlGaN[1$\bar{1}$00]和[11$\bar{2}\bar{3}$]面的X射线摇摆曲线的FWHM；(c) AlGaN随Al组分变化的各向异性[39]；(d) 非极性GaN的截面TEM图像；化学湿法刻蚀后非极性GaN的表面AFM图像：(e) 刻蚀温度80 ℃，(f) 刻蚀温度140 ℃[40]

因为三种类型的缺陷都能形成非辐射复合中心，捕获电子和空穴，使两者重新结合，延迟了载流子的逃逸。

2. X 射线衍射在其他缺陷表征中的应用

大多数情况下，X 射线衍射技术都被用于Ⅲ族氮化物薄膜的位错表征中，但通过 X 射线衍射技术也能够对Ⅲ族氮化物薄膜中其他类型的缺陷，如堆垛层错、V 形坑缺陷等进行表征。

Paduano 等[41]对极性 c 面 GaN 和非极性 m 面 GaN 进行了 X 射线衍射分析，发现与 c 面 GaN 不同，m 面 GaN 的 X 射线摇摆曲线的 FWHM 存在额外的展宽，这种额外的展宽与晶格倾转、扭转、横向相干长度以及非均匀应变等因素无关，而是与 m 面 GaN 中存在的基晶面堆垛层错 (basal-plane stacking faults, BSF) 相关，如图 6.15 所示。根据额外展宽与 BSF 缺陷的相关性，该研究团队建立了数学模型并对 m 面 GaN 中的 BSF 缺陷密度进行了计算。纤锌矿结构的Ⅲ族氮化物中存在三种 BSF 缺陷类型，其中一种属于非本征型；另外两种属于本征型 (I_1 和 I_2)，I_1 型 BSF 缺陷的堆叠顺序为 AaBbAaBb/CcBbCcBb，而 I_2 型 BSF 缺陷的堆叠顺序为 AaBbAaBb/CcAaCcAa。两种本征型的 BSF 缺陷都已经通过 TEM 实验在Ⅲ族氮化物中观察到，并且理论计算预测其在Ⅲ族氮化物中的形成能要低于非本征型 BSF 缺陷。

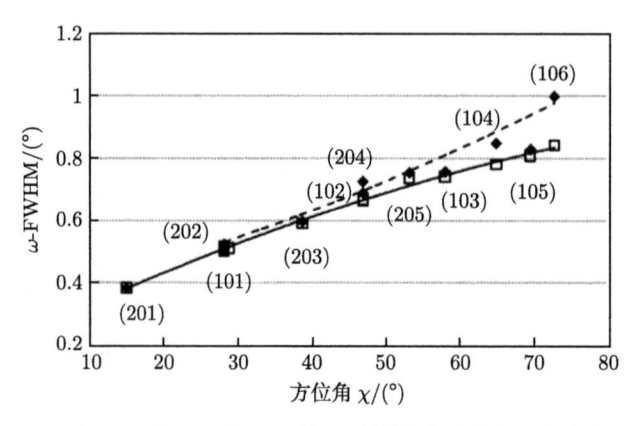

图 6.15　c 面 GaN 和 m 面 GaN 的 X 射线摇摆曲线与方位角的关系[41]

Biscoe 和 Warren[42]认为，由层错导致的 X 射线摇摆曲线的 FWHM 展宽

取决于 I_1 型和 I_2 型 BSF 缺陷出现的概率。根据 Warren 构建的理论模型，对于 $h-k=3N$ 的晶面，如 (300) 和 (112) 晶面，层错不会带来明显的展宽；而对于 $h-k=3N\pm1$ 的晶面，层错带来的展宽可以通过给出的第三个指标 l 描述为

$$l_{\text{even}}: B_{2\theta} = \left(\frac{360}{\pi^2}\right)\tan(\theta)|l|\left(\frac{d}{c}\right)^2(3\alpha+3\beta)$$
$$l_{\text{odd}}: B_{2\theta} = \left(\frac{360}{\pi^2}\right)\tan(\theta)|l|\left(\frac{d}{c}\right)^2(3\alpha+\beta)$$
(6.13)

其中，$B_{2\theta}$ 代表由层错引起的展宽；d 是衍射晶面的晶格间距；c 是晶格常数；θ 是布拉格衍射角；而 α 和 β 分别表示 I_1 型和 I_2 型 BSF 缺陷出现的概率。基于上述模型，该研究团队拟合了对称和非对称衍射晶面的所有 X 射线摇摆曲线的 FWHM，计算了 I_1 型和 I_2 型 BSF 缺陷出现的概率，最终得到在 m 面 Al_2O_3 衬底上外延生长的 m 面 GaN 的 BSF 缺陷密度约为 $1\times10^6 \text{cm}^{-1}$。该方法为非极性 Ⅲ 族氮化物层错表征提供了一种方便快捷的 X 射线衍射方法。

6.4　X 射线衍射薄膜缺陷分析的误差与优化

Ⅲ 族氮化物薄膜由于位错的影响而呈现镶嵌结构，其中晶粒平行于生长方向的柱体。螺位错造成基面 (0001) 的倾转，而刃型位错造成柱面的扭转。镶嵌结构的倾转角和扭转角会造成 ω 扫描峰加宽，故可以采用 X 射线衍射 ω 扫描摇摆曲线的 FWHM 来计算 Ⅲ 族氮化物薄膜的位错密度。

一个理想的完整单晶的 X 射线摇摆曲线的本征 FWHM 为 β_0。但是对于实际情况来说，测试得到的摇摆曲线的 FWHM 大于其本征 FWHM，甚至大很多。实际测量得到的 β_m 受到多种因素的影响，可以表达为以下因素的平方和[43]：

$$\beta_m^2 = \beta_0^2 + \beta_d^2 + \beta_\alpha^2 + \beta_\varepsilon^2 + \beta_L^2 + \beta_r^2$$
(6.14)

其中，β_d 为仪器测量的展宽，代表 X 射线衍射仪入射 X 射线的发散度，其大小取决于 X 射线的限束装置；β_α 代表位错时由晶格倾转和扭转引起的增宽；β_ε 代表位错时由晶格应变 (通常称为微应变) 引起的增宽；β_L 代表材料晶粒尺寸引起的增宽；β_r 代表异质外延过程中由晶片翘曲引起的增宽。因此，如果能够准确测

定外延薄膜的 FWHM，并排除其他因素对 FWHM 的影响，就能够获取晶体中的缺陷展宽，最终计算得到缺陷密度。

仪器测量的展宽 β_d 可以通过对标准样品的测试进行校正，一般选用高完整性的单晶硅片作为标准样品，在 ω 扫描模式下测试 Si(004) 面的 X 射线摇摆曲线，注意，此时测试的光路条件要与实际测试时保持一致。理论上，单晶硅片 (004) 面的 X 射线摇摆曲线的 FWHM 仅为 2.384″，故可以把仪器测量的展宽 β_d 表示为

$$\beta_d = \sqrt{(\text{FWHM}_{\text{Si}})^2 - 2.384^2} \tag{6.15}$$

Ⅲ 族氮化物薄膜的高分辨 X 射线三轴晶衍射 $\omega/2\theta$ 衍射峰的 FWHM 主要由两部分组成，即晶粒尺寸 (G_z) 展宽和由晶内缺陷产生的非均匀应变 (ε_{in}) 展宽[44]。以 GaN 为例，对于 GaN(0001) 晶面，同时测量 (0002) 和 (0004) 晶面的 X 射线摇摆曲线，于是其衍射峰的 FWHM 可以建立如下联立方程：

$$\beta_{0002} = \frac{\lambda}{2G_z \cos\theta_{0002}} + \varepsilon_{\text{in}} \tan\theta_{0002} \tag{6.16}$$

$$\beta_{0004} = \frac{\lambda}{2G_z \cos\theta_{0004}} + \varepsilon_{\text{in}} \tan\theta_{0004} \tag{6.17}$$

联立上述方程组即可得到生长方向的晶粒尺寸 G_z 和非均匀应变 ε_{in}。同理，若取 $(10\bar{1}2)$、$(20\bar{2}4)$ 晶面不同级数的 X 射线摇摆曲线，可获得该法相方向上的晶粒尺寸和非均匀应变，从而估算晶粒尺寸引起的展宽 β_L 以及非均匀应变引起的展宽 β_ε。

在相同的光路条件下，在通过样品中心并平行于 $[10\bar{1}0]$ 方向的不同位置测试异质外延薄膜的 X 射线摇摆曲线，观察其衍射峰位置在测试过程中的移动趋势，可以确定由晶片翘曲引起的增宽。图 6.16 是存在晶面弯曲时异质外延薄膜的 X 射线衍射几何图，可以看到，外延薄膜的晶面弯曲会导致不同位置上 X 射线摇摆曲线衍射峰位置的移动。

若样品为凹陷表面，则衍射峰位置由左至右单调变小；若样品为凸起表面，则衍射峰位置由左至右单调变大。在外延薄膜中心和边缘各取一个测试点，外延薄膜的弯曲半径可以表示为[45]

$$R_{\exp} = \frac{s}{2\sin\left(\dfrac{\Delta\omega}{2}\right)} \tag{6.18}$$

其中，s 为中心与边缘两个测试点之间的距离；$\Delta\omega$ 为两个测试点的 X 射线摇摆曲线的衍射峰位移大小。

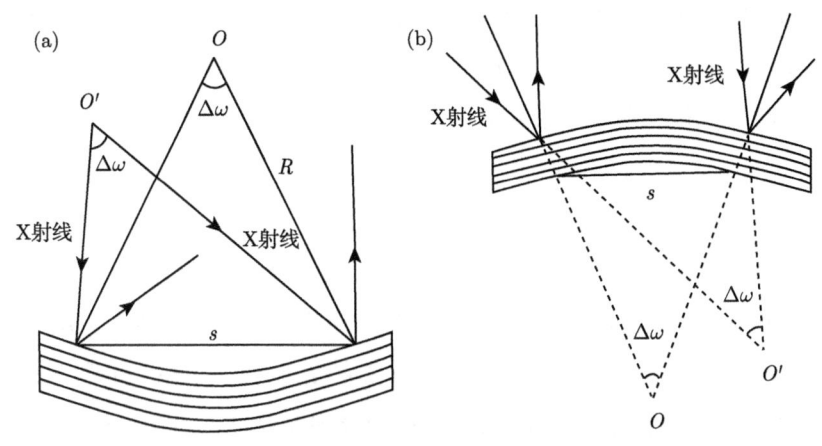

图 6.16　晶面弯曲的异质外延薄膜的 X 射线衍射集合图 [44]
(a) 凹陷表面；(b) 凸起表面

在实际测试时，β_0、β_d 和 β_r 值通常较小，一般为几弧秒，对于位错密度相对较高的 III 族氮化物薄膜来说，β_α 占主导地位，可以近似认为 $\beta_m^2 = \beta_\alpha^2$，因此可以通过实际测试得到的 β_m 估算材料的位错密度。

关于位错引起的加宽，Dunn 和 Kogh[27] 认为对于镶嵌结构，假定亚晶粒的晶向取向为高斯分布，位错密度 D 相对于位错引起的加宽 β_α 有

$$D = \frac{\beta_\alpha^2}{2\pi b^2 \ln 2} \tag{6.19}$$

其中，b 为位错伯格斯矢量的关联长度。由于对称性以及位错取向的因素，III 族氮化物不同晶面的 X 射线摇摆曲线对不同类型位错的敏感度不同。对称衍射的晶面，如 (0002) 晶面的 X 射线摇摆曲线对螺位错和混合位错敏感，而非对称衍射的晶面，如 (10$\bar{1}$2) 晶面的 X 射线摇摆曲线则能有效地反映刃位错和混合位错的密度，因此，通过不同晶面的 X 射线摇摆曲线的 FWHM 可以在一定程度上反映位错的类型及其密度。

6.5 本章小结

本章从Ⅲ族氮化物薄膜缺陷概述、Ⅲ族氮化物薄膜缺陷的X射线衍射分析以及X射线衍射薄膜缺陷分析的误差和优化三个方面，对X射线衍射技术在Ⅲ族氮化物薄膜缺陷表征中的应用进行了详细的介绍。

首先，本章介绍了Ⅲ族氮化物薄膜缺陷的类型及其影响，其中穿透位错这类线缺陷是Ⅲ族氮化物薄膜中最为常见的缺陷，同时也是对外延薄膜性能影响最大的缺陷。因此，对Ⅲ族氮化物薄膜位错信息进行表征对提高外延薄膜质量和优化器件性能有十分重要的帮助。

接着，本章介绍了Ⅲ族氮化物薄膜中缺陷的X射线衍射分析，其中主要介绍了X射线衍射技术在Ⅲ族氮化物薄膜位错信息表征中的原理以及应用。X射线衍射技术是一种能够对Ⅲ族氮化物薄膜位错密度进行定量分析的无损表征手段。其原理为位错引起Ⅲ族氮化物薄膜的局部晶格发生畸变，进而导致Ⅲ族氮化物薄膜的X射线摇摆曲线会产生一定的展宽，而根据X射线摇摆曲线的展宽就能够计算得到Ⅲ族氮化物薄膜的位错密度。最后，本章探讨了X射线衍射技术在Ⅲ族氮化物薄膜缺陷表征中存在的一些误差以及消除相应误差的方法。

综上所述，本章系统地分析了X射线衍射技术在Ⅲ族氮化物薄膜缺陷表征中的原理、方法及应用。X射线衍射技术作为一种无损的缺陷表征技术，已经在Ⅲ族氮化物薄膜缺陷分析中得到了广泛的应用，加深了科研工作者对Ⅲ族氮化物薄膜缺陷，特别是位错的形成演化过程及其影响的理解。

参 考 文 献

[1] Moneta J, Kryśko M, Domagala J Z, et al. Influence of GaN substrate miscut on the XRD quantification of plastic relaxation in InGaN [J]. Acta Materialia, 2024, 276: 120082.

[2] Wang J, Xie N, Xu F, et al. Group-Ⅲ nitride heteroepitaxial films approaching bulk-class quality [J]. Nature Materials, 2023, 22(7): 853-859.

[3] Jiang X, Wu Y, Yuan S, et al. Understanding the role of dislocation defects of GaN

HEMT under short-circuit stress through transient thermal characterization [J]. IEEE Transactions on Power Electronics, 2025, 40(8):11314-11325.

[4] Tanaka A, Choi W, Chen R, et al. Si complies with GaN to overcome thermal mismatches for the heteroepitaxy of thick GaN on Si [J]. Advanced Materials, 2017, 29(38): 1702557.

[5] Lee S M, Ruh W J, Choi H J, et al. Dislocation characterization of GaN layers in high-performance, high-electron-mobility transistor structures grown on on-axis and off-axis 4H-SiC(0001) substrates[J]. Materials Science in Semiconductor Processing, 2025, 192: 109395.

[6] 郝跃, 张金风, 张进成. 氮化物宽禁带半导体材料与电子器件 [M]. 北京: 科学出版社, 2013.

[7] Kang J, Huang Q, Wang Z. Influence of precipitates on GaN epilayer quality [J]. Materials Science and Engineering: B, 2000, 75(2): 214-217.

[8] Kang J, Ogawa T. Precipitates in GaN epilayers grown on sapphire substrates [J]. Journal of Materials Research, 1998, 13(8): 2100-2104.

[9] Shih H J, Lo I, Wang Y C, et al. Influence of lattice misfit on crack formation during the epitaxy of $In_yAl_{1-y}N$ on GaN [J]. Journal of Alloys and Compounds, 2022, 890: 161797.

[10] Reheman W, Ståhle P, Fisk M, et al. On the formation of expanding crack tip precipitates [J]. International Journal of Fracture, 2019, 217: 35-48.

[11] Lee W, Watanabe K, Kumagai K, et al. Cathodoluminescence study of nonuniformity in hydride vapor phase epitaxy-grown thick GaN films [J]. Journal of Electron Microscopy, 2012, 61(1): 25-30.

[12] Richter E, Zeimer U, Brunner F, et al. Boule-like growth of GaN by HVPE [J]. Physica Status Solidi C, 2010, 7(1): 28-31.

[13] Matsubara T, Denpo Y, Okada N, et al. V-shaped pits in HVPE-grown GaN associated with columnar inversion domains originating from foreign particles of $\alpha\text{-}Si_3N_4$, and graphitic carbon [J]. Micron, 2017, 94: 9.

[14] Cho H K, Lee J Y, Yang G M, et al. Formation mechanism of V defects in the InGaN/GaN multiple quantum wells grown on GaN layers with low threading dislocation density [J]. Applied Physics Letters, 2001, 79(2): 215-217.

[15] Banal R G, Imura M, Koide Y. Influence of surface structure of (0001) sapphire substrate on the elimination of small-angle grain boundary in AlN epilayer [J]. AIP Advances,

2015, 5(9): 097143.

[16] Dovidenko K, Oktyabrsky S, Narayan J. Characteristics of stacking faults in AlN thin films [J]. Journal of Applied Physics, 1997, 82(9): 4296-4299.

[17] Massabuau F C P, Rhode S L, Horton M K, et al. Dislocations in AlGaN: core structure, atom segregation, and optical properties [J]. Nano Letters, 2017, 17(8): 4846-4852.

[18] Deng G, Zhang Y, Yu Y, et al. Significantly improved surface morphology of N-polar GaN film grown on SiC substrate by the optimization of V/Ⅲ ratio [J]. Applied Physics Letters, 2018, 112(15): 151607.

[19] Liu R, Mei J, Srinivasan S, et al. Generation of misfit dislocations by basal-plane slip in InGaN/GaN heterostructures [J]. Applied Physics Letters, 2006, 89(20): 201911.

[20] Gröger R, Fikar J. Nucleation of threading dislocations in atomistic simulations of strained layer epitaxy of Ⅲ-nitrides [J]. Acta Materialia, 2024, 264: 119570.

[21] Moram M A, Ghedia C S, Rao D V S, et al. On the origin of threading dislocations in GaN films [J]. Journal of Applied Physics, 2009, 106(7): 073513.

[22] 杨传凯. GaN 外延薄膜点缺陷与材料电学光学性质关系研究 [D]. 西安: 西安电子科技大学, 2011.

[23] Lyons J L, Wickramaratne D, van de Walle C G. A first-principles understanding of point defects and impurities in GaN [J]. Journal of Applied Physics, 2021, 129(11): 111101.

[24] Moram M A, Vickers M E. X-ray diffraction of Ⅲ-nitrides [J]. Reports on Progress in Physics, 2009, 72(3): 036502.

[25] Gay P, Hirsch P B, Kelly A. The estimation of dislocation densities in metals from X-ray data[J]. Acta Metallurgica, 1953, 1(3): 315-319.

[26] Kurtz A D, Kulin S A, Averbach B L. Effect of dislocations on the minority carrier lifetime in semiconductors[J]. Physical Review, 1955, 101(4): 1285-1291.

[27] Dunn C G, Kogh E F. Comparison of dislocation densities of primary and secondary recrystallisation grains of Si-Fe[J]. Acta Metallurgica, 1957, 5(10): 548-554.

[28] Kirste L, Grabianska K, Kucharski R, et al. Structural analysis of low defect ammonothermally grown GaN wafers by Borrmann effect X-ray topography [J]. Materials, 2021, 14(19): 5472.

[29] 蒋建华. 同步辐射 X 射线形貌术在晶体生长和缺陷研究中的应用 [J]. 人工晶体学报, 2000, (2): 180-187.

[30] Ene V L, Dinescu D, Djourelov N, et al. Defect structure determination of GaN films in GaN/AlN/Si heterostructures by HR-TEM, XRD, and slow positrons experiments [J]. Nanomaterials, 2020, 10(2): 197.

[31] Kaganer V M, Brandt O, Trampert A, et al. X-ray diffraction peak profiles from threading dislocations in GaN epitaxial films [J]. Physical Review B, 2005, 72(4): 045423.

[32] Qin Z X, Luo H J, Chen Z Z, et al. Study on structure of AlGaN on AlN interlayer by synchrotron radiation XRD and RBS [J]. Journal of Materials Science, 2007, 42(1): 228-231.

[33] Li Y, Wang W L. Stress and dislocation control of GaN epitaxial films grown on Si substrates and their application in high-performance light-emitting diodes[J]. Journal of Alloys and Compounds, 2019, 771: 1000-1008.

[34] Huang L G, Li Y, Wang W L, et al. Growth of high-quality AlN epitaxial film by optimizing the Si substrate surface [J]. Applied Surface Science, 2018, 435: 163-169.

[35] Wang W L, Yang W J, Li Q G. Quality-enhanced GaN epitaxial films grown on (La, Sr)(Al, Ta)O_3 substrates by pulsed laser deposition [J]. Materials Letters, 2016, 168: 52-55.

[36] Wang H, Lin Z, Lin Y, et al. High-performance GaN-based LEDs on Si substrates: the utility of *ex situ* low-temperature AlN template with optimal thickness[J]. IEEE Transactions on Electron Devices, 2017, 64(11): 4540-4546.

[37] Wang H Y, Wang W L, Yang W J, et al. Growth evolution of AlN films on silicon (111) substrates by pulsed laser deposition[J]. Journal of Applied Physics, 2015, 117: 185303.

[38] Li L H, Yang Y H, Chen G J, et al. Dislocation density control of GaN epitaxial film and its photodetector[J]. Vacuum, 2022, 197: 110800.

[39] Li Z, Jiu L, Gong Y, et al. Semi-polar (११$\bar{2}$२) AlGaN on overgrown GaN on micro-rod templates: simultaneous management of crystal quality improvement and cracking issue [J]. Applied Physics Letters, 2017, 110(8): 082103.

[40] Yang Y H, Wang W L, Zheng Y L, et al. Defect effect on the performance of nonpolar GaN-based ultraviolet photodetectors[J]. Applied Physics Letters, 2021, 118: 053501.

[41] Paduano Q S, Weyburne D W, Drehman A J. An X-ray diffraction technique for analyzing basal-plane stacking faults in GaN [J]. Physica Status Solidi A, 2010, 207(11): 2446-2455.

[42] Biscoe J, Warren B E. X-ray diffraction study of soda-boric oxide glass [J]. Journal of the American Ceramic Society, 1938, 21(8): 287-293.

[43] Ayers J E. The measurement of threading dislocation densities in semiconductor crystals by X-ray diffraction [J]. Journal of Crystal Growth, 1994, 135: 71-77.

[44] Metzger T, Hoplere R, Born E, et al. Defect structure of epitaxial GaN films determined by transmission electron microscopy and triple-axis X-ray diffractometry [J]. Philosophical Magazine A, 1998, 77(4): 1013-1025.

[45] 崔漾心, 徐明升, 徐现刚, 等. 高分辨 X 射线衍射表征氮化镓外延层缺陷密度 [J]. 无机材料学报, 2015, 30(10): 1094-1098.

第 7 章 III 族氮化物薄膜厚度的 X 射线衍射分析

7.1 引　　言

第 6 章主要介绍了 X 射线衍射技术在 III 族氮化物薄膜缺陷分析中的应用。该技术主要通过测量由晶格畸变导致的 X 射线的摇摆曲线展宽，从而获取位错密度信息。而 III 族氮化物薄膜的质量和性质不仅与缺陷有关，也与薄膜的厚度紧密相关。因此，对薄膜厚度的分析同样重要，它能够提供关于薄膜质量和性质的额外信息，帮助我们更全面地理解和优化 III 族氮化物薄膜性能。

III 族氮化物由于具有优异的光学、电学和热学性能，被广泛应用于高功率、高频电子器件和光电子器件领域。III 族氮化物材料的厚度直接影响器件的工作性能。例如，在 HEMT、蓝光 LED、紫外激光器等器件中，薄膜厚度决定了电子通道的性能、电场分布和发光效率。特别是在超晶格结构和量子阱器件中，III 族氮化物的精确厚度控制对器件的光电性能尤为重要。薄膜厚度对这些器件的性能起到至关重要的作用，因而高精度的厚度测量和分析尤为重要。

III 族氮化物薄膜的厚度表征手段主要包括以下几种。① X 射线衍射：通过测量衍射峰的位置、强度和宽度来表征薄膜的晶体结构、晶格常数、应力和厚度等。② AFM：通过直接测量薄膜表面的高度变化来确定薄膜的厚度。③ 台阶仪：使用机械触针测量薄膜表面的高度变化，适用于形状膜厚的测量。④ SEM：通过观察薄膜的横截面图像来测量薄膜的厚度。⑤ TEM：通过观察薄膜截面的透射电子图像来测量薄膜的厚度。然而，AFM 虽然可以直接测量薄膜厚度，但测量速度较慢，且可能对软质薄膜造成损伤。台阶仪同样可以直接测量薄膜厚度，但也是接触式测量，可能对薄膜造成损伤，且测量范围有限。SEM 需要对样品进行切片处理，可能会破坏样品，且表征面积较小，可能导致分析结果不具有代表性。TEM 需要对样品进行切片和超薄处理，操作复杂，成本高，且同样可能破坏样品。X

射线衍射因其无损、定量、样品制备要求低等优势，在Ⅲ族氮化物薄膜厚度表征中被广泛应用。

X射线衍射技术通过分析X射线与材料晶体结构的相互作用来获得结构信息，包括晶格常数、应力、位错密度及层厚，是一种无损的测试分析手段。对于Ⅲ族氮化物，X射线衍射可以通过分析衍射峰的位置、宽度和卫星峰来测量和分析材料的厚度。常用的X射线衍射技术主要包括高分辨X射线衍射和掠入射X射线衍射，两者虽然工作原理不同，但都能在Ⅲ族氮化物薄膜的厚度分析中发挥重要作用。

高分辨X射线衍射通过精确控制入射角和探测器角度，能够获得Ⅲ族氮化物薄膜的精细衍射信息。对于超晶格结构或多层薄膜，高分辨X射线衍射可获得卫星峰和周期性结构信息。卫星峰间距直接对应于多层结构的厚度，且峰宽反映了薄膜的界面粗糙度。

掠入射X射线衍射利用较小的入射角，使X射线仅穿透表面以下几纳米，从而增强对薄膜表面的敏感性。该方法尤其适用于Ⅲ族氮化物中厚度较薄的单层薄膜和超晶格薄膜厚的精确测量，避免了衬底信号干扰，适用于纳米级厚度下的分析。

在实际应用中，X射线衍射厚度表征广泛应用于Ⅲ族氮化物材料的质量控制。例如，在GaN/AlGaN HEMT器件的生长过程中，通过掠入射X射线衍射方法分析其X射线衍射谱图中卫星峰的分布和衍射角，能够得出超晶格周期的厚度及界面粗糙度，这对于优化器件的电子通道特性至关重要。通过调整薄膜厚度，可以改变能带结构，控制漏电流和击穿电压，使得器件在高功率应用中更加稳定可靠。

总之，X射线衍射厚度表征技术在Ⅲ族氮化物薄膜材料的研究和开发中具有不可替代的作用，能够提供高精度、无损伤的厚度和结构信息，为半导体器件的优化设计和工艺改进提供了重要的数据支持。本章接下来将从薄膜厚度表征的基本原理、单层薄膜厚度分析以及多层薄膜厚度分析等多个角度，详细讨论如何利用X射线衍射技术表征Ⅲ族氮化物薄膜的结构和厚度。

7.2 Ⅲ 族氮化物薄膜厚度表征原理

7.2.1 掠入射 X 射线衍射全反射

对于 Ⅲ 族氮化物薄膜和超晶格结构，掠入射 X 射线衍射方法在测定其厚度和表面粗糙度方面具有显著优势 [1]。掠入射 X 射线衍射的核心物理机制在于其入射角。在进行掠入射 X 射线衍射时，选用的 X 射线入射角低于样品的临界角 (通常在 1° 以下)，这使得 X 射线可以实现全反射，衍射和散射强度信号得到显著增强，并且仅在样品的表面及近表面发生衍射，可以有效排除体相信号的影响。在采用不同波长的 X 射线、检测不同样品时的临界角并不相同，其计算公式如下 [2]：

$$\alpha_c \approx \sqrt{2\delta} = \lambda\sqrt{\frac{r_e \rho}{\pi}} \tag{7.1}$$

其中，α_c 为临界角；λ 为入射 X 射线波长；δ 为给定波长 X 射线作用下材料的色散作用项；r_e 为电子经典半径；ρ 为材料的密度。相比于以较大角度入射穿透样品深层的传统 X 射线衍射方法，掠入射 X 射线衍射的穿透深度很浅 (典型值在 nm 到 μm 范围)，因此能规避体相带来的信号，从而提高信噪比。掠入射 X 射线衍射的散射角 2θ 通常较高，实践中一般选取大于 5° 的散射角衍射峰进行衍射分析。

在掠入射 X 射线衍射模式中，通过改变入射角并测量反射强度的分布，可以获得关于薄膜表面粗糙度和厚度的信息。不同于传统的 X 射线衍射技术，掠入射 X 射线衍射可以避免衬底的强信号干扰，更好地解析出薄膜或超晶格结构的衍射信息。掠入射 X 射线衍射方法中的表征要素主要有以下几点。

在多层薄膜或超晶格结构中，掠入射 X 射线衍射图谱中会出现主峰周围的周期性卫星峰。这些卫星峰来源于多层薄膜中各层的周期性结构，是薄膜厚度和周期的直接反映。卫星峰的出现表明层与层之间具有周期性变化的物理参数 (如折射率)，从而形成具有干涉性质的反射信号。卫星峰之间的间隔 (即周期) 与超晶格层的厚度呈反比关系，通常利用布拉格公式或其变形公式可以确定每一周期内不同材料层的厚度。卫星峰的强度分布不仅反映了周期厚度，还受到界面粗糙度的影响。界面越光滑，卫星峰越尖锐，反之则峰变宽，且强度逐渐减小。在超晶格结构的掠入射 X 射线衍射测量中，n 阶卫星峰的强度可以用于定量分析界面粗糙度和厚度的变化。一般情况下，卫星峰的次序用 n 表示，峰的出现模式遵循 "$n-2$" 规律。我们可以通过理论模型拟合 n 阶峰的高度分布和次序强度，通过变化的周期数与膜厚信息而获得层厚度和粗糙度。当 n 阶卫星峰高度急剧变化时，往往表示表面粗糙度较高或界面不均匀性显著。掠入射 X 射线衍射的 n 阶峰能够详细揭示 GaN 超晶格的精细结构，并评估制备工艺中界面粗糙度或表面缺陷对材料性能的影响。

掠入射 X 射线衍射能提供超晶格结构中单层或多层的平均厚度和界面粗糙度信息。由于掠入射 X 射线衍射具有较强的表面灵敏度，因此特别适合分析 GaN 多层薄膜的生长质量。在超晶格的厚度分析中，超晶格周期越短，其衍射谱中的卫星峰分布越密集；而卫星峰之间的间隔反映了单个超晶格周期的厚度。例如，在 GaN/AlN 超晶格结构的掠入射 X 射线衍射表征中，衍射图中会显示 GaN 和 AlN 层形成的周期性卫星峰。通过对这些卫星峰的间距、强度分布进行分析，能够得出各层的厚度和界面粗糙度。如果 GaN/AlN 结构的每层厚度为 10 nm，那么从卫星峰的间距和位移可以得出约 10 nm 的周期。反之，也可以根据峰距拟合反向推算层厚度。若峰的尖锐度降低且变得不规则，由于生长过程中受到应力和界面缺陷的影响，界面可能存在粗糙度或间断性。

掠入射 X 射线衍射是 20 世纪 80 年代以来发展的一种新的结构分析技术 (图 7.1)，始于 Marra 等的开创性工作，其是将常规的 X 射线衍射同全反射相结合。其贯穿深度小、信噪比高、分析深度可以控制，因而适用于对表面或界面重构、多层薄膜和超晶格结构分析。

1923 年，康普顿 (Compton)[3] 首次描述了主光束掠入射下 X 射线的全反射。康普顿通过理论计算和实验相互证实全反射的有效性。康普顿的论文应是每一位 X 射线光谱学家和利用 X 射线反射率进行表面分析的研究人员的必备指南。与其他电磁波一样，X 射线在从折射率较高的材料传递到折射率较低的材料时，在特定入射角下表现出全反射。对于吸收性介质，折射率由复数给出 [3]：

$$n = 1 - \delta + i\beta \tag{7.2}$$

7.2 Ⅲ族氮化物薄膜厚度表征原理

其中，δ 是实分量；β 是虚分量；n 是色散的度量，适用于 1×10^{-6} 量级的 X 射线。它由以下公式给出：

$$\delta = \frac{N_A}{2\pi} \cdot r_0 \cdot \frac{\lambda^2 Z}{A} \cdot \rho \tag{7.3}$$

其中，N_A 是阿伏伽德罗常数；r_0 是经典电子半径；λ 是初级辐射的波长；Z 是原子序数；A 是原子质量；ρ 是矩阵的密度。

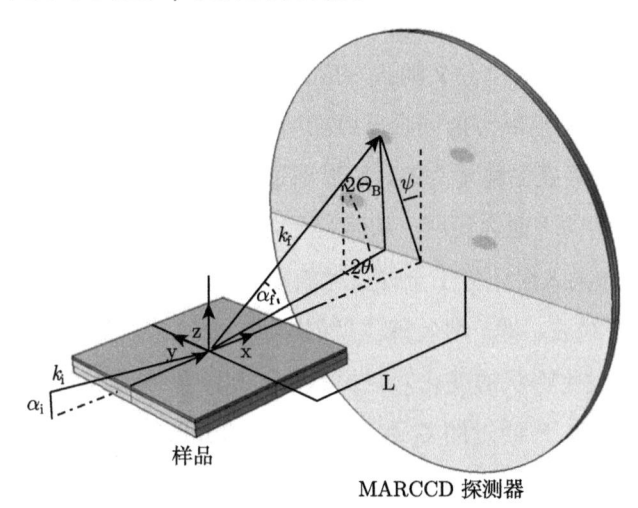

图 7.1 掠入射 X 射线衍射原理图

虚分量 β 是吸收的度量，对于许多介质甚至小于 10^{-6}，由下式给出：

$$\beta = \frac{1}{4\pi} \cdot \mu\lambda \tag{7.4}$$

其中，μ 是线性质量吸收系数；λ 是初级辐射的波长。X 射线在极小的掠入射角下会发生全反射。对于 $\beta\delta \approx 0$ 的透明介质，存在一个非常明显的极限，即临界角 α_{crit}。在这个角度以下发生全反射，α_{crit} 可以根据斯涅尔 (Snell) 定律计算：

$$\alpha_{crit} \approx (2\delta)^{\frac{1}{2}} \tag{7.5}$$

因为石英是在 X 射线衍射中广泛使用的一种研究材料，故而以石英为例进行研究。对于从真空到石英玻璃的 Mo K$_\alpha$ X 射线，$\delta = 1.5 \times 10^{-6}$，$\beta = 4.6 \times 10^{-9}$，因此 $\alpha_{crit} = 0.0173$ rad 或 5.9 rad。这表明，要使 X 射线在均匀的石英表面或任何其他类似材料上全反射，则入射角必须非常小，入射角过大则会导致投射量的出现和增多，且在入射和全反射 X 射线的交叉区域，X 射线是能够进行干涉的，可以在此观察到驻波场。但交叉点的总体积并没有像长期假设的那样充满干涉条纹，这是由于 X 射线的相干长度有限，X 射线的干涉仅发生在反射表面附近，并且覆盖的高度 (垂直于反射器表面) 小于 2 μm。

掠入射衍射技术应用于深度轮廓分析、表面重构、二维生长动力学、界面重构、界面弛豫 (失配)、界面粗糙度、层厚漂移、界面扩散、界面缺陷的掠入射反射图像分析等方面。而大部分文献认为掠入射衍射技术始于 Marra 等的开创性工作，其是将常规的 X 射线衍射同全反射相结合，为研究有序界面和表面现象提供了有力工具。以样品表面测量为例，可以通过极小的掠入射角照射 X 射线，使其在垂直于样品表面的平面内衍射，从而实现对样品表面的测量[4-6]。X 射线折射率低于 1，因此如果入射角低于全外反射的临界角 (通常为 0.05° ~ 1.5°[7])，则部分光束形成 X 射线波，即一种特殊类型的非线性波 (特点是能够在介质中以稳定的形态传播而不发生形状的变化，在信息传输和能量传递方面具有独特的优势)，穿透样品 (在临界角[8]附近的 GaN 中达到约 10 nm 的深度) 并从晶面散射，而后得到相关信息。

7.2.2 薄膜性质对 X 射线反射率的影响

除了常规的厚度测量之外，针对反射率这一参数的相关研究同样也受到了广泛的关注。因为反射率对于厚度的敏感性，所以其也成为实现薄膜厚度测量的重要指标。X 射线衍射中，反射率是描述材料对入射 X 射线的反射程度的物理量，定义为入射光强度和反射光强度之比，通常以 R 表示。如果 I_i 表示入射光的强度，I_r 表示反射光的强度，则反射率 R 可由下式计算[9]：

$$R = \frac{I_r}{I_i} \tag{7.6}$$

反射率介于 0~1，其中 0 表示没有反射 (所有入射光被吸收或散射)，1 表示完全反射 (没有入射光被吸收或散射)。对于 III 族氮化物等晶体的 X 射线衍射，晶体结构中的晶面会对入射 X 射线进行衍射，因此晶体材料的反射率将依赖于晶体结构和晶面及物质宏观厚度等特征。在 X 射线衍射实验中，通过测量入射光和反射光的强度，可以确定材料的反射率，从而推断晶体的结构参数，如晶格常数和

7.2 III 族氮化物薄膜厚度表征原理

晶面间距等。反射率的值对于分析材料的晶体结构和物理性质非常重要，反推可得，反射率的影响因素有很多，比如入射角度、环境因素、材料结构、厚度和物理性质等，但是就材料而言，材料的晶体结构、性质 (折射率) 和厚度对于反射率的影响格外深远。

在此节，了解清楚薄膜的定义及性质对于明白其对于 X 射线反射率的影响来说尤其重要。一般来说，薄层的性质与其相关的物理性质有关，如果物理性质因为厚度的减小而改变，其可以被归类为薄膜。同样，薄膜还有另一种定义：当 X 射线衍射无法将其与体相区分时，其厚度通常与吸收深度或消光长度相关。这些因素取决于所研究的材料的密度、元素和完美程度，X 射线波长也会影响这两个因素。所以就研究薄膜性质对 X 射线反射率的影响来说，薄膜的材料形状，特别是膜厚度，是非常重要的，且需要精确的表征。接下来我们将从干涉条纹和 X 射线反射法入手，详细讲解薄膜性质中的膜厚度对 X 射线反射率的影响。

由于 X 射线具有非常高的衍射空间分辨率，X 射线衍射对厚度为几十微米的原子尺寸薄膜是非常敏感的。X 射线方法通常是无损的，因为不需要样品制备，并且它们可以提供非常合适的途径来获得薄膜和多层薄膜的结构信息。分析可以在完美单晶到非晶材料的所有材料类型的光谱上进行。X 射线衍射分析程序的选择取决于结构形式的质量。

在 2θ-ω 扫描中，经常在衍射峰的底部观察到干涉峰，n 阶条纹的第 i 个和第 j 个峰之间的间距 ($\sin\theta_i - \sin\theta_j \approx \Delta\theta$) 与膜厚度成反比 (对于对称扫描)[10]：

$$T = \frac{(n_i - n_j)\lambda}{2(\sin\theta_i - \sin\theta_j)} \approx \frac{\lambda}{2\psi\theta\cos\theta} \tag{7.7}$$

其中，λ 为 X 射线波长。对于多层、超晶格或量子阱结构，较弱的 (间距紧密的) 条纹由样品的总厚度产生，而较强的 (间距较宽的) 条纹则由较小的双层重复单元产生。这是一种与衍射有关的现象；当多层中两种材料的间距 d 之间有更多的对比度 (即没有应变梯度) 时，可以获得更清晰的条纹。

在低角度 X 射线反射率测量中也会出现类似的条纹 (有时称为 Kiessig 条纹)。由于 X 射线折射率通常小于 1，来自光滑样品的全外反射发生在特定 (非常低) 的临界角 θ_c 以下。超过这个角度，光束开始穿透样品，反射强度下降。因此，

X 射线反射率扫描是使用低入射 X 射线束角进行的,它们有效地探测了非常接近 0000(原点) 的倒易空间区域,图 7.2 为参考框架示例。ϕ 轴突出到页面的平面之外;ω 和 χ 轴位于页面的平面内。

在该区域中,可以探测样品截断棒 (真实空间中样品表面的截断对应于倒数空间中的伸长)。条纹叠加在该区域上,其中强度以 $1/\theta_{4i}$ 依赖性下降 (菲涅耳衰减)。然而,与衍射峰周围的干涉条纹不同,X 射线反射法中的条纹是由电子密度的差异引起的,这会影响条纹高度,但不会影响条纹间距 ($\psi\theta$,以弧度为单位),后者与成分无关。这通常通过与传统光学的类比来理解,更多细节见文献 [12]。对于低角度,可以从上面关于 T 的方程中找到条纹间距的近似表达式 [12]

$$\Delta\theta \approx \frac{\lambda}{2T} \tag{7.8}$$

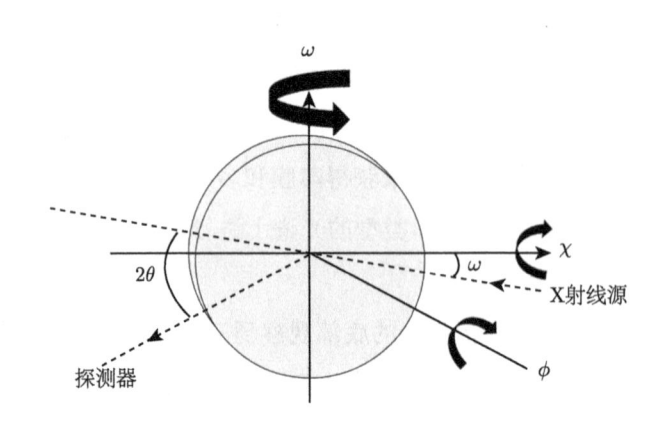

图 7.2 X 射线反射率扫描参考框架示例 [11]

这种近似在远离高强度的情况下效果最好,例如临界角 (或衍射峰)。使用光学类比,应用斯涅尔定律和菲涅耳定律,在以下情况下会发生相长干涉:

$$\frac{m^2\lambda^2}{(2t)^2} = \left(\theta_l^2 - \theta_c^2\right) = \left(\sin^2\theta_l - \sin^2\theta_c\right) \tag{7.9}$$

考虑阶数为 m_i 和 m_{i+1}(阶数可能未知) 的连续最大值 i 和 $i+1$,并消除临界角:

$$\frac{(2m_i+1)\lambda^2}{(2t)^2} = \left(\theta_{1+i}^2 - \theta_i^2\right) = \left(\sin^2\theta_{i+1} - \sin^2\theta_i\right) \tag{7.10}$$

7.2 III 族氮化物薄膜厚度表征原理

因此，$\sin^2\theta_{i+1} - \sin^2\theta_i$ 与 m_i 的关系图具有 $\dfrac{\lambda^2}{(2t)^2}$ 的梯度，并且在没有模型拟合的情况下给出了厚度的精确测量。为了从这些干涉条纹中获得最可靠的结果，应该建立模型，在模拟软件中进行计算 (应用所需的校正)，然后将模型拟合到数据中。多篇文献，例如文献 [11] ~ [13] 中都给出了干涉条纹如何产生的更多细节，这些都是典型的反射率数据。为了获取高质量的实验数据，必须在低 ω 角度设置下进行 ω 扫描和 χ 扫描，并且必须调整这些角度中的任何偏移，从而允许 2θ-ω 扫描直接沿着棒进行 (镜面扫描–对称几何结构)。此外，非镜面扫描 (其中 $2\omega = 2\theta$) 以及原点附近的 RSM 可以提供更多的额外信息，但这需要复杂的建模过程。

在实验上，需要低光束发散度来解析反射率数据中的精细条纹。界面处的粗糙度或漫射度将导致反射率随着散射矢量 (或角度) 的增加而更快地下降，并可能抹掉条纹。晶片曲率也会使条纹变宽，样品过度照射会影响最低角度数据 (程度取决于样品和光束的大小)。过度照明 (通常低于 1° 的角度会导致强度下降) 可以通过保持较大的样品尺寸、用狭缝减小光束尺寸或使用刀刃减小光束尺寸来消除 (尽管后一种方法也会导致强度下降)。

通常，利用建模软件对 X 射线反射谱进行初步拟合，有助于优化实验参数设置。一方面，如果分析非常薄的薄膜，则需要宽范围、低分辨率的 2θ-ω 扫描和高入射光束强度来检测弱的、宽的反射率最大值。另一方面，如果分析非常厚的薄膜，则需要进行窄范围高分辨率扫描，以解决预期的众多、狭窄、紧密间隔的最大值。通常，尽管反射率最大值的位置将给出层厚度的合理指示，但通常需要对结果进行模拟以获得最佳拟合。应构建多个模型，以测试模拟数据对不同结构参数的敏感性 (软件中可能具有误差建模能力)。当分析复杂的 III 族氮化物结构时，这一点尤为重要。并且使用 X 射线反射法的循环研究证实，具有高动态强度范围对于获得足够质量的数据至关重要，从而能够准确拟合模拟数据[13]；层厚度测定的再现性通常为 1 Å 的数量级。同时一些模拟软件可以对过度照明效应进行校正。

X 射线反射率是研究薄膜和多层结构的一种非常灵敏的方法。获得的主要参数是厚度、粗糙度和层密度。就应用的厚度范围而言，它非常适合现代信息技术中使用的许多材料。这是一种非破坏性技术,但由于辐射的入射角非常低,因此需要相对较大的样本面积。然而,它对于未来薄膜沉积技术的评估和监测是必不可少的。

7.2.3 多层薄膜对 X 射线衍射的全反射

前文已经针对 X 射线衍射掠入射厚度测量以及其与反射率的关系进行了详细的阐述,但是多数还是基于单层薄膜的基本信息进行表征。而对于多层薄膜而言,需要同时得到衬底或是其他异质材料的一些的信息,因此我们需要引入全反射这个概念来进行进一步的探究。

多层薄膜对 X 射线衍射的全反射现象是表征薄膜结构、厚度和晶体质量的重要工具。这种现象主要涉及 X 射线在多层薄膜表面的入射和反射过程,在表面科学、薄膜技术和 X 射线衍射等领域都有着重要的应用。全反射是指当 X 射线从一种密度较高的介质 (比如多层薄膜) 进入密度较低的介质 (比如空气) 时,在一定的入射角度下,X 射线会完全反射回原介质中,而不会穿透到另一种介质中去。因为全反射的发生基于光学折射定律和临界角的概念。当 X 射线从一种介质 (如多层薄膜) 射向另一种介质 (如空气) 时,它的折射角会根据两种介质的折射率而改变。当入射角度超过临界角时,X 射线不再折射到另一种介质中,而是发生全反射,完全反射回原介质中。

X 射线衍射可以用于测定大部分材料 (半导体等) 的物理特性。许多这种材料以块状形式存在,但是可以通过减小材料的尺寸以及通过组合许多薄膜来获得额外的物理性质。故而对于各类薄膜和多层薄膜材料来说,材料形状,特别是膜厚度,仍是一个非常重要的特性,影响电子和磁性等,并且需要精确的表征。目前,已经发展了多种薄膜厚度分析方法,如电子显微镜、椭圆偏振仪、表面测量仪、X 射线散射,以及更间接的方法,如量子阱结构的光致发光等,所有技术包括 X 射线衍射在内都在确定薄膜和多层薄膜的结构细节方面发挥着作用。

而多层结构的 X 射线反射特征可以用与单层结构相同的方式描述。现在有必要求解所有界面上的反射和透射的菲涅耳方程。因此,研究人员开发了不同的算法来计算反射率曲线 [15,16]。通常不可能以直接的方式从实验 X 射线反射曲线计算电子密度的深度分布,故而分析给定结构的一般方法是用尽可能多的给定信息创建一个层模型，用该模型计算 X 射线反射曲线，并通过在试错过程中修改各个层的参数 (厚度、粗糙度和密度) 而将计算出的曲线与实验曲线拟合，得到全反射相关信息。

以多层 Ⅲ 族氮化物薄膜结构中超晶格或量子阱结构为例。超晶格或量子阱结构间较弱的 (紧密间隔的) 条纹由总厚度产生，较强的 (更宽间隔的) 边缘由较小的双层重复产生，这亦是一种与衍射有关的现象。当多层中两种材料的 d 间距之间有更多的对比度 (即没有应变梯度) 时，可以获得更清晰的条纹，其间也涉及多层薄膜对于 X 射线的全反射现象。如量子阱是用于 LED 和激光器发光区域的薄层 (通常为 1~10 nm)。量子阱材料的带隙比相邻的"势垒"层低，限制了电子和空穴，并促进了辐射复合。其他超晶格或多层薄膜结构 (由重复单元组成，单层厚度通常为几十纳米) 被广泛用作布拉格反射器[17]或用于降低位错密度[14]。量子阱和势垒的组成、厚度和应变状态决定了器件中的带隙和电场，影响发射波长和效率。此外，超晶格中的层厚度和应变也会影响布拉格反射器的光学和结构特性。$2\theta\text{-}\omega$ 扫描、低角度 X 射线反射率扫描和 RSM 常用于分析此类结构，特别是 RSM 在研究应变松弛方面具有显著优势。模拟软件在这一过程中至关重要，因为大多数衍射轮廓特征受到多个样品参数的影响。对于一般的结构，基于简单运动学理论的仿真已足够，而对于更精确的结构分析，则需要采用动力学理论。

目前的商业模拟软件通常与 X 射线衍射仪设备一起购买，通常使用动力学理论进行衍射，使用光学理论 (相当于动力学理论) 进行反射率[18]。互联网上有免费软件 (尤其是反射率软件)，但访问其他软件时需要与作者合作。应考虑软件的可靠性、隐含假设和参数；然而，尽管软件包之间通常存在细微的差异，但对于大多数 Ⅲ 族氮化物工作来说，这些差异可能很小。使用标准教科书[6,7]中的公式和文献 [19] 中给出的公式 (应变校正)，可以在电子表格中创建简单的运动学模拟。由于 Ⅲ 族氮化物通常并非理想的单晶结构，因此在某些情况下，运动学模拟相比于基于全动力学理论的模拟更能有效地拟合实验数据[19]。总的来说，了解物理结构与衍射图案的关系对于解释实验数据和建立合理的模拟至关重要。

总而言之，多层薄膜对 X 射线衍射的全反射的具体应用有薄膜结构分析、晶体品质检测、纳米结构分析、薄膜生长监测等。例如多层薄膜对 X 射线的全反射可用于分析薄膜的层次结构。通过测量全反射的特定角度，可以推断出薄膜的层次和相对厚度。而在晶体生长中，通过观察 X 射线全反射的特征，可以评估晶体的品质、有序性以及结晶度。这对于半导体工业和材料研究中的晶体生长控制至关重要。在纳米科技中，多层薄膜对 X 射线的全反射可用于研究纳米结构的形貌和分布。例如，在纳米颗粒覆盖的多层薄膜上，X 射线的全反射现象可提供纳米颗粒的密度和分布信息。在薄膜生长过程中，通过监测 X 射线全反射的变化，可以实时控制薄膜的生长速率和质量，以达到所需的薄膜性能。X 射线衍射的全反射为多层薄膜的表征提供了一种非常有效的手段，可以广泛地被应用于各种材料科学、纳米技术和表面科学领域。

7.3 单层薄膜厚度分析

薄膜材料通常具有微米或纳米级的厚度，而薄膜的厚度对于薄膜材料来说是一个十分重要的物理参数，能够直接影响材料乃至器件的各项性能，薄膜厚度选择不当，会导致器件性能降低。以光电探测器为例，如果薄膜厚度过厚，则器件中电子的迁移通道过长，载流子跃迁需要的时间更长，响应时间也更长；厚度过薄，薄膜无法充分吸收入射的光照，导致响应度更低。X 射线衍射技术在薄膜厚度分析中扮演着重要的角色。通过 X 射线衍射技术，可以确定薄膜的厚度、结晶度和晶体取向等信息，为薄膜材料的制备和性能评估提供重要依据。而Ⅲ族氮化物是一类重要的半导体材料，具有优异的光电性能和热稳定性，广泛应用于光电子器件、高功率电子器件等领域。在研究和应用Ⅲ族氮化物薄膜时，薄膜厚度是一个关键参数，对于材料的性能和功能起着重要的影响。因此，准确测量和分析Ⅲ族氮化物薄膜厚度成为必要的任务。薄膜厚度分析是研究Ⅲ族氮化物薄膜的重要手段，X 射线衍射可以为其性能优化和应用领域的拓展提供关键支持。随着 X 射线衍射技术的不断进步，相信在Ⅲ族氮化物薄膜研究领域将有更多精确和高效的厚度分析方法被开发和应用。

薄膜厚度的精确测量对于薄膜材料的应用至关重要。随着纳米薄膜材料在微电子、光学等新兴领域的广泛应用，薄膜厚度的精确测量技术便有了更多更高的需求。相应地，许多测量厚度的表征方法都被纳入考虑的范围，并加以深入的探究。虽然多数基于直观图像表征的方法更加方便,但是仍然存在一些问题需要解决。SEM 和 TEM 的测量结果精确直观,但是仍然存在破坏样品以及样片制备成本高昂的问题。而基于 AFM 虽然可以较好地避免上述问题,但是其在观察试样的时候只能测量晶体的很小的一部分,并不能有效代表整体的测试结果。相较于其他表征方法,X 射线衍射恰如其分地展现了它的优势,有效弥补了传统薄膜测试方法的不足。具体来说,X 射线衍射具有厚度测量与材料性质无关,并且测试过程对样品无损伤、无污染,测试精度较高,以及测量过程快速、简单、非接触、成本低等优点,因此经常被科研人员用于薄膜厚度的分析测量中。

下面我们将从单层薄膜共面 X 射线衍射理论、单层薄膜的表面散射理论和 III 族氮化物单层薄膜厚度分析三个方面,分别介绍如何通过 X 射线衍射表征方法分析计算薄膜材料的厚度。

7.3.1 单层薄膜共面 X 射线衍射理论

单层薄膜共面 X 射线衍射是一种表征晶体结构和材料性质的强大工具,可以提供关于晶格常数、晶体结构、取向、位错等信息。在 III 族氮化物研究中,起到十分重要的作用。通过该技术的应用,可以深入理解 III 族氮化物的晶体生长机制、优化薄膜制备工艺,并为其在光电子器件、高功率电子器件等领域的应用提供支持。在一次 X 射线衍射的扫描中,扫描结果能够同时体现出 III 族氮化物和衬底的特征以及结构,这就意味着不同材料的作用面是共通的。此时,我们认为它们是共面的,整体的衍射信息可以通过一次图谱扫描出来,而这样便可以有效探究材料之间的内在联系。

薄膜厚度是利用 X 射线的反射率测量的。基于 X 射线反射法的厚度测量技术利用有限电子密度层上下表面全反射 X 射线的干涉现象进行测量,该电子密度层被不同电子密度的介质层所包围。该技术一般适用于厚度在 1~100 nm 的薄膜,并且具有优于 1 nm 的分辨率。沉积在半非晶体衬底上的单层薄膜的 X 射线反射率[20]可表示为

$$R^2 = \left| \frac{r_1 + r_2 \exp(-2ik_z t)}{1 + r_1 r_2 \exp(-2ik_z t)} \right|^2 \tag{7.11}$$

其中,r_1 和 r_2 分别是自由表面和衬底界面的菲涅耳反射系数;k_z 是穿过层的光

束波矢的垂直分量；t 是层厚度 [20]。

式 (7.11) 表明，只要相位项 $\exp(-2ik_z t) = 1$，反射 X 射线强度 R^2 就会呈现最大值。这些最大值将出现在入射角 α_m 处，其中来自顶部和底部界面的反射波的路径差将是 X 射线波长的整数倍

$$m\lambda = 2t \left(\sin^2 \alpha_m - \sin^2 \alpha_c\right)^{\frac{1}{2}} \tag{7.12}$$

对于小入射角，该方程可以写为

$$(m\lambda)^2 = 4t^2 \left(\alpha_m^2 - \alpha_c^2\right) \tag{7.13}$$

因此，薄膜的厚度 t 可以通过反射率最大值 m(以弧度表示) 的平方与阶数 α_m 的平方拟合的直线斜率确定，而该直线的截距将产生临界角 α_c，从中可以计算出薄膜的厚度。

7.3.2 单层薄膜的表面散射理论

散射在空间的角分布与薄膜表面界面电子浓度的涨落有关，通过测量 X 射线散射后的强度分布，可以获得薄膜表面或界面处电子浓度分布的信息，即粗糙度信息。而针对 X 射线散射，其主要产生过程为：当一束极细的 X 射线穿过存在着纳米尺寸的电子密度不均匀的物质时，X 射线将在原光束方向附近的很小角域 (一般散射角 $2\theta < 5°$) 散开，其强度一般随 2θ 的增大而减小，这个现象就称为小角 X 射线散射。当 X 射线照到试样上，如果试样内部存在纳米尺寸的密度不均匀区 (1~100 nm)，则会在入射 X 射线束周围 $2° \sim 5°$ 的小角度范围内出现散射 X 射线。

从前文可以了解到，单层薄膜和通常衬底的热膨胀系数和弹性常数在平面上是各向异性的。在理想状态的周期性晶面结构下，X 射线在薄膜表面产生新的次波，形成干涉现象，此即 X 射线的衍射，亦称作广角 X 射线衍射；在实际 X 射线衍射测量中，当 X 射线照射单层薄膜表面时，会对薄膜的不均匀区域 (如缺陷和表面粗糙部分) 产生散射，由于这些散射光之间不发生干涉，最终形成漫散射 X 射线衍射信号。因为 X 射线散射需要在小角度内测定，故 X 射线小角衍射 (SAXS) 为研究单层薄膜表面不均匀区的主要方法。在 SAXS 中，需要通过对散射曲线的形状、斜率等特征进行分析来获取关于材料微观结构的信息。

7.3 单层薄膜厚度分析

采用小角度 X 射线散射方法测量纳米薄膜的厚度具有明显的优点,不但对基片的平整度要求极大降低,而且由于 X 射线有很强的穿透能力,其界面信息来自亚表层,表面薄膜的氧化对测量影响不大,必要时甚至可在表层镀覆保护层。更为重要的是,这种方法采用的多层结构具有组合多样性,变换纳米多层薄膜两调制层的材料组合,可视为两调制层互为沉积衬底,从而可以测量薄膜在不同衬底材料上的初期沉积速率和膜厚,这一点对纳米薄膜的厚度控制也是非常重要的。

处理 X 射线漫散射问题的关键在于如何以数学方式描述表面与界面的形貌,并从理论上将其与漫散射强度建立关联。通过对散射强度数据的分析,可以提取出表面与界面在微观尺度上的无序性、涨落特征及不均匀性的统计信息。其根本原理依旧来自 X 射线衍射的布拉格公式,由此可以延伸出布拉格–斯涅尔公式[21,22]:

$$n\lambda = 2d\sin\theta = 2d\sin(\alpha + \beta) \tag{7.14}$$

7.3.3 Ⅲ 族氮化物单层薄膜厚度分析

随着研究的不断深入,研究人员发现,极性 Ⅲ 族氮化物存在的自发极化和量子斯塔克效应严重影响了器件的性能提升和发展。因此,通过改变晶体的外延取向而实现非极性及半极性 Ⅲ 族氮化物的外延生长,成为有效的解决思路。而相应地,关于非极性及半极性的 Ⅲ 族氮化物的厚度测量与分析也成为一个有价值的研究方向。对非极性和半极性 Ⅲ 族氮化物薄膜的厚度分析,可以用于薄膜生长过程中的晶体质量、生长速率以及晶格畸变等参数的研究。这对于改良材料生长以及制备高质量氮化物器件非常重要,对于材料在光电子学、电子学和功率器件等领域的应用发挥了重要作用。

常见的 Ⅲ 族氮化物如 GaN、AlGaN 等,在生长过程中会形成不同的晶面方向。非极性晶面是指晶体表面与晶体轴线垂直的方向;而半极性晶面则是介于非极性和极性之间的方向。半极性取向包括 r 平面 $(10\bar{1}2)$ 或其他平面 $(10\bar{1}1)$、$(10\bar{1}3)$ 和 $(11\bar{2}2)$。对于与 c 面倾斜约 45° 的晶面,其压电极化效应趋近于零。非极性 a 面 $(11\bar{2}0)$ 或 m 面 $(1\bar{1}00)$ 取向同样有趣,因为极轴平行于量子阱,因此没有偏振相关效应。

特定的晶格方向的不同性质使得非极性及半极性晶体有独特的优于极性晶体

的性质,以 GaN 为例,GaN 材料因其优异的材料性能,如高热稳定性和高抗辐射性等而备受关注。为将其用于各种高增益和高速高性能紫外线检测应用提供了多种可能性,例如空间通信、火焰传感器、大气臭氧检测、生物光子学和偏振敏感检测。基于 GaN 半导体的高性能紫外光电探测器由于自发和压电极化感应内部电场的影响而受到限制。这种障碍可以通过在非极性方向上通过外延生长的 GaN 制造紫外光电探测器来克服。Gundimeda 等 [23] 用几乎无应力的非极性 GaN($11\bar{2}0$) 薄膜制造紫外光电探测器,该薄膜通过外延生长在 r 面 ($1\bar{1}02$) α-Al$_2$O$_3$ 衬底上。制备的 GaN 紫外光电探测器在室温下 5 V 偏压下表现出 340 mA/W 的高响应度,这是当时 a-GaN/r-α-Al$_2$O$_3$ 薄膜的最佳性能。探测率为 1.24×10^9 Jones,噪声等效功率为 2.4×10^{-11} W·Hz$^{-1/2}$。计算得到 280 ms 和 450 ms 的上升时间和衰减时间。这种高性能器件证实了非极性 GaN 可以作为基于紫外光电探测器的应用的优良光导材料。非极性 GaN,包括 GaN($11\bar{2}0$) 和 GaN($1\bar{1}00$),由于衬底与非极性 GaN 之间的晶格结构不同以及热膨胀系数不匹配而呈现各向异性。因此,GaN 外延薄膜的异质外延生长改变了价带结构,这种独特的性能使得制造偏振紫外光电探测器成为可能,用于遥感和机载天文导航等领域的应用 [24]。然而,Ⅲ 族氮化物材料的性能在很大程度上受到其厚度的影响,因此,精确测量其单层薄膜的厚度具有重要意义。X 射线衍射技术为这一测量提供了可靠的手段。

Ohta 等 [25] 通过 PLD 在不同衬底上生长了 Ⅲ 族氮化物外延薄膜,并利用掠入射 X 射线衍射和 AFM 研究了表面和异质界面的结构性质。研究发现,PLD 生长的 AlN 和衬底 (如 α-Al$_2$O$_3$ 和 Si) 之间的异质界面是突变的 (约 0.5 nm),这可能是由于活性较弱的生长环境。然而,在 AlN 和 (Mn, Zn)Fe$_2$O$_4$ 之间的异质界面上观察到一个较薄的界面层 (小于 10 nm)。AlN 的表面粗糙度主要由晶格失配的程度决定。图 7.3(a) 和 (b) 分别显示了 AlN/SrTiO$_3$ 和 AlN/(Mn, Zn)Fe$_2$O$_4$ 的掠入射 X 射线衍射数据。结果表明,AlN 和 SrTiO$_3$ 之间的异质界面是突变的,界面粗糙度小至 0.5 nm。另一方面,在排除界面层存在的可能性的情况下,AlN 之间的异质界面和 (Mn, Zn)Fe$_2$O$_4$ 的掠入射 X 射线衍射曲线不能用单层模型拟合,但它可以由双层模型去拟合,拟合出的界面层厚度是 4.1 nm。这一结果表明,界面层是由 AlN 和 (Mn, Zn)Fe$_2$O$_4$ 混合形成的。该界面层的组成估计为 17% 的

7.3 单层薄膜厚度分析

AlN 和 83% 的 (Mn, Zn)Fe$_2$O$_4$(重量百分比)。

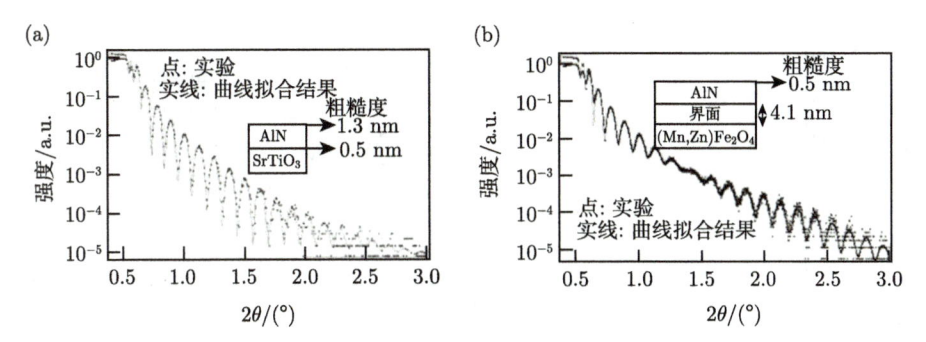

图 7.3 (a) 在 SrTiO$_3$ 上生长 AlN 的掠入射 X 射线衍射拟合曲线; (b) 在 (Mn,Zn)Fe$_2$O$_4$ 上生长 AlN 的掠入射 X 射线衍射拟合曲线[25]

Yamamoto 等[26]利用等离子体辅助分子束外延 (PA-MBE) 制备了双缓冲层 (DBL), 界面反应外延 (IRE)AlN/β-Si$_3$N$_4$/Si, 提高了 GaN 的结晶质量。首先在 Si 的表面进行硝化作用制备 β-Si$_3$N$_4$, 然后在 β-Si$_3$N$_4$ 上沉积 Al 原子和 N 原子制备 AlN, 从而制备出 DBL。DBL 上的 AlN 缓冲层和 AlN 缓冲层上的 GaN 薄膜都是通过活性调制迁移增强外延 (AM-MEE) 生长的。使用掠入射 X 射线衍射三层模型进行分析, 该模型由 GaN、AlN 缓冲层和 Si 三层以及 GaN 表面、GaN/AlN 缓冲层和 AlN 缓冲层/DBL/Si 三个界面组成。在氮化温度为 780 ℃ 和 830 ℃ 时, 测得 DBL 的界面粗糙度与氮化温度的关系分别为 0.5 nm 和 0.6 nm, 如图 7.4(a) 和 (b) 所示。

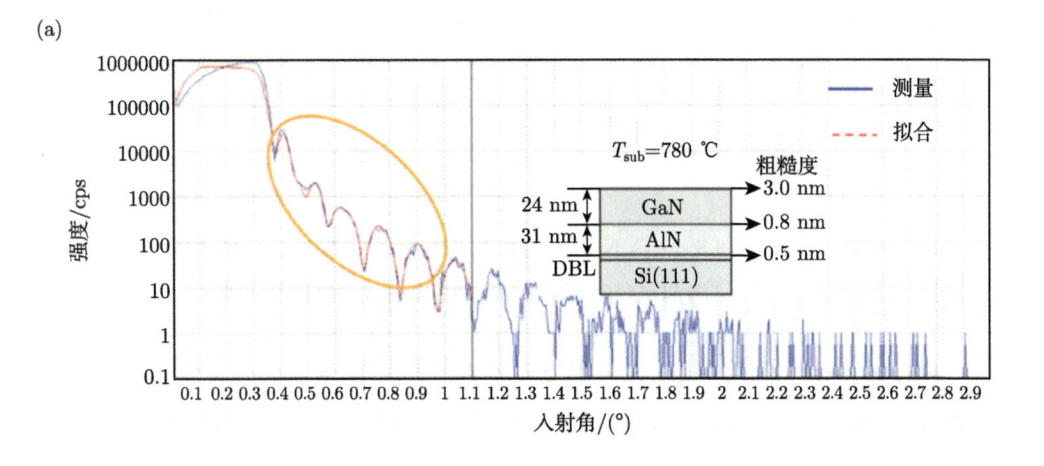

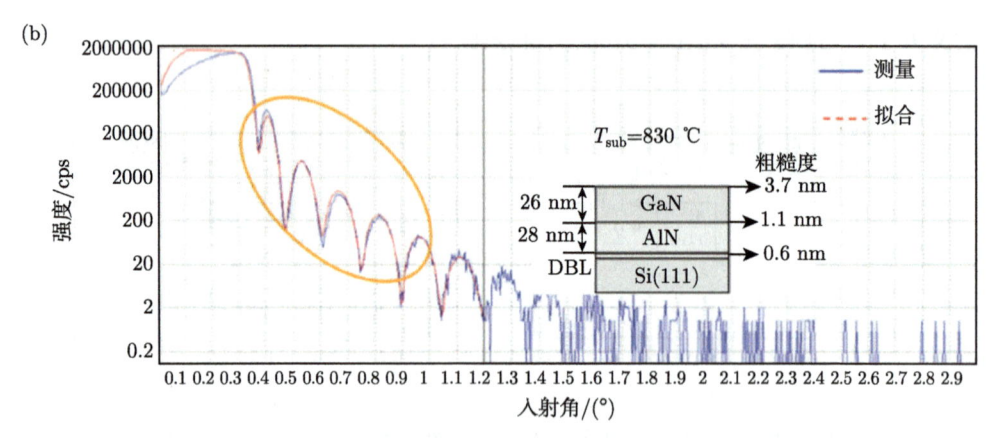

图 7.4 (a)780 ℃ 和 (b) 830 ℃ 氮化温度下的掠入射 X 射线衍射数据和拟合曲线 [26]

Ohachi 等 [27] 利用 PA-MBE 方法在双缓冲层上生长了 2H-AlN 薄膜，以提高 AlN 膜的结晶度。AlN/DBL/Si(111) 异质外延生长薄膜通过掠入射 X 射线衍射分析，薄膜的厚度为 60 nm，如图 7.5(a) 所示。采用掠入射 X 射线衍射三层模型，通过反射率软件拟合结果，真实厚度为 53.8 nm，样品的表面粗糙度为 1.4 nm。

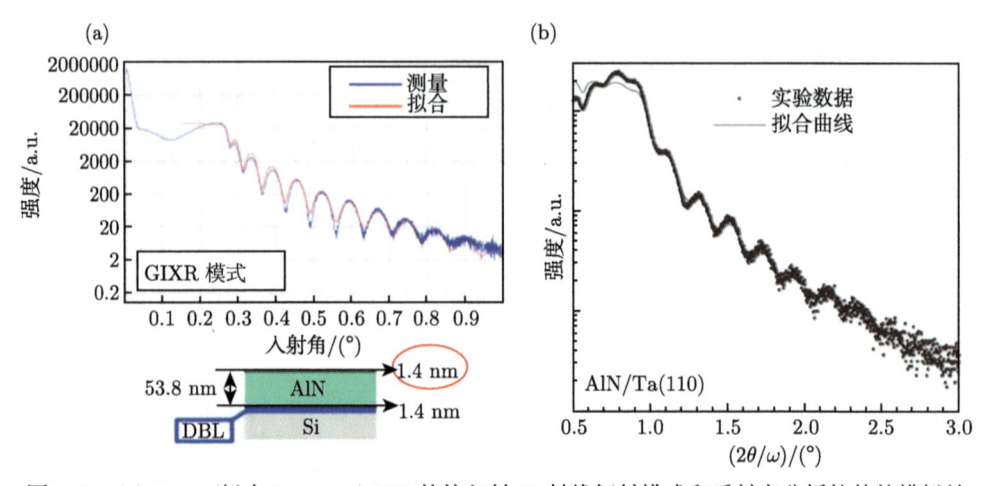

图 7.5 (a)60 nm(拟合 53.8 nm)AlN 的掠入射 X 射线衍射模式和反射率分析软件的模拟结果 [27]；(b) AlN/Ta(110) 结构的掠入射 X 射线衍射拟合曲线 [28]

Hirata 等 [28] 利用 PLD 在单晶 Ta 上实现了 AlN 薄膜的外延生长。虽然以前在 Ta (100) 和 (111) 衬底上生长的 AlN 薄膜显示出相当差的结晶度，但在生长

7.3 单层薄膜厚度分析

温度为 450 ℃ 的 Ta(110) 衬底上获得了面内外延取向关系为 $[11\bar{2}0]_{AlN}//[001]_{Ta}$ 的 AlN(0001) 薄膜。图 7.5(b) 显示 450 ℃ 下在 Ta(110) 上生长的 40 nm 厚 AlN 薄膜的掠入射 X 射线衍射数据和模拟曲线。可以看出，模拟曲线与实验数据非常吻合。

针对生长温度、插入层结构等因素对薄膜厚度与质量的影响，本团队也进行了相关的研究工作。首先，本团队[29] 通过 PLD 在 Si 衬底上生长出了高质量的 AlN 外延薄膜，有效控制了 AlN 薄膜和 Si 衬底之间的界面反应。图 7.6(a) 是在 750 ℃ 条件下，在 Si(111) 衬底上生长的 AlN 薄膜的掠入射 X 射线衍射及其模拟曲线。在模拟之前，假设有三层，即 Si 衬底、界面层、AlN 薄膜层。利用 TEPTOS 软件中集成的菲涅耳方程，将初始模拟曲线拟合为实验曲线。当模拟曲线与实验曲线吻合良好时，最终得到各层的真实参数。通过分析可知在 AlN 薄膜和 Si 衬底之间不存在界面层。这可能是由于有效抑制了 AlN 薄膜和 Si 衬底之间的界面反应。界面层厚度的温度依赖关系如图 7.6(b) 所示。在生长温度为 850 ℃ 时，界面层厚度为 8.0 nm，并随着生长温度的降低而逐渐减小。特别是当生长温度为 750 ℃ 时，界面层厚度达到其最小值 0 nm。然而，当生长温度进一步降低到 700 ℃ 时，界面层厚度变为 1.5 nm。在 850 ℃ 的较高生长温度下，Si 衬底与 AlN 薄膜在初始生长过程中发生严重的界面反应，形成 8.0 nm 厚的界面层，不利于 AlN 薄膜后续的生长。当生长温度降低时，界面反应速率减缓，从而显著减小了界面层的厚度。特别是，当 AlN 薄膜在 750 ℃ 下生长时，界面反应被有效

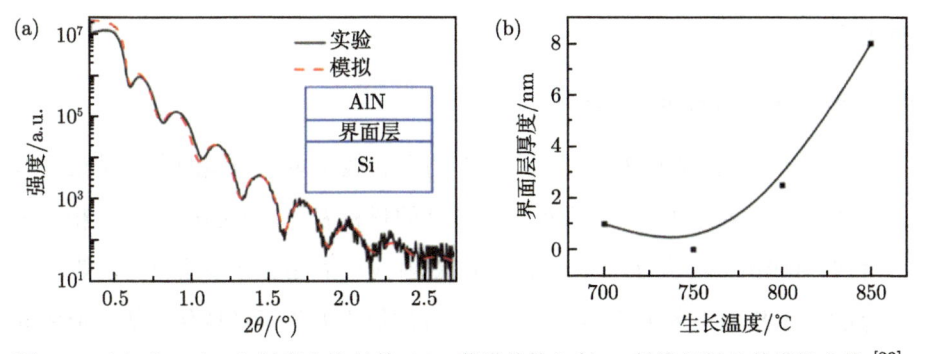

图 7.6　(a) 在 Si(111) 衬底上生长的 AlN 薄膜的掠入射 X 射线衍射及其模拟曲线[29]；
(b) 在 Si(111) 衬底上生长的 AlN 的界面层厚度的温度依赖性[29]

地抑制，因此可以得到突变的界面。然而，生长温度的进一步降低导致 AlN 薄膜在衬底上的迁移受阻，形成了 1.5 nm 厚的 AlN 界面层。

7.4 多层薄膜厚度分析

7.4.1 多层薄膜共面 X 射线衍射理论

除了单层薄膜之外，基于 III 族氮化物的多层异质结同样拥有十分广泛的研究价值。相较于单层薄膜厚度的测量，多层异质结薄膜的测量具有更加多样的测试方法。测量多层薄膜的厚度是研究多层薄膜色散的有效方法之一。色散是指不同波长的光在介质中传播时速度不同时所引起的现象，通过调整多层异质结中每一层材料的折射率和厚度，可以控制光的色散特性，随着入射角的变化，其反射率峰值对应的波长将发生变化，因而多层异质结具有选择波长的色散作用，所以色散作用可用于薄膜厚度的测量。

布拉格公式可以用于粗略计算多层异质结共面的膜结构厚度，设一束平行 X 射线以入射角 θ 照射到周期为 $d(d = d_1 + d_2$，这里 d_1、d_2 分别为两种镀膜材料的膜厚) 的多层薄膜表面，考虑到膜系一个周期的等效复折射率 N 和界面相位变化 (除了在全反射角处 a 有一跃变之外，a 是常数) 的布拉格条件可以写成 [8]

$$2Nd\cos\varphi = \left(m + \frac{a}{2\pi}\right)\lambda \tag{7.15}$$

式中，d 为多层薄膜厚度周期；m 为衍射级次；λ 为 X 射线波长；φ 为进入膜系的折射角。

7.4.2 多层薄膜的表面散射理论

针对多层异质结的相关研究，有许多方面相较于单层薄膜的表征结果略有不同。首先，对多层的材料结构进行非破坏性的材料表征技术的应用时，相对于使用小角 X 射线衍射的方法，更多地使用 X 射线反射法进行多层材料的表征。其原理为是，当 X 射线入射样品后，在多层异质结中发生干涉现象，从而形成周期性的衍射峰。而 X 射线反射法下的 X 射线衍射峰的位置和强度等参数可以提供关于多层结构各层厚度、界面粗糙度、密度等信息。

7.4 多层薄膜厚度分析

多层异质结即异质结构，异质结构材料是一类材料，不仅为基础研究奠定了科学基础，而且具有快速工业应用的潜力。异质结是由两种材料组成的结构，它的形成主要是将不同材料的半导体薄膜，依先后次序沉积或转移在同一衬底上。这些材料层可以重复堆叠，形成复杂的多层结构，如量子阱、量子线和量子点。区别于同质结，例如 p 掺杂和 n 掺杂组成的 pn 结就是同质结，在 Si 材料上通过不同的掺杂实现，而 GaN/ZnO 组成的就是异质结。由于结构由两种不同材料组成，在界面处能带结构不连续，于是会出现导带带阶和价带带阶。由于这种结构带隙不断变化，可以实现更好的电子输运和光电转换效率。这便是多层异质结的显著特征。

对多层异质结表面散射特性的研究具有重要意义，有助于优化器件的多种性能参数，例如光学透过率与反射率。同时，它有助于分析异质界面的结构特征、元素组成和基本形貌，从而进一步推断表面粗糙度、界面扩散等关键性质。以 GaN/ZnO 异质结构为例，通过分析不同峰值高度、周期和角度的谱图，可以有效地研究不同成分的晶格结构。接下来介绍多层薄膜界面联系理论：为描述和解释多层薄膜在介观尺度上的相互作用和表面性质，引入多层薄膜的表面联系理论。多层薄膜的表面联系理论主要基于表面科学和凝聚态物理的原理，包括表面能、界面能、弹性应力、弛豫、吸附、扩散、表面形貌和表面散射等方面。多层薄膜的界面稳定性与几何构型显著受材料间表面能及界面能的影响。具体而言，异质材料间的能量匹配程度将直接影响外延生长的晶格弛豫行为，进而调控多层薄膜的整体结构稳定性。

在界面理论研究框架下，采用光学表征技术 (如椭偏仪、散射测量) 量化多层薄膜粗糙度具有独特优势：既可非破坏性评估衬底/薄膜界面的形貌特征，又能直接建立粗糙度参数与光学性能 (如折射率梯度、散射损耗) 的定量关联。为此，可以引入德拜-沃勒因子 (Debye-Waller factor, η_{DW}) 作为定量描述粗糙度影响的因子，其数学表达式为[30]

$$\eta_{DW} = \exp\left[-2\left(\frac{2\pi\sigma\cos\alpha}{\lambda}\right)\right] \tag{7.16}$$

其中，σ 为均方根粗糙度值；α 为入射角；λ 为 X 射线的波长。

实际多层薄膜的结构中存在着不可避免的结构缺陷，它们通常可以归结为膜层厚度的随机误差、膜表面粗糙度、膜层界面的粗糙度。而这里主要讨论的是多层薄膜界面粗糙度的理论关系。对膜层间界面粗糙度的考虑有两种不同的处理方法，一种是将界面上的粗糙度同膜表面粗糙度一样用 η_{DW} 因子来处理；另外一种是将界面上的粗糙度作为界面间的渗透来考虑，渗透层可以看作是光学常数从一种材料到另一种材料渐变的一个稳定的膜层。然而，早期研究已证实，不同沉积批次形成的界面，其渗透层厚度存在显著差异，这为后一种方法的应用带来了挑战。综合而言，选择哪种方法取决于具体的研究目的和需求。对于一些简单的系统或近似情况，使用 η_{DW} 因子处理可能已经足够，而对于更复杂的系统或精确的分析，考虑界面渗透层可能更为合适。在实际应用中，研究人员需要根据具体情况权衡利弊，并在计算和分析过程中充分考虑界面粗糙度的影响，以获取准确的结果。

7.4.3 超晶格层数及成分分析

超晶格是一种由周期性重复的多个材料层组成的结构。每个层通常由不同的材料组成，而且这些材料的性质在垂直于层的方向上呈现周期性变化。超晶格的周期性结构可以通过外延生长技术或其他方法来制备。超晶格的形成可以导致能带结构的调控，从而影响电子、光子等粒子在其中的行为。例如，超晶格的能带结构可以形成带隙，限制了某些能级的电子状态。这种能带结构的调控可以用于设计和制备具有特定电子、光子性质的材料。针对Ⅲ族氮化物的超晶格的相关研究也已经有了显著的进展。超晶格结构还可以用于制备量子阱、量子点等纳米结构，进一步调控粒子的性质。因此，探究并表征超晶格的结构特性，如超晶格的层数、超晶格的层厚度、超晶格的成分等，是实现能带结构的调控、粒子性质的调控，以及设计和制备具有特定性质的材料的关键。

通过 X 射线衍射技术，同样可以观察到超晶格所产生的衍射峰。通过测量和分析衍射峰的位置和强度，可以确定超晶格的结构参数，如超晶格层数和各个晶体的晶格常数。而超晶格层数指的是超晶格中晶体的堆积层数，它可以反映超晶格的周期性结构。不仅如此，X 射线衍射技术还可以用于薄膜的成分分析。通过测量和分析衍射峰的位置、强度和形状，可以确定薄膜中各个成分的晶体结构和相对含量。再通过将其与标准样品库进行比对,可以确定薄膜中所含的晶体物质及其相对含量。这种方法称为定量分析,可以帮助确定薄膜的化学组成。

超晶格材料是由两种或多种不同组元以几纳米至数十纳米厚度的薄层交替生长,并以严格有序的方式排列形成的具有层状周期结构的人造薄膜材料[4]。也就是说,超晶格是特定形式的层状精细复合材料。

1973 年,诺贝尔物理学奖得主 Esaki 于 1970 年提出半导体超晶格理论,并在后来应用于理论与实际中[31]。自此开始的几十年来,研究人员开始广泛研究和探讨其丰富的物理内涵和广阔的应用前景。超晶格材料按形成它的异质结类型,即组成它的两种材料的能带的相对位置,分为第一类、第二类和第三类超晶格,主要是以导带、价带的产生方式,以及带隙能否调整来区分。

第一类超晶格 (即 I 型超晶格) 是指导带和价带由同一层的半导体材料形成的超晶格,在这类超晶格中,A 材料的禁带完全位于 B 材料的禁带当中。对于第一类超晶格,无论对电子还是空穴来说,A 材料都将是势阱,B 材料都将是势垒。势垒的高度相当于两种半导体异质界面中导带、价带之差。金属卤化物 (MX 化合物) 由金属 M(=Ni, Pd, Pt) 和卤族元素 X(=Cl, Br, I) 交替排列形成一维的主链,主链在三维空间平行排列,并由不同形式的配合基相互连接而成,这类材料表现出低维度的特征,其化学成分也呈现混合状态。此外,它们还展现出强烈的电子–声子和电子–电子相互作用等性质。

第二类超晶格 (即 II 型超晶格) 的导带和价带在不同层中形成,因此电子和空穴被束缚在不同半导体材料层中。第二类超晶格是由 InAs 和 GaSb 层在几个周期内交替形成的。其中,II 型能带排列导致电子和空穴分别分离到 InAs 和 GaSb 层。这种电荷转移产生了高的局部电场和载流子的强层间隧穿,而不需要外加电场或额外的掺杂。大周期 II 型超晶格表现为半金属,但如果超晶格周期缩短,量子化效应增强,则会从半金属转变为窄带隙半导体。

对于 II 型超晶格材料的交错的能带排列,特殊的能带结构使得 InAs 层的导带低于 GaSb 层的价带,如图 7.7 所示。这会导致超晶格形成半金属或窄带隙半导体材料。InAs/GaSb II 型超晶格材料是一种直接带隙的材料。InAs/GaSb II 型超晶格材料也正是由于可以通过调节生长结构中 InAs 和 GaSb 的厚度来控制材料的有效禁带宽度,进而实现对探测器响应截止波长的调控。目前对 II 型超晶格 GaN 层的研究相对有限,但相关探索正在不断深入。研究重点集中在生长方法、物理性质及器件制备等方面。通过改进生长技术、优化晶体结构,并系统研究其电学/光学/磁学特性,研究人员正逐步揭示这类材料的应用潜力。

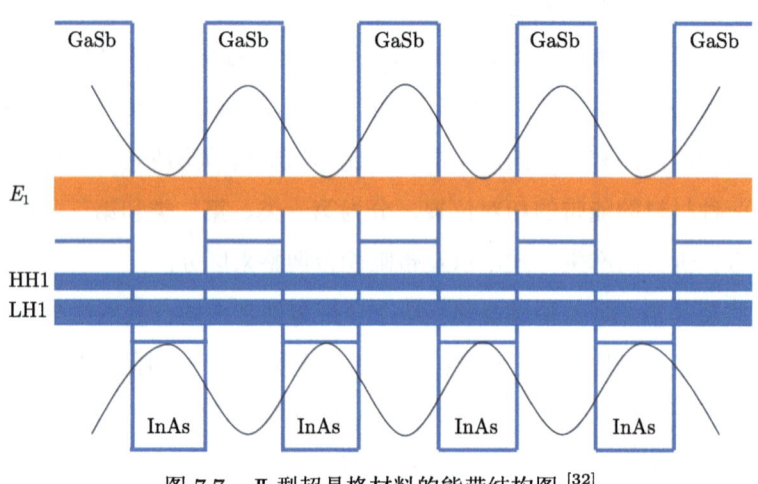

图 7.7 II 型超晶格材料的能带结构图 [32]

第三类超晶格 (即 III 型超晶格) 涉及半金属材料。尽管导带底和价带顶在相同的半导体层中产生,与第一类超晶格相似,但其带隙可从半导体到零带隙到半金属负带隙之间连续调整。目前对于 III 型超晶格的研究尚处于较早的阶段,因此相关研究和文献的数量相对较少。然而,随着对于新材料的需求和兴趣的增加,研究人员正在逐渐扩大对 III 型超晶格的探索。

而超晶格材料按照其成分与性质可以分为掺杂超晶格、组分超晶格、应变超晶格、多维超晶格等。

掺杂超晶格是通过在单一半导体基质中周期性交替掺杂 n 型和 p 型杂质所构建的人工周期性结构,其周期性是通过周期性地交替排列不同的掺杂物形成的。掺杂超晶格的制备通常可以通过外延生长、离子注入、蒸镀等方法来实现。在制备过程中,掺杂物选择性地引入衬底材料中,形成周期性的掺杂层。任何一种半导体材料只要很好地控制掺杂类型都可以做成超晶格;多层结构的完整性非常好,由于掺杂量一般比较小,杂质引起的晶格畸变也较小,掺杂超晶格中没有像组分

7.4 多层薄膜厚度分析

超晶格那样明显的异质界面；掺杂超晶格的有效能隙可在零到基质材料调制带隙之间连续调控，具体取决于各子层厚度和掺杂浓度的选择。掺杂超晶格在材料科学和器件应用中具有广泛的应用潜力。例如，在光电子学领域，掺杂超晶格可用于制备高效率的光电池、光发射二极管和激光器等器件。在磁性材料领域，掺杂超晶格可用于制备具有特殊磁性行为的材料，如自旋电子学器件和磁存储介质。此外，掺杂超晶格还可以应用于传感器、催化剂、能源转换等领域。

组分超晶格是由两种或两种以上不同的材料相间排列形成的周期性结构，它的周期性结构与传统的晶体结构类似。组分超晶格中的每一层都是由单个材料构成的，但不同层之间的材料是不同的。这种结构通常是通过晶体外延生长、蒸镀等方法制备得到的。在组分超晶格中，不同材料在界面处发生的相互作用会导致新的物理和化学性质的出现。这些性质通常是单一材料所不具备的，因此组分超晶格被广泛应用于光电子器件、磁性材料、传感器、催化剂等领域，其优点在于其可以通过控制周期性结构和材料组分来调节所需的物理和化学性质，从而实现对材料性能的优化。例如，通过调节组分超晶格中不同材料的厚度比例和周期，可以实现光电器件中的带隙调制、磁性材料中的磁性调控等。

应变超晶格是一种由多个不同晶体相组成的周期性结构，其中每个晶体相被施加了控制性的机械应变。这种应变可以通过改变晶体的晶格常数、晶格形状或晶体内部的应力来引入。应变超晶格的制备通常涉及将不同晶体材料通过外延生长或其他方法堆叠在一起。在堆叠过程中，通过控制晶体之间的晶格匹配关系和压力差异，可以产生机械应变，并形成周期性的应变结构。其中，作为一种特殊的超晶格，应变超晶格中的机械应变可以显著地影响晶体材料的物理和化学性质。通过调节应变的大小和方向，可以改变晶体的电学、光学、磁学等性质，甚至产生新的物理现象。在 II 型应变层超晶格中，应变层的带隙可通过超晶格结构进行调谐，进而在短波长、中波长、长波长以及超长波长的整个红外波段范围内实现强劲的宽带吸收性能[32]。根据此，设计出了电子能带结构来抑制俄歇复合噪声并降低隧穿电流，在空间应用与红外传感器中显示出巨大的潜力。不仅如此，应变超晶格还在材料科学和器件应用中具有广泛的应用潜力。例如，在光电子学领域，应变超晶格可以用于制备高效率的光电池、光发射二极管和激光器等器件；在电子学领域，应变超晶格可用于制备高迁移率的半导体材料，提高器件性能。除了以上提及的几种类型的超晶格外，还有多维超晶格等类型，但由于其研究较少，相关人员目前正致力于扩大其性能的研究和探索，在此不再过多介绍。

作为一种具有周期性变化的材料结构，超晶格应用十分广泛，涉及日常生活中的多个应用领域，如光学器件、电子器件、声子学、热传导、传感器等领域。在光学器件领域中，超晶格可以用于制造光学器件，如光栅、光波导和光子晶体。通过调控超晶格的周期性结构，可以实现对光的传播和控制，扩展了光学器件的功能和性能。在电子器件领域中，超晶格也可以应用于电子器件领域，如半导体器件、量子阱和异质结构。超晶格的周期性结构可以调整电子能带结构，改变材料的电子性质，从而实现对电流和电子行为的调控。在声子学领域中，超晶格也有广泛应用。通过调节超晶格结构，可以控制声波的传播特性，实现声子的能带调控和声子的局域化效应，为声学设备和材料提供新的功能。在热传导领域中，超晶格结构对热传导也具有重要影响。通过控制超晶格的周期性和界面结构，可以调节热传导的性质，实现热障功能材料和热管理器件的设计与制备。在传感器领域中，超晶格结构对于敏感元件的设计也具有潜在应用。通过调节超晶格的结构参数，可以实现对特定物理或化学量的敏感检测，为传感器技术提供新的思路和方法。超晶格在传感器领域的研究和探索引起了人们广泛关注。许多研究人员致力于利用超晶格结构的特殊性质来开发新型传感器，以实现更高的灵敏度、选择性和响应速度。

除了传感器领域，研究人员也相当关注超晶格结构在光学器件领域的应用，利用超晶格结构的特殊性质来改善传统的 LED 器件，以实现更高的发光效率、色纯度和可靠性。丁娟等[33]主要分析了具有 p-AlGaN/GaN 超晶格 360 nm GaN 基 LED 的光学性能，发现插入的 p-AlGaN/GaN 超晶格结构可以看作是提高空穴注入的空穴限制层，有效地提高了 LED 的发光性能。林筱琪[34]研究了在 LED 有源层与 p 型 GaN 之间生长 p 型 AlGaN-GaN 超晶格结构，并采用电流阻挡层结构来改善电流在器件中的分布。研究表明，该结构能有效改善电流分布，同时使 LED 在 20 mA 工作电流下的光输出强度提高了 9.2%，且工作电压保持稳定[35]。

7.4 多层薄膜厚度分析

超晶格的结构特性，包括层数、层厚度和成分等因素，在调控材料的能带结构、粒子性质和器件性能方面发挥着至关重要的作用。通过精确控制超晶格的这些参数，我们可以实现对材料性质的精细调节，为定制化的材料设计和新型器件的研发提供强有力的支撑。而 X 射线衍射技术在薄膜厚度表征、超晶格层数分析和成分表征中起到了重要作用。因此，接下来我们将讲述如何利用 X 射线衍射技术来表征超晶格的层数、层厚度、成分等参数。

X 射线衍射技术是一种重要的无损表征材料结构的方法，也是表征超晶格结构的常用手段之一。该技术利用入射 X 射线与样品中原子的散射相互作用，来探测材料的晶体结构和晶格常数等信息。对于超晶格结构，X 射线衍射技术可以通过观察衍射峰的位置和强度等参数，来推断出超晶格的层数、层厚度和成分等特征参数。具体来说，当入射 X 射线照射到超晶格样品时，其会与样品中的量子阱和势垒层发生散射，产生衍射图样。通过对衍射图样进行解析，可以得到衍射峰的位置和强度等信息。其中，衍射峰的位置与样品的晶格常数相关，而衍射峰的强度则与样品中各个层的厚度、成分和应变状态等有关。因此，通过对衍射峰的位置和强度等参数进行分析，可以得到超晶格的层数、层厚度和成分等特征参数。

Simbrunner 等[36] 利用 X 射线衍射原位测定了六方 GaN/AlGaN 超晶格结构的晶体质量、组成、超晶格周期性和应变弛豫等性能。为了确定超晶格中单个 AlGaN 层的组成，必须分析所产生的 0 阶超晶格峰的位置。图 7.8(a) 显示了 GaN/AlGaN 超晶格在 GaN 缓冲层上生长约 2.5 周期 (虚线)、5 周期 (虚线) 和 20 周期后的三幅光谱，周期为 25 nm。如图 7.8(b) 所示，另一个周期为 64 nm 的超晶格得到了非常相似的结果。一方面，观测到的峰移可以用超晶格中平均 Al 含量的波动来解释，这种波动可能是由 GaN/AlGaN 厚度比的变化引起的，也可能是由单晶格中 Al 含量的变化引起的。另一方面，随着超晶格厚度的增加，测量到的峰移也可以解释为应变松弛。由于在超晶格增长期间没有其他参数发生变化，因此后一种解释似乎更现实。从相对较厚的缓冲层开始，在 GaN 峰的方向上观察到峰移，这表明晶格常数 c 在增加，这可能是生长的 GaN/AlGaN 超晶格弛豫过程的标志。

X 射线衍射技术不仅可以分析超晶格的层数与成分，还可以表征量子阱结构的参数。作为一种特殊类型的超晶格，量子阱是指在半导体材料中通过夹杂两层不同宽度的材料形成的一维结构，其具有限制电子在垂直方向运动的效应，从而使得电子在该方向上呈现出离散的能带结构，常常应用于 LED 和激光器发光区域的薄层 (通常为 1~10 nm)。量子阱材料的带隙比相邻的 "载流子" 层低，限制了电子和空穴，促进了辐射复合。其他超晶格或多层结构 (由重复单元组成，单层厚度通常为几十纳米) 被广泛用作布拉格反射器或用于降低位错密度[32]。量子阱结构在 III 族氮化物器件中具有广泛的应用，它们可以限制载流子的运动、提高光电探测器的灵敏度、实现激光发射和提高 LED 的发光效率。这些应用推动了 III 族氮化物器件的发展，并在光电子学、光通信和光显示等领域发挥了重要作用。

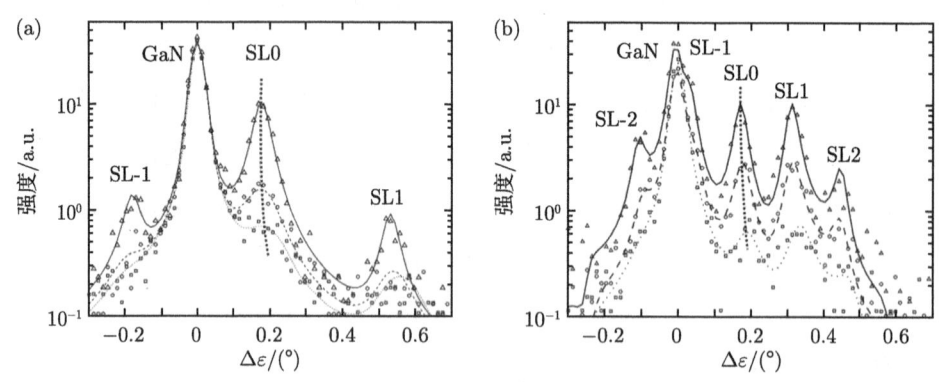

图 7.8 (a) 超晶格生长 (A-25 nm)，经过 2.5 周期 (虚线)、5 周期 (虚线) 和 20 周期 (实线) 后的 X 射线光谱；(b) 超晶格生长 (A-64nm)，经过 2.5 周期 (虚线)、5 周期 (虚线) 和 20 周期 (实线) 后的 X 射线光谱[36]

此外，多量子阱 (MQW) 结构广泛应用于 III 族氮化物基的 LED 和激光器中。现有文献中多数研究集中于 InGaN/GaN MQW 结构，该结构已成功应用于商用绿色、蓝色及近紫外 LED，并实现了较高的内部量子效率。然而，也使用 InGaN/AlGaN 结构 (AlGaN 阻挡层可以提供更好的载流子限制)，并且 AlGaN/GaN 和 AlInGaN 基结构在紫外发射器中流行。Zhang 等[37] 采用 MOCVD 生长了 InGaN/GaN MQW 高亮度 LED，并采用 X 射线衍射等手段对 LED 晶片进行了研究，研究了 InGaN 量子阱中生长温度、孔宽和 In 成分对 LED 发光波长的影响。研究发现，仅通过改变 InGaN 量子阱层的厚度就可以将波长从 470

7.4 多层薄膜厚度分析

nm 改变到 504 nm，这为光电器件的设计提供了有效的研究方案。

Magalhães 等[35]采用 MBE 技术生长了由 AlN 间隔层隔开的 6 个 GaN 量子点层组成的多层膜。采用 X 射线衍射和 X 射线反射等方法分析了热退火的结构性质和影响。在 N_2 气氛中，在 1000~1200 ℃ 的温度下进行退火 20 min。在所有研究温度下，多层结构都保存完好。在界面中发现了相互扩散的迹象，X 射线反射曲线证明了厚度波动。图 7.9(a) 显示了生长样品在 1100 ℃ 和 1200 ℃ 退火后的 X 射线衍射 (0002)2θ-ω 扫描。衬底的 FWHM 最大值的增加表明其晶体质量下降，但即使在最高温度下，多层薄膜结构仍然保留。不同退火温度的 X 射线反射曲线如图 7.9(b) 所示。图中退火后峰的偏移可能与厚度波动有关，特别是表面量子点层厚度的减小。

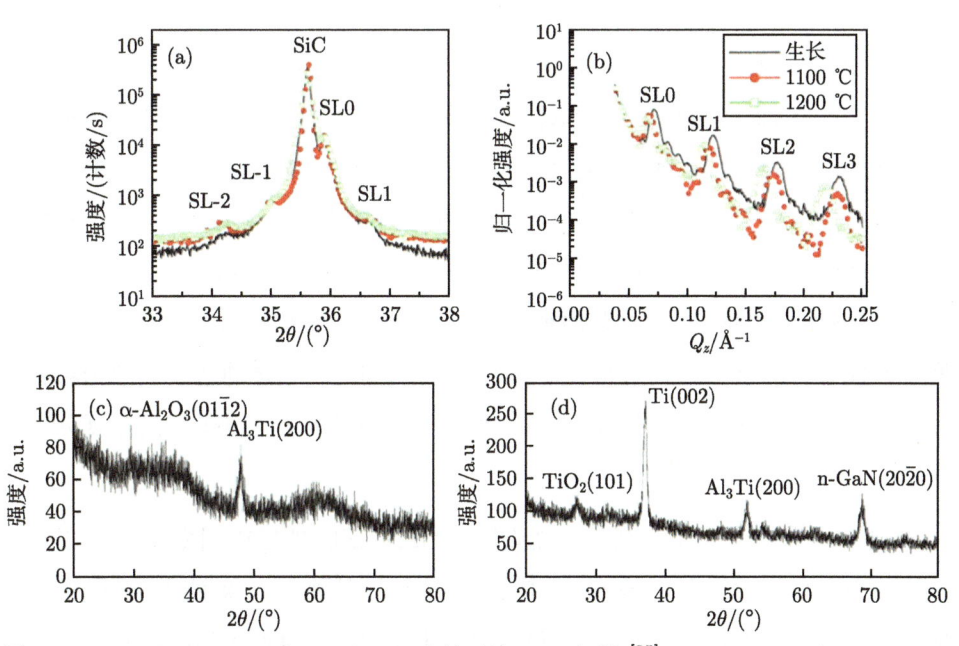

图 7.9 (a) (002)1100 ℃ 和 1200 ℃ 退火前后的 2θ-ω 扫描[35]；(b) 1100 ℃ 和 1200 ℃ 退火前后的 X 射线反射曲线[35]；(c) 600 ℃ 下 n-GaN/Ti/Al/Ti 退火触点的掠入射 X 射线衍射扫描[38]；(d) 在 600 ℃ 退火的 n-GaN/Ti/Al/Ti/Ai/Ti 的掠入射 X 射线衍射扫描[38]

Nandan 等[38]选择 Ti(10 nm)/Al(40 nm)/Ti(30 nm)/Al(20 nm)/Ti(20 nm) 多层金属诱导 Al_3Ti 的形式从而制备金半接触半导体界面，而 Ti/Al 靠近接触表

面。该 Ti/Al 多层薄膜通过 PVD 在 n-GaN 上生长，并在 600 ℃ 的 N_2 环境中退火 30 s，以减少整体接触层厚度，从而降低制造成本。退火后 Ti/Al 合金的厚度通过掠入射 X 射线衍射得到了验证。图 7.9(c) 显示了 n-GaN/Ti/Al/Ti 触点的掠入射 X 射线衍射扫描。由于 TiO_2 的形成，接触电阻率增大，改善价值较低。同样，退火的 n-GaN/Ti 接触电阻率的增加可归因于 TiO_2 的形成。此外，由于随着薄膜厚度的减小，X 射线只能穿透薄膜表层，因此样品中有效的散射原子数目会变少，从而使得峰位强度减弱。当薄膜的厚度减小到一定程度时，薄膜表面与底部之间的应力可能会影响晶体结构，从而引起峰位偏移。因此，观察 2θ 峰值处，可以分析出薄膜的化学组成成分。图 7.9(d) 显示了 n-GaN/Ti/Al/Ti/Al/Ti 接触结构的掠入射 X 射线衍射 (GIXRD) 分析结果。$2\theta= 39.1°$ 处出现的衍射峰表明 Al-Ti 合金相的形成。

本团队[39]利用 PLD 和 MBE 技术，在 $LiGaO_2$(100) 衬底上沉积了高质量的非极性 m 平面 InGaN/GaN MQW，如图 7.10(a) 所示。这项工作为实现高效的非极性 m 平面 GaN 器件开辟了新前景。图 7.10(b) 显示了对所生长的非极性 m 面 InGaN/GaN 多量子阱 (MQW) 结构进行的高分辨 X 射线衍射 2θ-ω 扫描结果。图中位于 32.27° 和 33.12° 处的衍射峰分别对应于 m 面 GaN 和 $LiGaO_2$(100) 衬底的衍射峰。同时，可以清楚地观察到超晶格的卫星峰值高达 -5 和 $+3$ 级，表明突变的 InGaN/GaN 界面和极好的 MQW 周期性。通过动态衍射理论对实验曲线进行分析，如图 7.10(b) 所示，结果表明，势垒厚度、量子阱的厚度分别为 12 nm、3 nm。

本团队[40]采用 MBE 制备了高质量的 GaN LED 外延片。图 7.11(a) 展示了在 LSAT(111) 衬底上生长的 GaN 基 LED 外延片的典型 X 射线 2θ-ω 扫描衍射曲线。其中，在 34.56° 处出现的衍射峰对应于 GaN 的 (0002) 晶面，而 41.70° 处的峰则归属于 LSAT 衬底的 (222) 晶面。这些结果证明在 LSAT(111) 上外延生长了六方 GaN。通过高分辨 X 射线衍射 2θ-ω 扫描模拟，进一步研究了 LSAT(111) 上的 InGaN/GaN MQW 的结构性质。如图 7.11(b) 所示，仿真结果与实验结果吻合得很好。众所周知，GaN 异质结构界面中的组分波动或缺陷会削弱相位相干性，从而导致 Pendellösung 条纹的消失。而图中清晰可见的 Pendellösung 条纹

7.4 多层薄膜厚度分析

正是样品中各层界面产生的相干射线波干涉的结果,进一步表明所制备的 MQW 结构具有优异的结晶质量。根据拟合模拟结果,可计算出 GaN 势垒层与 InGaN 量子阱层的总厚度约为 15 nm。此外,模拟进一步表明,MQW 结构中量子阱厚度为 3.3 nm,势垒厚度为 11.7 nm,In 含量为 13.60%,各项参数均与外延生长过程中预设的设计值高度一致。

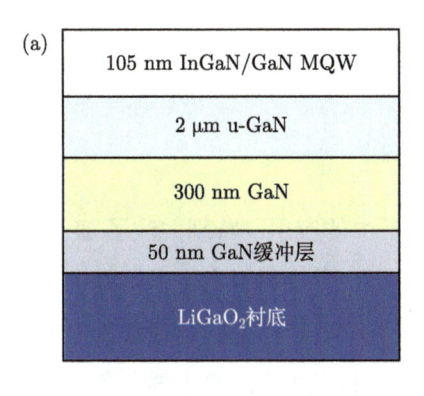

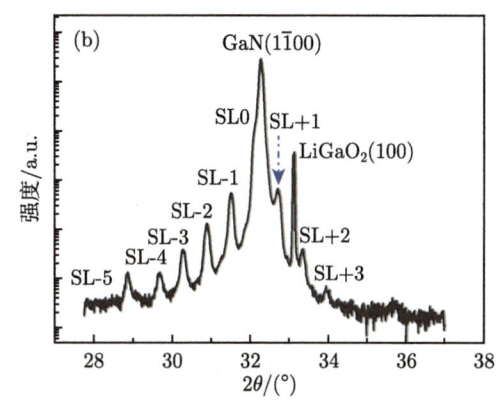

图 7.10　(a) 在 LiGaO$_2$(100) 衬底上生长的 InGaN/GaN MQW 的结构示意图;(b) 非极性 m 平面 InGaN/GaN MQW 的高分辨 X 射线衍射 2θ-ω 扫描 [39]

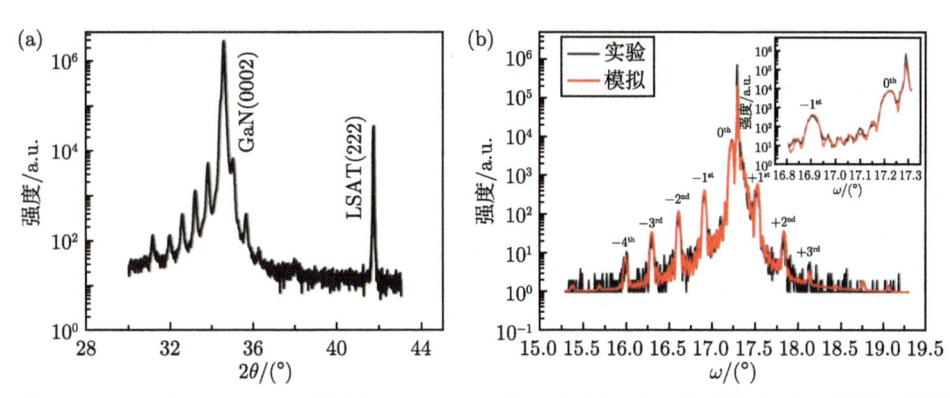

图 7.11　(a) 对 LSAT(111) 衬底上 GaN LED 外延片进行 2θ-ω 扫描的典型 X 射线衍射曲线;(b) InGaN/GaN MQW 高分辨 X 射线衍射 ω 扫描曲线 [40]

超晶格层数和成分的表征是调控材料能带结构、粒子性质和器件性能的关键。X 射线衍射技术则是一种无损表征超晶格结构的重要手段,通过观察衍射峰位置和强度等参数,可以推断出超晶格的层数、层厚度和成分等特征参数。这些参数的精细控制为定制化材料设计和新型器件的研发奠定了基础,但同时,在实际应用中还需要结合其他表征技术如 SEM、AFM 等,以及理论模拟方法进行进一步的分析和解释。

总之,超晶格、量子阱和量子点散射的复杂性质意味着大多数分析涉及 $2\theta\text{-}\omega$ 扫描和低角度反射率数据的模拟。因此,一些用于分析超晶格结构的复杂散射和 III 族氮化物量子点的低散射强度系统的实验室技术需要进一步研究。

7.5 本章小结

本章详细阐述了 X 射线衍射在薄膜厚度分析中的应用,特别关注了 III 族氮化物薄膜的厚度表征。随着半导体技术的快速发展,薄膜材料在电子器件中的应用日益增多,对其厚度和结构的精确表征变得至关重要。X 射线衍射作为一种非破坏性分析工具,因其高分辨率和灵敏度而在材料科学中扮演着重要角色。本章系统地从理论到实践,阐述了如何利用 X 射线衍射技术对单层和多层薄膜的厚度进行分析。

首先,本章介绍了 X 射线衍射技术在薄膜厚度表征中的应用,强调了 X 射线衍射技术基于薄膜材料与 X 射线的相互作用,能够测量薄膜的厚度、密度和表面粗糙度等关键参数。这一部分为后续内容奠定了理论基础,并提供了整体框架的概览。

在单层薄膜 X 射线衍射测试方面,深入探讨了 III 族氮化物薄膜厚度表征的基本原理。介绍了掠入射 X 射线衍射全反射的原理,这是一种高精度的薄膜厚度测量方法。分析了薄膜材料的性质对 X 射线反射率的影响,指出材料的物理性质如何影响 X 射线的反射强度和衍射峰位置。此外,还研究了多层薄膜结构中 X 射线衍射的全反射现象,探讨了多层结构对厚度表征的影响。

单层薄膜的厚度分析部分提出了共面 X 射线衍射的理论基础,解析了衍射峰强度与薄膜厚度的关系。探讨了单层薄膜的表面散射理论,分析了表面粗糙度和缺陷对 X 射线散射的影响。应用 X 射线衍射技术对 III 族氮化物单层薄膜进行厚度分析验证了理论的实用性和准确性。

在多层薄膜 X 射线衍射测试方面，扩展了讨论范围，分析了多层薄膜的厚度表征问题。探讨了多层薄膜的共面 X 射线衍射理论，分析了多层结构中 X 射线衍射峰的特征。研究了多层薄膜表面散射理论，指出每一层薄膜的厚度和界面粗糙度对 X 射线散射的影响。聚焦于超晶格结构的层数及成分分析，展示了 X 射线衍射在解析复杂结构中的高分辨率能力。

最后，总结了本章的主要内容，强调了 X 射线衍射技术在薄膜厚度分析中的广泛应用和优势。通过对单层和多层薄膜的深入讨论，读者可以掌握如何利用精确的物理模型和实验技术，通过 X 射线衍射表征复杂薄膜结构的厚度和其他相关物理参数。这些知识为材料科学研究中的薄膜设计和优化提供了坚实的理论和实验基础。

参 考 文 献

[1] Li M F, Mikki S, Uzoma P C, et al. An efficient method for the experimental characterization of periodic multilayer mirrors: a global optimization approach [J]. IEEE Transactions on Nuclear Science, 2023, 70(4): 650-658.

[2] Lee S R, Doyle B L, Drummond T J, et al. Reciprocal space mapping of epitaxial materials using position-sensitive X-ray detection [J]. Advances in X-ray Analysis, 1994, 38: 201-203.

[3] Compton A H. A quantum theory of the scattering of X-rays by light elements [J]. Physical Review, 1923, 21(5): 483-502.

[4] Sarkar P, Biswas A, Rai S, et al. Interface evolution of Cr/Ti multilayer films during continuous to discontinuous transition of Cr layer [J]. Vacuum, 2020, 181: 13.

[5] Li T Z, Zhang Z, Wang Z L, et al. Microstructure evolution in magnetron-sputtered WC/SiC multilayers with varied WC layer thicknesses [J]. Coatings, 2024, 14(6): 11.

[6] Liu X Y, Zhang Z, Song H X, et al. Comparative study on microstructure of Mo/Si multilayers deposited on large curved mirror with and without the shadow mask [J]. Micromachines, 2023, 14(3): 10.

[7] Sarkar P, Biswas A, Abharana N, et al. Interface modification of Cr/Ti multilayers with c barrier layer for enhanced reflectivity in the water window regime [J]. Journal of Synchrotron Radiation, 2021, 28: 224-230.

[8] 张云学, 黄秋实, 朱一帆, 等. 大尺寸高性能 X 射线双通道多层膜反射镜研制 [J]. Acta Optica Sinica, 2023, 43(2): 273-281.

[9] 尹中文, 轩爱华. 光学薄膜反射率的计算 [J]. 南阳师范学院学报, 2007, (3): 24-27.

[10] Fewster P F. X-ray Scattering from Semiconductors[M]. London: Imperial College Press, 2003.

[11] Bowen D, Wormington M, Mckeown P. Measurement of surface roughnesses and topography at nanometer levels by diffuse X-ray scattering [J]. CIRP Annals, 1994, 43(1): 497-500.

[12] Park C, Kim Y, Park Y, et al. Multitask learning for virtual metrology in semiconductor manufacturing systems [J]. Computers & Industrial Engineering, 2018, 123: 209-219.

[13] Nakamura S. InGaN/GaN/AlGaN-based laser diodes grown on free-standing GaN substrates [J]. Materials Science and Engineering: B, 1999, 59(1): 370-375.

[14] Kelly F P, Landi M M, Kim K. Vertical p-GaN/n-Ga$_2$O$_3$ heterojunction diodes enabled by PAMBE[J]. Applied Physics Letters, 2025, 126(17): 172106.

[15] Névot L, Croce A. Caractérisation des surfaces par réflexion rasante de rayons X. Application à l'étude du polissage de quelques verres silicates [J]. Rev. Phys. Appl., 1980, 15(3): 761-779.

[16] Waldrip K, Han J, Figiel J, et al. Stress engineering during metalorganic chemical vapor deposition of AlGaN/GaN distributed Bragg reflectors [J]. Applied Physics Letters, 2001, 78(21): 3205-3207.

[17] Wang H, Zhang J, Chen C, et al. AlN/AlGaN superlattices as dislocationfilter for low-threading-dislocation thick AlGaN layers on sapphire [J]. Applied Physics Letters, 2002, 81(4): 604-606.

[18] Vickers M, Kappers M, Smeeton T, et al. Determination of the indium content and layer thicknesses in InGaN/GaN quantum wells by X-ray scattering [J]. Journal of Applied Physics, 2003, 94(3): 1565-1574.

[19] Yang R, Hsiung C, Chen H, et al. Effect of AlN film thickness on photo/dark currents of MSM UV photodetector[J]. Microw. Opt. Technol. Lett., 2008, 50: 2863-2866.

[20] Ying A, Murray C, Noyana I. A rigorous comparison of X-ray diffraction thickness measurement techniques using silicon-on-insulator thin films[J]. Journal of Applied Crystallography, 2009, 42: 401-410.

[21] Romanov A E, Baker T J, Nakamura S, et al. Strain-induced polarization in wurtzite

Ⅲ-nitride semipolar layers[J]. Journal of Applied Physics, 2006, 100(2): 023522.

[22] Caldwell W B, Campbell D J, Chen K, et al. A highly ordered self-assembled monolayer film of an azobenzenealkanethiol on Au (111): electrochemical properties and structural characterization by synchrotron in-plane X-ray diffraction, atomic force microscopy, and surface-enhanced Raman spectroscopy[J]. Journal of the American Chemical Society, 1995, 117(22): 6071-6082.

[23] Gundimeda A, Krishna S, Aggarwal N, et al. Fabrication of non-polar GaN based highly responsive and fast UV photodetector[J]. Applied Physics Letters, 2017, 110(10): 103507.

[24] Yang Y, Wang W, Zheng Y, et al. Defect effect on the performance of nonpolar GaN-based ultraviolet photodetectors[J]. Applied Physics Letters, 2021, 118(5): 053501.

[25] Ohta J, Fujioka H, Takahashi H, et al. Characterization of hetero-interfaces between group Ⅲ nitrides formed by PLD and various substrates [J]. Applied Surface Science, 2002, 190(1-4): 352-355.

[26] Yamamoto Y, Yamabe N, Ohachi T. Interface roughness of double buffer layer of GaN film grown on Si(111) substrate using GIXRD analysis [J]. Journal of Crystal Growth, 2011, 318(1): 474-478.

[27] Ohachi T, Yamamoto Y, Ariyada O, et al. Activity modulation mee growth of 2H-AlN on Si(111) using double buffer layer grown by PA-MBE[C]// Proceedings of the 4th International Symposium on Growth of Ⅲ-Nitrides (ISGN), Saint-Petersburg, Russia, 2012.

[28] Hirata S, Okamoto K, Inoue S, et al. Epitaxial growth of AlN films on single-crystalline Ta substrates [J]. Journal of Solid State Chemistry, 2007, 180(8): 2335-2339.

[29] Wang W L, Yang W J, Liu Z L, et al. Interfacial reaction control and its mechanism of AlN epitaxial films grown on Si(111) substrates by pulsed laser deposition [J]. Scientific Reports, 2015, 5: 12.

[30] Song K M, Kim J M, Choi J H, et al. High hole concentration Mg doped a-plane GaN with MgN by metal-organic chemical vapor deposition[J]. Materials Letters, 2015, 142: 335-338.

[31] Esaki L, Chang L L, Tsu R. A one-dimensional 'superlattice'in semiconductors[C]// Proceedings 12th International Conference on Low Temperature Physics, 1970: 551.

[32] 夏建白，朱邦芬. 半导体超晶格物理 [M]. 上海：上海科学技术出版社，1995.

[33] 丁娟, 王丹丹, 韩孟序. 具有 AlGaN/GaN 超晶格的 GaN 基 LED 的 PL 分析 [J]. 电子科技, 2015, (2):62-64.

[34] 林筱琪. 氮化物二极体中电流散布层之研究与设计 [D]. 台南: 台湾成功大学，2008.

[35] Magalhães S, Lorenz K, Franco N, et al. Effect of annealing on AlN/GaN quantum dot heterostructures: advanced ion beam characterization and X-ray study of low-dimensional structures[J]. Surface and Interface Analysis, 2010, 42(10-11): 1552-1555.

[36] Simbrunner C, Navarro-Quezada A, Schmidegg K, et al. In situ X-ray diffraction during MOCVD of III-nitrides[J]. Phys. Stat. Sol. A, 2007, 204: 2798-2803.

[37] Zhang G, Yang Z, Tong Y, et al. InGaN/GaN MQW high brightness LED grown by MOCVD [J]. Optical Materials, 2003, 23(1): 183-186.

[38] Nandan M, Venugopal V, Shastry S K. Ti/Al multilayer ohmic contact to n-GaN on sapphire[C]//2018 International Conference on Electrical, Electronics, Communication, Computer, and Optimization Techniques (ICEECCOT). IEEE, 2018: 769-772.

[39] Yang W J, Wang W L, Lin Y H, et al. Deposition of nonpolar m-plane InGaN/GaN multiple quantum wells on $LiGaO_2$ (100) substrates [J]. Journal of Materials Chemistry C, 2014, 2(5): 801-805.

[40] Wang W L, Yang H, Li G Q. Growth and characterization of GaN-based led wafers on $La_{0.3}Sr_{1.7}AlTaO_6$ substrates [J]. Journal of Materials Chemistry C, 2013, 1(26): 4070-4077.

《半导体科学与技术丛书》已出版书目

(按出版时间排序)

1.	窄禁带半导体物理学	褚君浩	2005 年 4 月
2.	微系统封装技术概论	金玉丰 等	2006 年 3 月
3.	半导体异质结物理	虞丽生	2006 年 5 月
4.	高速 CMOS 数据转换器	杨银堂 等	2006 年 9 月
5.	光电子器件微波封装和测试	祝宁华	2007 年 7 月
6.	半导体的检测与分析(第二版)	许振嘉	2007 年 8 月
7.	半导体科学与技术	何杰,夏建白	2007 年 9 月
8.	微纳米 MOS 器件可靠性与失效机理	郝跃,刘红侠	2008 年 4 月
9.	半导体自旋电子学	夏建白,葛惟昆,常凯	2008 年 10 月
10.	金属有机化合物气相外延基础及应用	陆大成,段树坤	2009 年 5 月
11.	共振隧穿器件及其应用	郭维廉	2009 年 6 月
12.	太阳能电池基础与应用	朱美芳,熊绍珍 等	2009 年 10 月
13.	半导体材料测试与分析	杨德仁 等	2010 年 4 月
14.	半导体中的自旋物理学	M. I. 迪阿科诺夫 主编 (M. I. Dyakanov) 姬扬 译	2010 年 7 月
15.	有机电子学	黄维,密保秀,高志强	2011 年 1 月
16.	硅光子学	余金中	2011 年 3 月
17.	超高频激光器与线性光纤系统	〔美〕刘锦贤 著 谢世钟 等译	2011 年 5 月
18.	光纤光学前沿	祝宁华,闫连山,刘建国	2011 年 10 月
19.	光电子器件微波封装和测试(第二版)	祝宁华	2011 年 12 月
20.	半导体太赫兹源、探测器与应用	曹俊诚	2012 年 2 月
21.	半导体光放大器及其应用	黄德修,张新亮,黄黎蓉	2012 年 3 月
22.	低维量子器件物理	彭英才,赵新为,傅广生	2012 年 4 月
23.	半导体物理学	黄昆,谢希德	2012 年 6 月
24.	氮化物宽禁带半导体材料与电子器件	郝跃,张金风,张进成	2013 年 1 月
25.	纳米生物医学光电子学前沿	祝宁华 等	2013 年 3 月
26.	半导体光谱分析与拟合计算	陆卫,傅英	2014 年 3 月

27. 太阳电池基础与应用（第二版）（上册）	朱美芳，熊绍珍	2014年3月
28. 太阳电池基础与应用（第二版）（下册）	朱美芳，熊绍珍	2014年3月
29. 透明氧化物半导体	马洪磊，马瑾	2014年10月
30. 生物光电子学	黄维，董晓臣，汪联辉	2015年3月
31. 半导体太阳电池数值分析基础（上册）	张玮	2022年8月
32. 半导体太阳电池数值分析基础（下册）	张玮	2023年4月
33. 高频宽带体声波滤波器技术	李国强	2024年5月
34. 硅基氮化镓外延材料与芯片	李国强	2025年1月
35. III族氮化物的X射线衍射分析	**王文樑**	**2025年6月**